Photoshop 跨世代不敗經典

222個具體呈現影像創意的方法與程序

藤本圭 著／羅淑慧 譯

博碩文化

Photoshop跨世代不敗經典

222個具體呈現影像創意的方法與程序

作　　者：藤本圭
譯　　者：羅淑慧
企劃主編：宋欣政

發 行 人：詹亢戎
董 事 長：蔡金崑
顧　　問：鍾英明
總 經 理：古成泉

出　　版：博碩文化股份有限公司
地　　址：221 新北市汐止區新台五路一段 112 號 10 樓 A 棟
　　　　　電話 (02) 2696-2869　傳真 (02) 2696-2867

郵撥帳號：17484299　戶名：博碩文化股份有限公司
博碩網站：http://www.drmaster.com.tw
讀者服務信箱：DrService@drmaster.com.tw
讀者服務專線：(02) 2696-2869 分機 216、238
（週一至週五 09:30 ～ 12:00；13:30 ～ 17:00）

版　　次：2015 年 08 月初版一刷

建議零售價：新台幣 550 元
Ｉ Ｓ Ｂ Ｎ：978-986-434-031-6 (平裝附光碟片)
律師顧問：永衡法律事務所　吳佳憓

本書如有破損或裝訂錯誤，請寄回本公司更換

國家圖書館出版品預行編目資料

Photoshop跨世代不敗經典：222個具體呈現
影像創意的方法與程序 / 藤本圭著；羅淑慧譯.
-- 初版. -- 新北市：博碩文化, 2015.08

面；　公分

ISBN 978-986-434-031-6 (平裝附光碟片)

1.數位影像處理

312.837　　　　　　　　　　　　104011818

Printed in Taiwan

博碩粉絲團　歡迎團體訂購，另有優惠，請洽服務專線
(02) 2696-2869 分機 216、238

前言

本書是專為「想使用Photoshop，卻不懂操作方法！」的人所設計，依照目的別彙整項目而成的反向查詢工具書。

在用來潤飾照片的軟體中，Photoshop是擁有最多功能的軟體之一。即便說是只要使用Photoshop就可以解決所有的影像相關問題，那一點也不誇張。但在另一方面，由於Photoshop的功能多且複雜，因此光靠操作手冊或是入門書籍，還是會有為了找尋必要功能而耗費掉許多時間，甚至出現找尋不到的情況。

基於那樣的問題，本書彙整了使用頻率較高的項目，同時盡可能採用了淺顯易懂的解說，希望能夠讓大家的創意工作更加順利。同時，為了讓大家有更深入的理解，本書更以「相關」的方式，在本文的下方增加了相關的重要頁面。在這次的修訂當中，靈活運用Photoshop且操作頻率較高的基本操作，全都彙整在第1章。初學者或還不太熟悉Photoshop操作的人，請先閱讀第1章，學會基本操作之後，自然就能夠更順利地進行本書後半的各步驟。

另外，為了讓各位讀者可以進一步應用，不同於本書內所介紹之影像的特徵性影像，本書也針對各設定值和步驟，在篇幅許可之下，進行了理由和原理的解說。功能的應用方法及各種狀況下的具體設定值也有詳細解說。

因此，不光是初學者，我想這本書應該也能夠滿足已經可以靈活運用軟體功能的中、上級使用者。如果本書的內容，能夠讓各位在進行影像加工時派上用場，那將是我最大的榮幸。

讓影像更好的原則或方法，不管是哪個版本的Photoshop，今後仍舊可以持續活用。因此，只要學會本書的內容，相信這些技巧在10年之後仍舊可以充分活用。

本書還有另一個最大特色，那就是本書準備了幫助讀者更容易理解書籍內容的隨附光碟。該光碟中包含了附上圖層的影像、設定值、動作。甚至連製作中途的步驟，也都是以圖層的方式保存。另外，光碟中同時也隨附了一些本書未能刊載、解說的影像或解說。希望光碟所收錄的內容，能夠讓初學者透過動作確認；中、上級者透過設定值的組合搭配，有更進一步的精進。

在本書的執筆中，我在記載內容的驗證作業及原稿的審校或工作協助上，得到了許多人的協助。同時，在本書的構成及內容方面，也得到岡本晉吾主編的適當建議。藉由這個地方，我想感謝提供協助及支持我的各位。非常感謝！

最後，如果這本書能夠為各位的創作工作助上一臂之力，那將會是我的無上光榮。衷心希望這本書在10年後仍舊會擺放在您的書桌上。

藤本圭

Photoshop

Contents

基本功能

第 2 章

選取範圍和Alpha色版

第 3 章

圖層

潤飾與調整

_第**7**_章 環境設定&色彩管理

_第**8**_章 印刷、Web

圖示	工具名稱	説明	快速鍵（※）
	移動	移動圖層或參考線、形狀或選取範圍內的像素等。	V
A	矩形選取畫面	拖曳建立矩形的選取範圍。可在選項列中設定尺寸或模糊。	M
	橢圓選取畫面	拖曳建立橢圓形的選取範圍。可在選項列中設定尺寸或模糊。	
	水平單線選取	建立影像寬度相同且高度為1像素的選取範圍。	無
	垂直單線選取	建立影像高度相同且寬度為1像素的選取範圍。	
B	套索	利用拖曳方式建立任意形狀的選取範圍。	L
	多邊形套索	建立點擊的點形成角的多邊形選取範圍。	
	磁性套索	拖曳後，邊界會吸附在影像的邊緣，並成為選取範圍。	
C	快速選取	利用筆刷塗抹影像的方式，建立選取範圍。沿著影像的邊緣建立出邊界。	M
	魔術棒	建立與點擊點相近濃度的選取範圍。	
D	裁切	拖曳決定範圍，並且把影像變更成任意尺寸。	C
	透視裁切（CS6以後）	把點擊的任意四點變形成與版面尺寸相同的尺寸，進行裁切（在CS5以前版本中，可使用裁切中的選項）。	
	切片	把一張影像製作成切片的影像。	
	切片選取	選擇切片。切片進行各種變更時使用。	
E	滴管	把影像內的點擊點設定成前景色。	I
	3D材質滴管（CC）	CC版本中全新搭載的高機能滴管工具。	
	顏色取樣器	在〔資訊〕面板顯示點擊點的RGB值等訊息。	
	尺標	在〔資訊〕面板顯示點擊的對角線的距離和角度。	
	備註	在影像內嵌入備註。備註可以在PSD、TIFF或PDF檔等保留。	
	計算	為點擊加上計數。可透過〔度量紀錄〕面板確認。	
F	汙點修復筆刷	讓點擊的點或拖曳位置混合相近色，清除影像的汙點。	J
	修復筆刷	把Alt（Option）+點擊的位置設定為樣本，清除影像的汙點。	
	修補	讓選取的範圍移動，使影像的濃度或影像調和，清除汙點。亦在建立選取範圍之後，切換成〔修補〕工具。	
	內容感知移動	移動選取範圍或拖曳的場所。移動後，原本的場所會以〔內容感知填滿〕的效果填滿。	
	紅眼	修正拍照時因閃光燈所產生的紅眼現象。	
G	筆刷	用前景色填滿影像。另外，也使用在描繪遮色片的時候。	B
	鉛筆	利用沒有模糊的筆刷描繪。	
	顏色取代	維持影像的明度，利用前景色置換色相。	
	混合器筆刷	調和拖曳場所的色彩，或是讓影像的像素和前景色混合。	
H	仿製印章	把Alt（Option）+點擊的位置設定為樣本，把影像置換成各像素。	S
	圖樣印章	用任意的圖樣填滿拖曳的場所。	
I	步驟記錄筆刷	返回到透過〔步驟記錄〕面板指定影像內的拖曳位置之時點為止。	Y
	藝術步驟記錄筆刷	對步驟記錄筆刷設定各種筆刷樣式，進行塗抹。	
J	橡皮擦	刪除影像，使其透明。若是〔背景〕圖層，則會用背景色填滿。	E
	背景橡皮擦	自動把〔背景〕圖層變更成一般圖層後，使拖曳的部分變成透明。	
	魔術橡皮擦	清除與點擊點相近的濃度範圍。	

圖示	工具名稱	說明	快速鍵（※）
▦	漸層	利用漸層填滿拖曳的範圍。在〔漸層揀選器〕中設定漸層。	G
◪	油漆桶	用前景色填滿與點擊點相近的濃度範圍。	
◪	3D材質拖移	讀取或套用3D物件的材質。	
◊	模糊	將拖曳範圍的像素平均化，模糊像素的邊緣。	無
△	銳利化	控制拖曳範圍的像素濃度，提高對比。	
◪	指尖	藉由使拖曳範圍移動，如同摩擦般扭曲影像。	
◪	加亮	使拖曳範圍的像素變亮。	O
◪	加深	使拖曳範圍的像素變暗。	
◪	海綿	控制拖曳範圍的像素飽和度。	
◪	筆型	把點擊的錨點當成角落控點，建立出路徑。	P
◪	創意筆	把拖曳的軌跡設定為路徑。	
◪	增加錨點	點擊路徑，增加錨點。細微調整路徑時使用。	無
◪	刪除錨點	刪除點擊的錨點。	
◪	轉換錨點	點擊錨點，切換角落點和平滑點。	
T	水平文字	增加水平文字的圖層。另外，選擇現有文字圖層時，也可以使用。	T
⫪T	垂直文字	增加垂直文字的圖層。另外，選擇現有文字圖層時，也可以使用。	
T	水平文字遮色片	利用與〔水平文字〕工具相同的操作步驟，建立文字形狀的選取範圍。	
⫪T	垂直文字遮色片	利用與〔垂直文字〕工具相同的操作步驟，建立文字形狀的選取範圍。	
▶	路徑選取	一旦在〔路徑〕面板中點擊選取的路徑，或是拖曳，路徑會被選取，錨點等會被顯示。	A
▷	直接選取	僅選取兩個錨點間的路徑，使其移動。	
▪	矩形	建立矩形路徑或形狀圖層、填滿區域。	U
▪	圓角矩形	建立圓角矩形路徑或形狀圖層、填滿區域。圓角的弧度要在選項列中進行設定。	
◯	橢圓	建立橢圓路徑或形狀圖層、填滿區域。	
⬠	多邊形	建立多邊形路徑或形狀圖層、填滿區域。角的數量要在選項列中進行設定。	
╱	直線	建立直線路徑或形狀圖層、填滿區域。寬度要在選項列中進行設定。	
▨	自訂形狀	建立登錄的形狀路徑或形狀圖層、填滿區域。	
✋	手形	移動影像顯示的區域。	H
◎	旋轉檢視	單獨旋轉影像的顯示。	R
🔍	縮放顯示	縮放影像的顯示。	Z
	預設的前景和背景色	將前景色設定為黑色；背景色設定為白色（編輯快速遮色片、Alpha色版時則相反）。	D
	切換前景和背景色	切換現在的前景色和背景色。	X
	設定前景色	一旦點擊，可以開啟檢色器來設定前景色。	無
	設定背景色	一旦點擊，可以開啟檢色器來設定背景色。	無
	以快速遮色片模式編輯	切換快速遮色片模式和影像描繪模式（標準模式）。	Q
	變更螢幕模式	切換視窗或背景的顯示方法。從選單選擇〔檢視〕→切換〔螢幕模式〕的內容。	F

※ 只要按下快速鍵，就可以切換至其他的工具。另外，只要一邊按住 Shift 鍵一邊按下按鍵，就可以切換同一系列的工具。

面板一覽

各面板備有可呼叫出各種相關功能的「面板選單」。只要點擊面板右上方的三角形符號，就可以顯示出面板選單。各面板中也備有支援各種功能的預設集。

❋ 編輯目標物件的面板

●〔顏色〕面板

顯示前景色和背景色。另外，可利用色彩滑桿設定前景色和背景色。

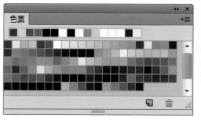

● 〔色票〕面板

可以儲存或載入前景色、背景色或用檢色器建立的色彩。也備有DIC或PANTONE色彩等預設集。

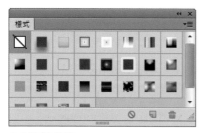

● 〔樣式〕面板

能夠把圖層樣式儲存為預設集。儲存在此的圖層樣式，藉由點擊可以套用在圖層上。另外，也可單獨儲存圖層效果。

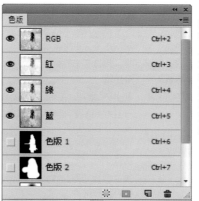

● 〔色版〕面板

如果是RGB影像，就會有〔紅〕、〔綠〕、〔藍〕三個色版，同時，最上方還會有合成三個色版的〔RGB〕色版。除了這四個色版外，還有把選取範圍儲存成影像，或加工用的色版〔Alpha色版〕。

● 〔路徑〕面板

可以和圖層或色版一樣儲存、編輯路徑。路徑有〔儲存路徑〕、〔工作路徑〕、〔向量路徑〕三種。〔工作路徑〕是轉換成〔儲存路徑〕之前的暫時性狀態。另外，〔向量路徑〕僅會在選取形狀圖層的時候顯示。

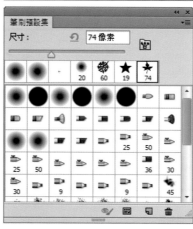

● 〔筆刷預設集〕面板

可以把〔筆刷〕面板中所設定的〔大小〕、〔硬度〕和〔形狀〕等所有項目儲存成預設集。CS5以後版本皆備有這個面板。CS4以前版本則要在〔筆刷〕面板的〔筆刷預設集〕區段中進行相同作業。

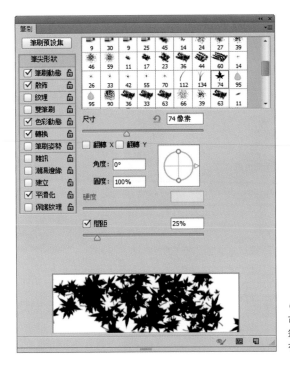

● 〔調整〕面板
一個按鍵就可以增加調整圖層的面板。CC版本中新增的面板。只要點擊面板上的圖示，對應的調整圖層就會追加在影像上，而該內容會顯示在〔內容〕面板。

● 〔筆刷〕面板
可以設定〔筆刷〕工具或〔仿製印章〕工具等繪圖類工具的筆刷。設定內容除了〔尺寸〕、〔硬度〕、〔形狀〕之外，還有〔筆刷動態〕或〔散佈〕等多種項目可設定。

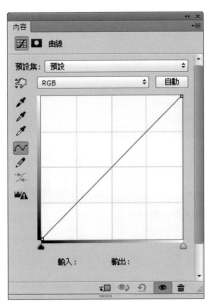

● 〔內容〕面板（顯示曲線時）
在CS5以前版本中是〔調整〕面板。大部分的調整圖層及其預設集都可以在這個面板中建立、編輯。當存有調整圖層的時候，藉由選取調整圖層，就可以顯示出相對應的設定畫面。

● 〔內容〕面板（顯示遮色片時）
在CS5以前版本中是〔遮色片〕面板。可以編輯像素遮色片和向量遮色片。由於能夠在不使用對話框下透過面板內來編輯遮色片，因此可以一邊進行其他的作業一邊編輯遮色片。另外，可以藉由內容的確定，當作一般的遮色片來利用。

❖ 確認目標物件資訊的面板

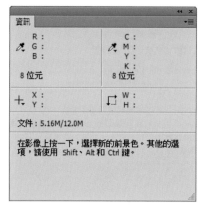

● 〔資訊〕面板

顯示影像相關的各種不同資訊（諸如選取範圍的大小或游標位置的色彩資訊、位置資訊等）。另外，也會顯示〔顏色取樣器〕或〔尺標〕工具等的測量值。

● 〔導覽器〕面板

以縮圖的方式來顯示現在的影像。另外，顯示區域會以紅框標示，也可以藉由紅框的拖曳來變更顯示位置。另外，也可以利用輸入數值、滑桿、按鈕三種不同的方式，進行畫面的縮放。如果放大這個面板本身，就可以把它當成副預視面板使用。

● 〔圖層〕面板

可以顯示、編輯圖層的階層狀態或設定。另外，也可以變更混合模式，所以透過與遮色片等的併用，可以實現更靈活的使用方法。也能夠以名為〔圖層群組〕的資料夾形式來管理多個圖層。

● 〔圖層構圖〕面板

可以儲存圖層的狀態。藉由利用這個功能，就能夠快速地切換多個設計案。

● 〔色階分佈圖〕面板

顯示影像的色階（所有色版或各色版的顏色分佈）。

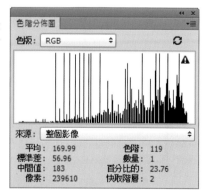

● 〔度量記錄〕面板

以〔套索〕工具或〔魔術棒〕工具等所定義的區域進行〔高度〕、〔寬度〕、〔面積〕的測量，或是以〔計算〕工具所點擊的位置進行計算。

❖ 控制文字的面板

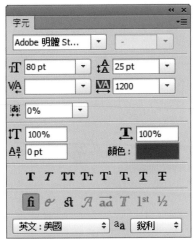

● 〔字元〕面板
可以設定文字的〔字體〕、〔大小〕、〔樣式〕等各種選項。文字的設定除了這個面板之外，還可以合併使用選項列或〔備註〕面板。

● 〔段落〕面板
可以設定文字的〔段落〕、〔配置〕、〔對齊〕或〔格式〕。另外，也可設定避頭尾組合或文字間距組合。

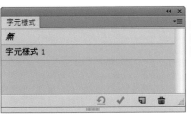

● 〔字元樣式〕面板
能夠把可在〔字元〕面板中設定的主要項目儲存為預設集。

● 〔段落樣式〕面板
能夠把可在〔段落〕面板中設定的主要項目儲存為預設集。

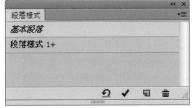

❖ 控制執行處理的面板

● 〔步驟記錄〕面板
依照作業順序，把作業內容清單化來顯示。只要使用這個功能，就可以將影像還原成以前的狀態，或是局部性地進行修正。另外，還可以把開啟檔案時的影像，或是任意時期的影像狀態，儲存成「快照」。

● 〔動作〕面板
可以記錄、執行、編輯被稱為動作的Photoshop的自動化功能。

● 〔仿製來源〕面板

最多可設定五個〔仿製印章〕工具或〔修復筆刷〕工具等使用的仿製來源。另外，能夠以數值的方式來設定仿製來源的移動、放大、縮小、旋轉。也可以指定顯示方法。

● 〔工具預設集〕面板

可以將〔筆刷〕工具或〔仿製印章〕工具等的設定值加以組合，進行儲存、編輯和載入。

⚙ 其他功能

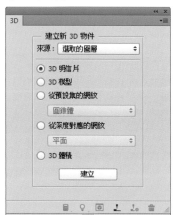

● 〔3D〕面板

選擇3D圖層時，則會顯示3D檔案的構成。

● 〔備註〕面板

可以在靜態影像上增加、儲存備註。備註會以圖示顯示在影像內。該部分並不是圖層，而會張貼在影像本身上。

● 〔時間軸〕面板

利用時間軸控制視訊。另外，音軌也可以編輯或播放。也可以控制不透明度等項目。CS6以後的版本才有這種面板。在CS5以前版本中，則有類似功能的〔動畫〕面板。

● 〔選項列〕

可以設定在〔工具〕面板中所選擇的各種工具之選項。

● 〔應用程式〕列

進行工作區的切換控制或選單、其他〔旋轉預覽〕工具等的設定。也可以設定影像檔案的配置。這個面板僅有CS4和CS5。

第 1 章

基本功能

{001} 開啟舊檔

雙擊影像檔時，如果是 Photoshop 以外的應用程式啟動的話，就要從 Photoshop 的選單選擇〔檔案〕→〔開啟舊檔〕，顯示對話框並選擇影像。

 **step 1**

從選單中選擇〔檔案〕→〔開啟舊檔〕❶，顯示〔開啟舊檔〕對話框。

Short Cut 開啟舊檔
Mac ⌘ + ◯　Win Ctrl + ◯

step 2

在〔開啟舊檔〕對話框中選擇檔案❷，點擊〔開啟舊檔〕按鈕❸。

縮圖會顯示在〔開啟舊檔〕對話框中❹。另外，一旦在〔格式〕下拉選單中指定檔案格式，就只會顯示出指定格式的檔案。可開啟的檔案格式有30種以上。

Tips

如果在已經開啟其他影像的狀態下開啟新的影像，CS3以前版本會以新文件方式開啟影像，而CS4以後的版本則會以標籤方式開啟影像。

如果在CS4以後的版本中，仍希望像CS3以前版本那樣，以新文件方式開啟影像，只要從選單中選擇〔編輯〕（Mac則是〔Photoshop〕）→〔偏好設定〕→〔介面〕，取消〔以標籤方式開啟新文件〕❺的勾選即可。

另外，如果希望開啟的影像不要以浮動文件視窗的方式顯示，則要取消勾選〔啟用浮動文件視窗固定〕❻。

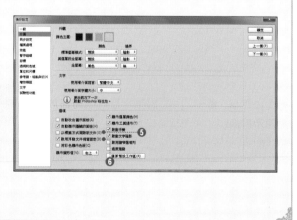

相關 比較並開啟多個影像：P.19　格式的種類：P.25　正確地儲存檔案：P.24

{002} 比較並開啟多個影像

希望比較並開啟多個候補影像時，就要使用Photoshop標準搭載的〔Adobe Bridge〕。Bridge也可以和其他Adobe製作的軟體整合。

step 1

從選單中選擇〔檔案〕→〔在Bridge中瀏覽〕，啟動〔Adobe Bridge〕。

Bridge啟動之後，選擇〔我的最愛〕或〔檔案夾〕❶，尋找目標的檔案。

step 2

一旦選擇影像所儲存的資料夾，資料夾內的影像就會顯示在中央的〔內容〕區域❷。若是一邊按住 Ctrl （ ⌘ ）鍵一邊點選影像，就可以選取數個影像。影像選取後，該影像就會顯示在〔預視〕區域❸。

step 3

希望一邊比較一邊確認數個影像時，從位於視窗上方的顯示格式中選擇〔影片〕❹。於是，〔預視〕就會顯示在上方，〔內容〕則會顯示在下方，各影像也會放大顯示。

step 4

只要拖曳面版的邊界部分，就可以調整〔預視〕的大小❺。拖曳標籤也可以變更各面版的位置。

另外，點擊〔預視〕內的影像，也可以局部放大顯示影像❻。在希望詳細比較的時候，這個功能相當方便。

決定好目標的影像後，只要雙擊〔內容〕裡的縮圖，或是按下滑鼠右鍵→選擇〔開啟方式〕，即可開啟影像。

> **Tips**
> Bridge當中，除了〔必要〕或〔影片〕以外，還有〔中繼資料〕、〔預視〕等共計8種顯示方式。顯示的方式可以從視窗上方的〔▼〕按鈕來選擇❼。

相關　開啟舊檔：P.18　把RAW檔匯入Photoshop：P.20

{003} 把RAW檔案匯入Photoshop

只要使用Photoshop隨附的〔Camera Raw〕功能，就可以一邊調整影像一邊把RAW檔案匯入
Photoshop。一般來說，這種作業稱為「RAW處理」。

step 1

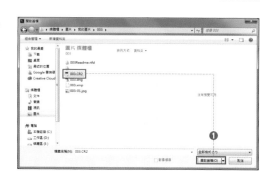

通常，開啟RAW檔案時，就必須進行數位
相機的硬體資訊或其他相關的各種設定。
Photoshop的「Camera Raw」是得以輕易進行
這些設定的功能。可以將RAW檔案當作一般
的影像來匯入Photoshop中。

欲使用Camera Raw時，就從選單中選擇〔檔
案〕→〔開啟舊檔〕，在〔開啟舊檔〕對話框中選
擇RAW檔案，再點擊〔開啟舊檔〕按鈕❶。

step 2

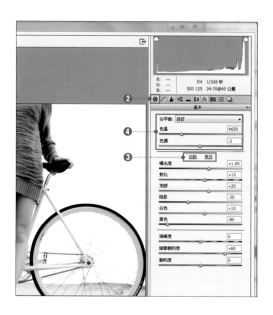

在〔Camera Raw〕對話框中，點擊〔基本〕按鈕
❷，開啟〔基本〕。

點擊〔自動〕按鈕後，按鈕下方的設定值就會
自動被設定❸。想要恢復成原始狀態時，就點
擊〔預設〕按鈕。這裡就先暫時恢復成預設，
然後再以手動方式進行設定。

首先，在〔白平衡〕區段中補正無色彩像素的
色溫和色調❹。

利用〔色溫〕調整影像的紅黃色和青色，並利
用〔色調〕調整綠色和紅紫色的程度。在此，
一邊檢視影像的白色部分一邊設定為〔色溫：
4650〕後，再設定為〔色調：－2〕。

◎〔白平衡〕區段的設定項目

項目	內容
〔白平衡〕下拉選單	指定白平衡的方法。預設是〔拍攝設定〕。除此之外，還可以指定〔自動〕、〔日光〕、〔閃光燈〕等方法。
色溫	如果數值增加，就會增補紅黃色，使色彩符合色溫較高的攝影狀態；色溫如果調降，則會增補青色，使色彩符合色溫較低的攝影狀態。
色調	如果數值增加，就會增補洋紅色（紅紫）；如果數值下降，則會增補綠色。

〔色調控制項〕區段可增補影像的濃度或對比等，與色彩無關的範圍❺。首先，先利用〔曝光度〕調整亮度，之後再設定〔對比〕以外的數值。

利用〔亮部〕調整影像明亮部分的亮度；利用〔陰影〕調整陰暗部分。另外，利用〔白色〕調整最明亮部分；〔黑色〕調整最陰暗部分。這個時候，整體的對比若有不足或過強的情況時，就使用〔對比〕來調整整體的對比。

再次確認亮度，如果有需要，就進行〔曝光度〕或〔亮度〕的調整。在此設定為〔曝光度：＋1.00〕、〔對比：＋10〕、〔亮部：＋20〕、〔陰影：－30〕、〔白色：＋10〕、〔黑色：－80〕。

step 4

處理完成後，利用〔清晰度與飽和度〕區段調整影像的〔清晰度〕和〔飽和度〕❻。所謂的清晰度是指影像濃淡部分的對比。感覺和銳利度有點類似，不過，清晰度的作用範圍更廣闊。而飽和度則是指色彩的鮮豔程度。

在此設定為〔清晰度：0〕、〔細節飽和度：＋60〕。

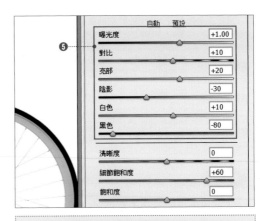

CS5 以前版本的設定項目有些許差異。關於 CS5 以前版本的設定項目及設定內容，請參考下表內容。

◎〔色調控制項〕區段的設定項目（CS6以後）

項目	內容
曝光度	調整影像整體的亮度。這個功能會對亮部部分給予更大的效果。
對比	控制影像整體的對比。請在嘗試其他項目之後再指定這個值。
亮部	以比影像中間更明亮的部分為中心來調整亮度。欲調整更明亮的部分時，就要使用〔白色〕項目。
陰影	以比影像中間更陰暗的部分為中心來調整亮度。欲調整更陰暗的部分，就要使用〔黑色〕項目。
白色	調整影像最明亮部分的亮度。
黑色	調整影像最陰暗部分的亮度。

◎〔色調控制項〕區段的設定項目（CS5）

項目	內容
曝光度	調整影像整體的亮度。這個功能會對亮部部分給予更大的效果。
復原	恢復過度明亮的亮部色調。
補光	在不變更最陰暗的部分下，恢復陰影部分的細節。
黑色	在攝影時的陰影部分中，設定要讓處理後的哪一部分變得最陰暗。
亮度	調整影像整體的亮度，和〔曝光度〕相反，亮部會維持固定，僅陰影部分變得明亮。
對比	控制影像整體的對比。請在嘗試其他項目之後再進行指定這個值。

◎〔清晰度和飽和度〕區段的設定項目

項目	內容
清晰度	控制部分的對比。這和遮色片銳利化調整有點類似。這個項目請利用 100% 以上的預視，一邊檢視影像的邊緣或細節一邊進行設定。
細節飽和度	控制飽和度的設定值。對飽和度較低的部分比較具有效果，所以就算飽和度過高，影像也不會過分失真。
飽和度	控制影像整體的飽和度。飽和度越高，影像色彩就越鮮豔，不過影像可能會失真，所以請在使用〔細節飽和度〕之後，再進行調整。

step 5

當作 Photoshop 的影像來開啟時，請點擊〔開啟影像〕按鈕❼。

❼

在 RAW 資料中會留下拍攝時的所有資訊。因此，乍看之下會有畫面太暗或是過亮的情況，就連影像中沒有殘留的部分也會保存在資料中。

因此，全部的顯影作業並非要像此處所介紹的那樣進行設定才行。盡量嘗試各種設定方法，進行適合影像的 RAW 顯影處理吧！

Tips

在 Photoshop CS6 中 Camera Raw 的設定項目和過去的版本有著極大的差異。可是，如果用 Photoshop CS6 以後版本的 Camera Raw，開啟舊版本 Camera Raw 處理過的檔案，設定項目仍然會和以前版本完全相同❽。另外，此時在影像的右下角會出現〔！〕這樣的圖示❾。

遇到這種情況時，可直接照舊版本的設定項目繼續進行作業，如果希望以新的 Camera Raw 進行處理時，就要點選〔！〕圖示，切換至最新的 Camera Raw 版本。

另外，欲返回到以前的版本時，就要點擊〔相機校正〕圖示，從〔程序〕下拉選單中變更版本。

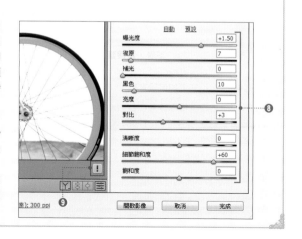

❾

❽

相關 開啟舊檔：P.18　比較並開啟多個影像：P.19　儲存影像：P.24

{004} 建立新增檔案

建立新增檔案時，必須設定尺寸、解析度、色彩模式等。這些項目即使在檔案建立之後，仍然可以變更，不過基本項目的設定仍有事先理解的必要。

 step 1

從選單選擇〔檔案〕→〔開新檔案〕，顯示〔新增〕對話框。

在對話框內的各項目中輸入必要的數值，點擊〔確定〕按鈕之後❶，即可開啟新增影像檔案。

關於各設定項目的說明，請參考下表。

Short Cut 開新檔案

Mac ⌘+N　Win Ctrl+N

◎〔新增〕對話框的設定項目

項目	內容
名稱	指定新增檔案的檔案名稱。
預設集	製作對象的標準尺寸，只要選擇這裡的預設對象，就會自動套用影像尺寸和解析度。例如，一旦選擇〔網頁〕，解析度就自動設定為「72」。除外，還有〔美國標準紙張〕、〔國際標準紙張〕和〔相片〕等預設集可以選擇。
尺寸	選擇符合在預設集所選內容的尺寸。例如，在預設集選擇「國際標準紙張」時，就可選擇A4或B5等列印紙尺寸。
寬度、高度	指定影像的寬度與高度。也可以選擇單位。
解析度	指定影像的解析度。也可以選擇單位。一般來說，網頁用影像是設定為「72」，而印刷用影像則是設定為「350」左右。
色彩模式	選擇色彩模式。一般來說，網頁用影像是選擇「RGB色彩」，而印刷用影像則是選擇「CMYK色彩」。如果影像的位元數選擇〔16位元〕，就比較不容易產生色調分離。可是，檔案大小也會變大，所以請多加注意。另外，影像並不會因此而更加美化。
背景內容	指定〔背景〕圖層的色彩。可以選擇〔白色〕、〔背景色〕、〔透明〕任一種。如果選擇透明，就不會有〔背景〕圖層，直接建立〔圖層1〕。
色彩描述檔	只要點擊〔進階〕按鈕，就會顯示出〔色彩描述檔〕和〔像素外觀比例〕選項。不知道如何設定時，〔RGB色彩〕就選擇〔sRGB IEC61966-2.1〕；〔CMYK色彩〕就選擇〔Japan Color 2001 Coated〕吧！（詳細請參考P.339）
像素外觀比例	選擇像素的長寬比。若沒有特殊的理由，就選擇〔正方形像素〕。
〔取消〕按鈕	取消檔案的新增。
〔儲存預設集〕按鈕	只要點擊這個按鈕，就可以儲存各設定值。有常用的項目時，預先儲存起來，作業會更加方便。

相關 版面尺寸：P.34　影像解析度：P.33　色彩描述檔：P.336　儲存影像：P.24

{005} 正確地儲存影像

一旦從選單選擇〔檔案〕→〔儲存檔案〕，就可以儲存影像檔案。把影像檔案儲存成與原格式不同的格式或是拷貝儲存時，則要使用〔另存新檔〕。

step 1

儲存時的選項會因儲存方法而有不同，在此僅以PSD格式的儲存方法為中心進行說明。
在開啟影像的狀態中，從選單選擇〔檔案〕→〔儲存檔案〕❶。

> **Short Cut** 儲存檔案
> Mac ⌘ + S　Win Ctrl + S

step 2

如果是之前曾經在Photoshop中儲存過的影像，就會以相同條件進行覆寫。另一方面，一旦對於不曾用Photoshop儲存過的影像執行〔儲存檔案〕，就會自動地以〔另存新檔〕的方式進行儲存。
指定檔案名稱和儲存位置❷，選擇〔存檔類型〕❸。確定設定內容之後，點擊〔存檔〕按鈕即可❹。

◎〔另存新檔〕對話框的設定項目

項目	內容
做為拷貝	勾選此項目後，檔案就會以拷貝方式儲存。另外，附有圖層的影像如果指定JPEG等無法直接保留影像狀態的格式，這個項目就會自動勾選。
Alpha色版	如果取消勾選，就會放棄Alpha色版。
圖層	如果取消勾選，就會放棄隱藏圖層，並且合併非隱藏圖層，在沒有圖層的狀態下進行存檔。
備註	如果取消勾選，就會放棄註解。
特別色	如果取消勾選，就會放棄特別色。
使用校樣設定	以〔檢視〕→〔校樣色彩〕所指定的描述檔進行存檔。可是，只有在選擇〔Photoshop PDF〕和〔Photoshop EPS〕的情況下可以使用此選項。
ICC描述檔	直接嵌入當前使用中的描述檔（P.336）。若沒有特殊理由，建議保留勾選。

{006} 了解格式的差異

Photoshop 可以處理各種不同格式（存檔類型）的影像。必須了解各種格式的特徵之後，再依個人需求來選擇最適當的格式。

在影像編輯時，軟體的功能並不會因格式（存檔類型）而受到限制，不過在儲存時，則必須選擇適當的格式。

一旦選擇不適當的格式，有時可能會發生無法套用所有功能的情形，所以請務必多加注意！

欲指定格式來儲存檔案時，要從選單選擇〔檔案〕→〔另存新檔〕❶。

可是，〔DNG〕只能從〔Camera Raw〕進行儲存。另外，RAW DATA 則無法選擇作為儲存時的格式。

檔案(F)　編輯(E)　影像(I)　圖層(L)　文字(Y)	
開新檔案(N)...	Ctrl+N
開啟舊檔(O)...	Ctrl+O
在 Bridge 中瀏覽(B)...	Alt+Ctrl+O
開啟為(A)...	Alt+Shift+Ctrl+O
開啟為智慧型物件...	
最近使用的檔案(T)	▶
關閉檔案(C)	Ctrl+W
全部關閉	Alt+Ctrl+W
關閉並跳至 Bridge...	Shift+Ctrl+W
儲存檔案(S)	Ctrl+S
另存新檔(A)... ●—————	Shift+Ctrl+S —❶
存回(I)...	

Short Cut 另存新檔

Mac ⌘+ Shift + S　Win Ctrl + Shift + S

◎ 格式的種類

項目	內容
PSD PSB	PSD（Photoshop Data）是 Photoshop 的預設檔案格式，可以原封不動地儲存所有的功能。與其他 Adobe 產品的相容性也很高，在 Illustrator 或 InDesign 等多數的 Adobe 產品中可以直接讀取這種格式。PSB 的功能幾乎和 PSD 相同，主要特色是可處理超過 2GB 的大型檔案。
TIFF	在多數的應用程式中都可以讀取 TIFF，屬於通用性極高的格式。也可保留圖層（P.132）、不透明度（P.153）、註解等功能。在必須保留 Photoshop 的功能且 PSD 格式無法使用時，最適合採用這種格式。另外，最大可支援 4GB 以內的檔案大小，也可支援 8bit、16bit、32bit 影像。可是，Photoshop 7.0 最多只能處理到 2GB 的檔案，此點必須多加注意！
JPEG	JPEG 是如同照片那樣可壓縮儲存漸層豐富的影像時的標準格式。在 Photoshop 中可從 12 個階段來選擇品質。雖然無法保留 Alpha 色版（P.113）或圖層，但檔案大小大幅地縮小的關係（就算選擇最高畫質，大約只有 PSD 的 1/3 ～ 1/2 左右），所以相當適合網頁用或印刷用。可是，由於採用的方式為「非可逆壓縮」，因此每逢重複保存，畫質就會劣化。重複多次編輯、儲存時，就必須特別注意。
RAW DATA	數位相機的拍攝資料就是透過獨立運算，將來自 CCD 或 CMOS 等影像感應器接收到的資料轉換成影像資料。也就是說，RAW DATA 就是保留所有拍攝資訊的原始（RAW）資料。把那種 RAW 資料轉換成當作影像檔案來處理，就稱為「RAW 處理」（P.20）。
DNG	DNG（Digital Negative）是 Adobe 公司所開發的格式，可讓在相機廠商之間不具相容性的 RAW 資料持有相容性的規格。在 Photoshop 中可以原封不動地保存 RAW 處理時的設定，因此在進行 RAW 處理之前製作各種版本時，十分地便利。
PDF	PDF 是常用的一種電腦文件格式。在 Mac OSX 中，PDF 更被視為標準格式。持有頁面結構以及可與其他應用程式整合的眾多選項，就是 PDF 格式的特色。儲存時，只要預先勾選「Photoshop 編輯功能」，就能夠和 PSD 格式一樣，利用 Photoshop 再次編輯。
EPS	EPS 是 Postscript 格式的一種，和影像排版機或 DTP 軟體的相容性極佳，屬於不容易產生 Postscript 錯誤的一種格式。最大的特色是可以保留光柵圖資料、向量圖資料和 Photoshop 路徑。

第1章　基本功能

相關　正確地儲存檔案：P.24　儲存成 PDF 格式：P.26　開啟舊檔：P.18　開啟 RAW 檔：P.20

〔007〕 以任誰都能檢視的可再編輯方法進行儲存

一旦透過〔另存新檔〕選擇PDF格式，就能夠以可再次編輯的〔Photoshop PDF〕格式來儲存。PDF
是當前可在各種環境中閱覽且通用性極高的檔案格式。

 概要

接下來將要解說，像右圖那樣把使用了多
種Photoshop功能的影像儲存成〔Photoshop
PDF〕格式的方法。
Photoshop資料（PSD類型）的影像可能會有因
環境問題而無法閱覽的情況，不過只要把檔案
儲存成〔Photoshop PDF〕格式，就可以在保留
Photoshop的功能且在大部分的環境中確認影
像。

step 1

從選單選擇〔檔案〕→〔另存新檔〕，顯示〔另存
新檔〕對話框。
選擇〔存檔類型：Photoshop PDF〕後❶，勾選
〔Alpha色版〕和〔圖層〕，使檔案在事後仍可以
再次編輯❷。再者，當影像中不含Alpha色版
和圖層的時候，就無法勾選。
設定完成後，點擊〔存檔〕按鈕即可❸。

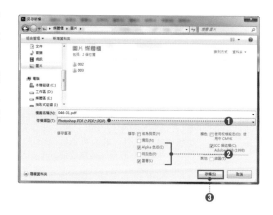

Short Cut	另存新檔

Mac ⌘ + Shift + S　Win Ctrl + Shift + S

❸

step 2

此時會顯示出提醒注意的對話框，不需要理
會，直接點擊〔確定〕即可❹。

> **Tips**
> 以PDF格式進行存檔時，通常都會出現這個對話
> 框。不希望下次再次出現這個對話框的時候，就
> 先勾選對話框左下方的〔不再顯示〕後，再點擊
> 〔確定〕按鈕。

step 3

在〔儲存Adobe PDF〕對話框中選擇〔Adobe PDF預設：高品質列印〕（有些版本是〔High Quality Print〕）**5**，接著勾選〔保留Photoshop編輯功能〕和〔嵌入頁面縮圖〕**6**。

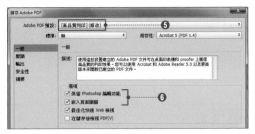

step 4

選擇〔壓縮〕**7**，在〔選項〕區段中選擇〔不要縮減取樣〕和〔壓縮：無〕**8**。確認內容之後，點擊〔儲存PDF〕按鈕**9**。

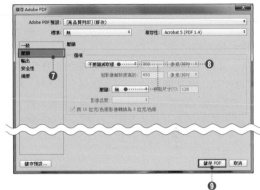

◎〔選項〕區段的設定項目

項目	內容
不要縮減取樣	因為沒有壓縮影像，所以可以維持原有的畫質。通常都是使用這個設定。
平均縮減取樣至（縱橫增值法）	使用〔縱橫增值法〕壓縮影像。〔縱橫增值法〕壓縮出的畫質並不高，但處理速度高是其最大特徵。若無特殊理由，不建議使用。
次取樣至（最接近像素法）	使用〔最接近像素法〕壓縮影像。〔最接近像素法〕會直接縮小像素，所以像像素畫或圖示等以外觀為優先的情況，可使用這種壓縮方式。
雙立方體縮減取樣至（環迴增值法）	使用〔環迴增值法〕壓縮影像。〔環迴增值法〕不光是像素，同時也會考量周遭的像素色彩或濃度，是色彩增補精準度最高的增補方法。因此，壓縮時若沒有特殊理由，就可使用這個方法。

step 5

顯示相容性相關的對話框後，直接點擊〔是〕來進行儲存**10**。

一旦利用PDF 相容軟體來開啟儲存的檔案，就會開啟成沒有圖層的PDF影像；一旦利用Photoshop來開啟，則會與PSD檔案同樣地開啟成可再次編輯的檔案**11**。

相關 儲存檔案：P.24　格式的種類：P.25　把多個PSD檔整合成PDF：P.28

〔008〕把多個PSD檔整合成PDF

只要選擇影像並利用〔PDF簡報〕功能輸出，就能夠把多個PSD檔整合成單一PDF。

---

step 1

在CS6以後版本中，從選單選擇〔檔案〕→〔自動〕→〔PDF簡報〕❶，顯示〔PDF簡報〕對話框。

Tips
若是CS5，則要在Adobe Bridge選擇影像，從選單選擇〔視窗〕→〔工作區〕→〔輸出〕，並點擊〔儲存〕。PDF檔的設定要在〔輸出〕標籤內進行。

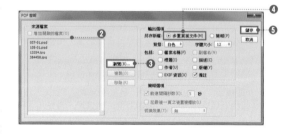

step 2

勾選〔增加開啟的檔案〕❷，或是按下〔瀏覽〕按鈕選擇檔案❸。希望切換影像順序的時候，則拖曳檔案名稱來切換。
另外，務必選擇〔多重頁面文件〕❹。
內容確認之後，點擊〔儲存〕按鈕❺，顯示〔另存新檔〕對話框，指定檔案名稱和儲存位置後，點擊〔存檔〕按鈕。

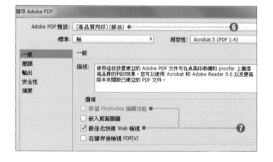

step 3

顯示〔儲存Adobe PDF〕對話框。選擇〔Adobe PDF預設：高品質列印〕❻，取消勾選〔保留Photoshop編輯功能〕，並勾選〔最佳化快速Web檢視〕❼。各項目設定完成後，確認設定內容，點擊〔儲存PDF〕按鈕。

Tips
這次所介紹的方法和利用〔另存新檔〕選擇〔Photoshop PDF〕的方法（P.26），所輸出的檔案結果有所不同，請多加注意！

以PDF輸出的影像大小取決於原始影像的解析度。欲變更影像大小或解析度時，請參考『變更影像的解析度』（P.33）。

　相關　正確地儲存檔案：P.24　格式的種類：P.25　以PDF格式進行儲存：P.26

{009} 捲動顯示區域

只要選擇〔手形〕工具，或是一邊按住 Space 鍵一邊拖曳畫面，就可以捲動顯示區域。

step 1

欲捲動顯示區域時，就要從工具面板選擇〔手形〕工具①，或是一邊按住 Space 鍵一邊拖曳畫面②。

> **Tips**
> 如上所述，在 Photoshop 中，只要在作業中按下 Space 鍵，就可以把工具暫時切換成〔手形〕工具。這種方法可以讓作業更有效率，所以若沒有特別的理由，建議不妨多使用 Space 鍵。

step 2

顯示區域的捲動，也可以利用在〔導覽器〕面板上拖曳的方式執行③。在這種方法中，不管處於選擇何種工具的狀態，只要把游標移動至〔導覽器〕面板上方，游標都會暫時切換成〔手形〕工具。〔導覽器〕面板內的紅框，就是現在的顯示區域。

透過這種方法可以一邊確認畫面整體和放大顯示的影像，一邊變更顯示位置。

step 3

另外，只要在放大顯示狀態下，按下 H 鍵進行拖曳，就會出現標示原始顯示區域的區域參考線④（放棄拖曳後，就會恢復成原始的畫面尺寸）。

只要使用這個功能，就可以跟〔導覽器〕面板同樣地一邊比較畫面整體和放大部分一邊捲動顯示區域。

> **Tips**
> 只要從選單選擇〔編輯〕→〔偏好設定〕→〔一般〕，勾選〔偏好設定〕對話框中的〔啟動輕觸平移〕，就可開啟〔平移〕功能。只要使用〔平移〕功能，影像的捲動就不會在拖曳結束後立刻停止，而會持續推移後才停止。
>
> 可是，使用這種功能，必須具備支援 Open GL 或 Open CL 的繪圖卡。此外，還必須選擇〔編輯〕→〔偏好設定〕→〔效能〕，預先把〔Open GL〕或〔使用圖形處理器〕的項目設定為開啟。

相關 使影像的顯示倍率和位置一致：P.30　旋轉畫面顯示：P.31

010　使影像的顯示倍率和位置一致後，
　　　比較多個影像

只要執行〔全部符合〕指令，就可以讓多個影像的顯示倍率和位置一致，簡單地進行比較。

step 1

開啟欲進行比較的多個影像，從選單選擇〔視窗〕→〔排列順序〕→〔並排顯示〕❶。
藉此，開啟中的影像就會並排顯示，不過各自的顯示倍率和位置並不相同。

step 2

欲使顯示倍率和位置一致時，就從選單選擇〔視窗〕→〔排列順序〕→〔全部符合〕❷。藉此，所有的影像就會呈現相同的顯示倍率和顯示位置❸。
再者，檔案的〔標籤顯示〕為有效時，可以先從選單選擇〔視窗〕→〔排列順序〕→〔全部浮動至視窗〕。

> **Tips**
> 開啟多個影像，希望對所有的影像同時進行影像顯示的縮放或捲動時，可一邊按下 Shift 鍵一邊進行各種操作。
> 此外，藉由選擇〔手形〕工具 時勾選選項列所顯示的〔捲動所有視窗〕❹，或是選擇〔縮放顯示〕工具 時勾選選項列所顯示的〔縮放顯示所有的視窗〕❺，也能夠跟按下 Shift 鍵的操作一樣，同時對所有開啟的影像執行各種操作。當這些選項設定為有效時，就不需要再按下 Shift 鍵了。

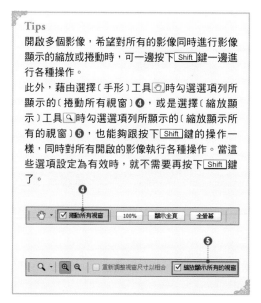

　相關　捲動顯示區域：P.29　比較並開啟多個影像：P.19　隱藏面板：P.43

{011} 旋轉畫面顯示

在不使資料劣化、僅讓畫面的顯示旋轉時，就要使用〔旋轉檢視〕工具。

 概要

像右圖那樣，使用手寫板等工具繪製掃描的手稿插畫時，希望配合自己的慣用手或習慣，讓版面旋轉時，就要使用〔旋轉檢視〕工具。

只要使用〔旋轉檢視〕工具，就可以在不讓實際影像旋轉的情況下，旋轉畫面顯示，也就不會產生畫質的劣化問題。效果就和利用〔縮放顯示〕工具來縮放影像類似。

如果實際旋轉影像，影像一定會劣化。不希望讓影像劣化時，或是預定稍後還要再恢復成原始狀態時，就使用〔旋轉檢視〕工具，只讓畫面旋轉吧！

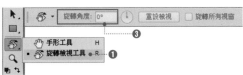

step 1

從工具面板選擇〔旋轉檢視〕工具❶，點擊影像上的任意位置，直接進行拖曳❷。於是，影像就會旋轉。

也可以透過選項列來指定〔旋轉角度〕❸。

Tips

若欲使用這個功能，就必須事先從選單選擇〔編輯〕→〔偏好設定〕→〔效能〕，開啟〔偏好設定〕對話框，勾選〔圖形處理器設定〕區段（CS5以前版本則是〔GPU設定〕區段）中的〔啟動OpenGL繪圖〕或〔使用圖形處理器〕。

step 2

影像旋轉後，參考線、格點也會一併跟著旋轉❹。此外，建立後的選取範圍也會以原始形狀直接保留在影像上❺。

相關 捲動顯示區域：P.29　使影像的顯示倍率和位置一致：P.30　將圖層上下左右翻轉：P.139

{012} 查閱影像尺寸

影像尺寸可透過〔影像尺寸〕對話框加以確認。另外，透過這個對話框也可以確認影像的〔解析度〕和〔輸出尺寸〕。

step 1

從選單選擇〔影像〕→〔影像尺寸〕❶，顯示〔影像尺寸〕對話框。

Short Cut 顯示〔影像尺寸〕對話框
Mac ⌘＋ Option ＋ I 　Win Ctrl ＋ Alt ＋ I

step 2

影像尺寸可從〔影像尺寸〕對話框的〔尺寸〕（CS6以前版本則是〔像素尺寸〕區段）進行確認❷。也可以利用下拉選單來選擇影像的顯示單位（pixel或%等）。

符合解析度的尺寸（cm等）則會顯示在〔文件尺寸〕區段中❸。希望變更尺寸時，就在此處輸入數值，進行設定。

Tips

如果沒有勾選〔重新取樣〕❹，〔尺寸〕（〔像素尺寸〕區段）就會固定。如果在這個狀態下改變〔文件尺寸〕區段的〔寬度〕或〔高度〕、〔解析度〕，就會在不改變當前像素總數的情況下，僅改變尺寸。

關於〔重新取樣〕，請參考『變更影像的解析度』（P.33）。

Tips

雖然CC和CS6以前版本的對話框設計有所差異，但基本的操作方法等則沒有改變。

❖ Variation ❖

點選視窗左下角❺，也可以確認影像的像素數和解析度。這種方法比較簡單且有效率，所以希望確認像素總數或解析度時（沒有變更必要時），就用這種方法確認吧！

寬度：1200 像素 (12.7 cm)
高度：800 像素 (8.47 cm)
色版：3 (RGB 色彩，8bpc)
解析度：240 像素 / 英吋

相關 變更影像的解析度：P.33　變更版面尺寸：P.34　裁切影像：P.35

{013} 變更影像的解析度

影像過大的時候，就從選單選擇〔影像〕→〔影像尺寸〕，變更解析度。一旦解析度下降，檔案容量也會變小。

step 1

從選單選擇〔影像〕→〔影像尺寸〕，顯示〔影像尺寸〕對話框。

在此要把影像大小變更成原始影像的25%。在〔影像尺寸〕對話框進行下列設定。

● CC版本

・〔鎖鏈〕圖示和〔重新取樣〕設為有效❶

・設定〔重新取樣：自動〕❷

・把〔寬度〕和〔高度〕的單位設為〔%〕，並設定為〔25〕❸

● CS6以前版本

・勾選〔強制等比例〕和〔影像重新取樣〕設為有效❹

・選擇〔環迴增值法（自動）〕❺

・把〔文件尺寸〕區段的寬度和高度的單位設為〔%〕，並設定為〔25〕❻

設定完成後，點擊〔確定〕按鈕後，尺寸就會重新調整。

◎ CC版本

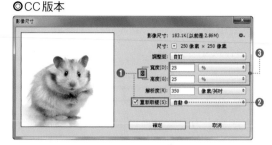

◎ CS6以前版本

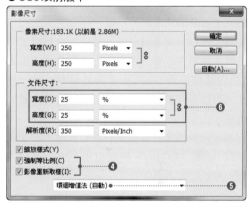

◎〔影像尺寸〕對話框的設定項目

項目	內容
縮放樣式	使用圖層樣式（P.159）等效果時，效果會隨著影像一起縮放。
鎖鏈圖示（CS6以前版本是〔強制等比例〕）	固定影像的長寬比例。僅有勾選影像重新取樣時可以使用。
重新取樣（CS6以前版本是〔影像重新取樣〕）	勾選之後，實際的影像尺寸就會變更。
自動（僅限於CC）	根據影像和尺寸變更的內容，選擇最佳的方法。在CC中，若沒有特殊理由，請選擇這個項目。
環迴增值法（自動）（僅限於CS6）	環迴增值法不光是像素，同時也會考量周遭的像素色彩或濃度，是色彩增補精準度最高的增補方法。其中，〔環迴增值法（自動）〕會根據影像和縮放率，採用最佳設定。在CS6中，若沒有特殊理由，建議選擇這個項目。
其他選擇項目	Photoshop當中，還有適用於平滑漸層或放大、縮小的環迴增值法、〔最接近像素法〕（直接複製像素的方式）、〔縱橫增值法〕（平均周遭像素，進行增補的方法）等方法，不過一般這些項目很少使用。
保留細節（放大）（僅限於CC）	最適用於放大的方法。選用這個方法時，會出現〔減少雜訊〕滑桿，可抑制放大時的雜訊。

相關　查閱影像尺寸：P.32　版面尺寸：P.34　裁切影像：P.35

｛014｝ 變更版面尺寸

從選單選擇〔影像〕→〔版面尺寸〕，就可以變更版面尺寸。可是，就算變更了版面尺寸，影像的解析度仍舊不會隨之變更，尺寸也不會跟著更改。

step 1

從選單選擇〔影像〕→〔版面尺寸〕❶，顯示〔版面尺寸〕對話框。

step 2

對話框上方會顯示出目前尺寸❷。確認數值後，指定變更後的版面尺寸和變更時的〔錨點〕❸。一旦勾選〔相對〕，就能夠以原始影像的大小為基準來指定尺寸❹。

此時，在存有背景圖層的狀態中，一旦指定的數值大於原始影像，多出的空白部分就會填滿〔版面延伸色彩〕中所指定的色彩❺；另一方面，若沒有背景圖層時，多出的空白則會變成透明。

另外，一旦指定的數值小於原始影像，影像就會以〔錨點〕為中心，把超出指定值的部分裁掉，所以必須多加注意！

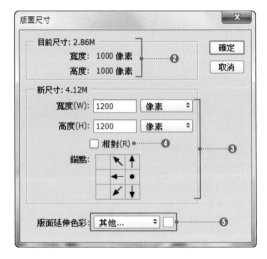

指定〔版面延伸色彩：黑色〕，指定數值大於原始尺寸（800×800 pixel）的情況。錨點設定在右下。

當指定數值比原始尺寸（800×800 pixel）還小的時候。超出範圍的部分會被裁切掉。

勾選〔相對〕，指定〔寬度：8％〕、〔高度：8％〕的情況。影像會以原始尺寸為標準，只擴大8％。

{015} 裁切影像

欲裁切影像時，使用〔裁切〕工具 ✂。若是還沒有確定裁切，就可以再次設定裁切範圍。

step 1

從工具面板選擇〔裁切〕工具 ✂❶，在畫面上拖曳❷。

> **Tips**
> 在CS6以後版本中，選擇〔裁切〕工具 ✂時（就算沒有拖曳仍相同），影像周圍會出現8個控點。可是，裁切較大影像中的局部時，建議先進行拖曳，縮小裁切的範圍，比較能使作業更有效率。

step 2

拖曳範圍出現8個控點❸。調整各控點，決定裁切範圍。

step 3

裁切範圍決定好之後，雙擊畫面內，或是點擊選項列的打勾符號❹，執行裁切。影像裁切後，就會以裁切後的狀態重新顯示影像。

> **Tips**
> 裁切時所刪除的範圍稱為「裁切保護」。這個範圍的顯示、隱藏或是顏色、不透明度，都可以透過選項列的（設定其他裁切選項）進行設定❺。

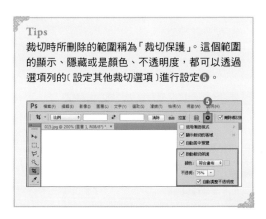

相關 指定尺寸後裁切：P.36　刪除影像的局部：P.37

{016} 指定尺寸後裁切

希望指定影像的尺寸來進行裁切的時候，先在〔裁切〕工具 裁 的選項列中指定尺寸，然後指定裁切的範圍。

step 1

如果是在CC及CS5以前版本中，只要從工具面板選擇〔裁切〕工具❶，在選項列中設定解析度❷，並設定〔寬度〕與〔高度〕❸。在此設定為〔寬度：12cm〕、〔高度：8cm〕。

> **Tips**
>
> 在CS6版本中，欲設定裁切影像的解析度時，就要點擊選項列的下拉選單並選擇〔大小與解析度〕❹，在顯示的〔裁切影像大小與解析度〕對話框中進行設定❺。
>
>

step 2

利用與一般裁切（P.35）相同的方式，在畫面上拖曳，指定裁切範圍❻。
由此可知，裁切範圍的長寬比例被固定在與step1所指定的尺寸具有相同的長寬比例。

step 3

裁切範圍確定後，雙擊畫面內，或是點擊選項列右方的打勾符號，確定裁切❼。

step 4

裁切確定後，畫面就會以裁切後的狀態重新顯示。另外，一旦透過〔影像尺寸〕對話框確認影像尺寸，就可發現影像已經被裁切成設定的尺寸❽。
再者，指定尺寸進行裁切後，影像被重新更改尺寸，所以會有些許畫質劣化的情況。即使是些微也希望完成高品質的時候，請務必確認影像內插補點（P.33）。

{017} 刪除影像的局部

欲刪除影像的局部時，先在刪除位置建立選取範圍，再從選單選擇〔編輯〕→〔清除〕。此外，按下 Backspace （ Delete ）鍵亦可以刪除。

---

step 1

在〔圖層〕面板中目標的圖層設為選取狀態 ❶，建立選取範圍 ❷。

---

step 2

從選單選擇〔編輯〕→〔清除〕後 ❸，選取範圍內的影像就會被刪除，呈現透明狀態 ❹。按下 Backspace （ Delete ）鍵亦可以刪除。

Tips
刪除目標的圖層是〔背景〕圖層的時候，刪除部分會以刪除時工具面板上所設定的〔背景色〕來填滿 ❺。
欲把刪除部分設成透明時，就必須事先將〔背景〕圖層轉換成一般圖層（P.133）後，再執行刪除。

{018} 修正傾斜的影像

欲修正影像的傾斜時，使用〔尺標〕工具 ⬛ 和〔編輯〕→〔變形〕→〔旋轉〕。修正傾斜時，找出恰當的「測量角度場所」並進行正確的測量是最重要的。

step 1

以著重垂直、水平所製成的人造物件（牆壁或天花板、樑柱等），或與照相機平行的場所為基準，找出測量角度的場所。

在此，把壁面和天花板的交界作為基準❶。

step 2

從工具面板選擇〔尺標〕工具 ⬛ ❷，拖曳作為基準的部分❸。

拖曳之後，在選擇〔影像〕→〔影像旋轉〕→〔任意〕時所顯示出來的〔旋轉版面〕對話框裡，就會自動地填入傾斜的角度。

step 3

從選單選擇〔影像〕→〔影像旋轉〕→〔任意〕❹，顯示〔旋轉版面〕對話框。

此時就可以發現〔角度〕欄位早已輸入角度，確認旋轉方向已被設定❺。這個角度便是影像的傾斜角度。在此維持該狀態下點擊〔確定〕按鈕。

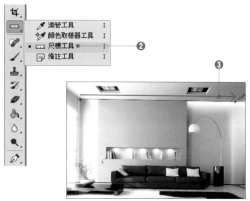

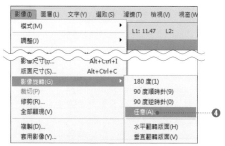

Tips

選擇〔尺標〕工具後，選項列會出現〔拉直圖層〕按鈕（CS6以後版本），或是〔拉直〕（CS5）按鈕❻。只要點擊這個按鈕，影像就會自動依照〔尺標〕工具的角度進行旋轉。

另外，CS5版本會自動把不需要的留白部分刪除（也可以利用步驟記錄來返回到裁切前的狀態）。

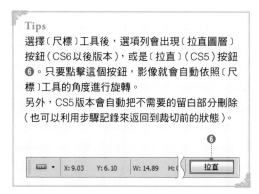

step 4

影像只會依照指定的角度旋轉，修正影像的傾斜。從影像的角落就可以得知，影像只有旋轉指定的角度❼。

> **Tips**
> 在 CS5 中，按下〔拉直〕按鈕後，就會呈現出已經裁切掉多餘留白的狀態。

step 5

最後，從工具面板選擇〔裁切〕工具❽，裁切掉多餘的缺角部分❾。

> **Tips**
> 在 Photoshop CC 以後版本中，可藉由〔Camera Raw〕濾鏡自動地修正影像的傾斜。因此，如果使用的版本是 Photoshop CC，請先試試〔Camera Raw〕濾鏡。

✦ **Variation** ✦

這張照片因為本身所拍攝出的牆壁就呈現傾斜狀態，所以無法光靠旋轉的方式修正。在那種的時候，就從選單選擇〔編輯〕→〔任意變形〕進行修正（P.62）。

右邊的照片幾乎沒有水平、垂直的場所，也沒有面對牆壁的正面部分，所以沒有辦法利用本頁所介紹的方法進行傾斜修正。因此，在此畫上參考線之後，利用〔任意變形〕進行修正。

相關　裁切影像：P.35　任意變形：P.62　參考線：P.44

{019} 使用路徑裁切影像

只要使用路徑，就可以任意地調整裁切範圍。裁切邊緣清楚的影像時，這種方法特別有效率。

step 1

在此，僅裁切出右邊影像的椅子部分。把影像的圖層❶和為了裁切而準備的路徑設定為選取狀態❷，從選單選擇〔圖層〕→〔向量圖遮色片〕→〔目前路徑〕。於是，影像會被裁切並顯示出來❸。

另外，路徑本身會形成遮色片，所以亦可選取路徑。

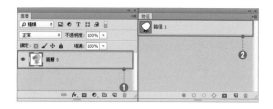

> **Tips**
> 這個功能無法在〔背景〕圖層上執行。影像無法被裁切的時候，請先確認目標的圖層是否為一般圖層。另外，當目標的圖層是〔背景〕圖層的時候，請先轉換成一般圖層後，再進行作業（P.133）。

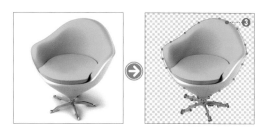

step 2

欲變更裁切的範圍時，直接操作使用於遮色片的路徑。

在〔圖層〕面板上點擊向量遮色片的縮圖，使其呈現選取狀態❹。一旦呈現選取狀態，縮圖會出現白框（CS5版本則是黑框）。

為了讓裁切下來的部分更加明顯，這裡刻意在剪裁圖層的下方建立了新的圖層，並以黑色填滿。

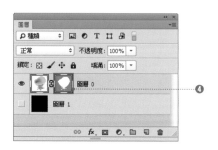

step 3

從工具面板選擇〔筆型〕工具 ✐❺，按住 Ctrl（⌘）鍵的同時，點擊路徑部分❻。於是，就會出現路徑的錨點，即可一邊按住 Ctrl（⌘）鍵一邊拖曳、修正錨點。

另外，希望操作路徑的曲線部分的時候，就一邊按住 Alt（Option）鍵一邊拖曳〔方向點〕。

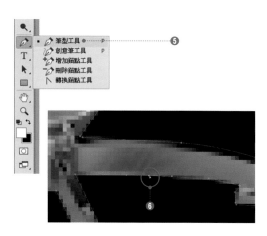

{020} 把裁切影像置入 Illustrator

只要使用 Photoshop 的〔剪裁路徑〕功能，就可以把裁切影像置入 Illustrator。

step 1

從工具面板選擇〔筆型〕工具 ❶，從選項列選擇〔路徑〕❷，就像包圍希望裁切的部分那樣建立路徑❸（P.86）。

> **Tips**
> 用 Photoshop 的〔筆型〕工具 📝 所描繪的路徑，跟 Illustrator 的路徑相同，都是採用 CG 業界廣泛使用的「貝茲曲線」。貝茲曲線的演算方法不需要理解，但是，就路徑和錨點的各種操作來說，基本的結構和操作方法還是學起來會比較好。

step 2

完成路徑後，雙擊〔路徑〕面板上自動建立的〔工作路徑〕❹，顯示〔儲存路徑〕對話框，並輸入路徑名稱❺。藉此，工作路徑就會儲存成一般路徑。

step 3

接著，從〔路徑〕面板的面板選單中選擇〔剪裁路徑〕❻，顯示〔剪裁路徑〕對話框，在〔路徑〕下拉選單中選擇剛才所建立的路徑❼，把〔平面化〕設定為空白❽，點擊〔確定〕按鈕即可。
藉此，路徑就會轉換成剪裁路徑。把嵌入剪裁路徑的影像儲存成 EPS 格式，置入 Illustrator 之後，沒有用路徑框起的部分就會被設定為透明。

> **Tips**
> 所謂的〔平面化〕就是設定輸出誤差的容許量。〔平面化〕可維持空白，或是設定 0.2 ～ 100 的值。空白的時候，就會使用列印的預設值，但是，列印時若發生錯誤，就請再次設定〔平面化〕。一般來說，高解析度的輸出環境（1200 ～ 2400dpi）是設定 8 ～ 10；一般的列表機（300 ～ 600dpi）則是設定 1 ～ 3。

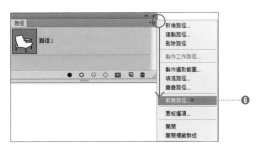

{021} 查閱影像的 RGB 值或 CMYK 值

構成影像的各像素的 RGB 值或 CMYK 值，可以透過〔資訊〕面板加以確認。也可以一次確認多個像素的資訊。

---

step 1

〔資訊〕面板沒有顯示的時候，就從選單選擇〔視窗〕→〔資訊〕。

不論選擇的工具是什麼，只要把游標置於影像的上方❶，〔資訊〕面板上就會顯示出 RGB 值或 CMYK 值等資訊❷。

step 2

希望同時查閱多個像素值的時候，就從工具面板選擇〔顏色取樣器〕工具❸，點擊影像的多個位置。於是，〔資訊〕面板就會展開，顯示出多個像素的值❹。

點擊的取樣點也可以拖曳。另外，只要在點擊的取樣點按下滑鼠右鍵，就可以刪除取樣點，或是變更色彩模式。

step 3

在預設中，資訊是顯示單一像素的值，但也可以變更取樣的像素範圍。

欲變更取樣的範圍時，從工具面板選擇〔滴管工具〕❺，在任意點按下滑鼠右鍵。就可以從顯示的右鍵選單中指定取樣的範圍❻。

另外，一旦選擇〔拷貝顏色的 HTML 色碼〕❼，就可以取得 HTML 色碼。拷貝的 HTML 色碼會以「color="#0e4cad"」的形式呈現。

{022} 隱藏面板

面板相關的操作有各種不同的方法，為了專注桌面的檔案而希望隱藏面板時，最簡單的方法就是
按下 Tab 鍵。

step 1

如果面板像右圖般占滿整個螢幕，有時就很難
看到完整的影像❶。此時，只要按下 Tab 鍵，
就可以暫時隱藏面板。

step 2

一旦按下 Tab 鍵，包含工具面板在內，所有的
面板都會隱藏起來❷。
如此一來，就可以即時把影像放大顯示。

step 3

按下 Tab + Shift 鍵後，則可以僅顯示工具面板
❸。

Tips

從選單選擇編輯→〔偏好設定〕→〔一般〕，顯示
〔偏好設定〕對話框，勾選〔選項〕區段中的〔縮放
顯示重新調整視窗尺寸〕後❹，利用〔縮放顯示〕
工具 🔍 來縮放影像時，視窗尺寸也會跟著一起縮
放。
如此，就可以像此處所介紹的右圖般，讓影像充
滿整個畫面。

{023} 使用參考線

一旦使用參考線，就可以整齊排列多個圖層，或是利用選取範圍類的工具來正確地測量尺寸。

---

step 1

要對齊多個圖層或是正確地對準位置時，就得使用參考線。

當視窗沒有顯示尺標的時候，就從選單選擇〔檢視〕→〔尺標〕❶，顯示尺標。

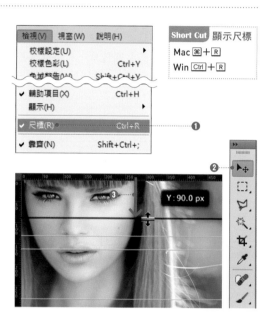

Short Cut 顯示尺標
Mac ⌘＋R
Win Ctrl＋R

step 2

選擇〔移動〕工具 ❷，從尺標上方開始拖曳，並在適當位置放開滑鼠按鍵❸。於是，參考線便會顯示在滑鼠放開的位置。

只要從上方的尺標開始拖曳，就可以建立出水平的參考線；若從左側的尺標開始拖曳，則能夠建立出垂直的參考線。

step 3

參考線可以移動至任意位置。欲移動參考線時，就選擇〔移動〕工具，把游標移動至參考線的上方。於是，游標就會變成❹的樣貌，可以拖曳移動參考線。如果把參考線移動至畫面的外側，參考線就會被刪除。

step 4

欲顯示或隱藏所有參考線時，就從選單選擇〔檢視〕→〔顯示〕→〔參考線〕❺。

另外，欲刪除所有參考線時，就從選單選擇〔檢視〕→〔清除參考線〕❻。

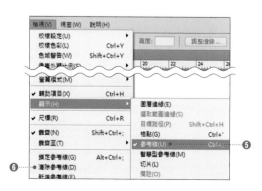

Short Cut 隱藏／顯示參考線
Mac ⌘＋; 　Win Ctrl＋;

相關 讓物件靠齊參考線或格點：P.45　利用數值指定參考線：P.46

{024} 讓物件靠齊參考線或格點

一旦使用〔靠齊〕功能，就可以讓選取範圍或圖層輕易地靠齊參考線或格點。希望沿著格點工整對齊的時候，這個功能相當便利。

step 1

在此，要在右圖的〔物件〕圖層的周邊上建立參考線。
在〔圖層〕面板中選取目標的圖層❶。

step 2

從選單選擇〔檢視〕→〔靠齊〕❷。

Short Cut 靠齊
Mac ⌘ + Shift + ;　Win Ctrl + Shift + ;

step 3

一旦把參考線拖曳至圖層附近❸，參考線就會往圖層的邊緣靠齊，因此就能夠確實在邊緣上製作出參考線。
另外，如果在參考線附近拖曳〔矩形選取畫面〕工具 ⬚，選取範圍就會往參考線靠齊。

step 4

靠齊目標除了參考線之外，還可以指定〔格點〕、〔圖層〕、〔切片〕、〔文件邊界〕❹。請透過〔檢視〕→〔靠齊至〕進行選擇靠齊目標。
可是，灰色字樣的選項無法選取。例如右圖將格點和切片設定為隱藏，所以自然就無法選取靠齊。

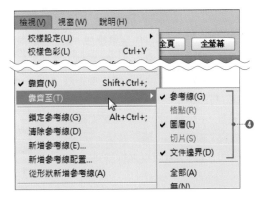

{025} 利用數值指定參考線

利用數值指定參考線，就可以更簡單、確實地讓參考線顯示在正確的位置。必須把多個物件配置在正確位置的時候，就可利用這個功能。

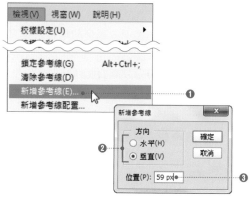

step 1

欲利用數值指定參考線時，就從選單選擇〔檢視〕→〔新增參考線〕❶，顯示〔新增參考線〕對話框。

step 2

在〔方向〕區段指定參考線的方向❷後，在〔位置〕項目輸入數值❸。
希望顯示連接影像左右的參考線時，就選擇〔水平方向〕；希望顯示連接影像上下的參考線時，就選擇〔垂直方向〕。

step 3

設定後點擊〔確定〕，就會顯示出參考線❹。顯示後也可以移動位置（P.44）。

> **Tips**
> 在〔位置〕輸入數值時，如果省略單位，就會自動套用〔尺標〕所設定的當前單位，不過也可以指定任意單位。輸入單位之後，參考線就會顯示在符合影像解析度的位置。

✦ Variation ✦

參考線的色彩可以從選單選擇〔編輯〕→〔偏好設定〕→〔參考線、格點與切片〕時所顯示的〔偏好設定〕對話框來變更❺。
另外，〔尺標〕的單位只要從選單選擇〔編輯〕→〔偏好設定〕→〔單位和尺標〕，就可以進行變更。

{026} 利用步驟記錄重做操作

在Photoshop中，操作記錄（步驟記錄）會自動記錄在〔步驟記錄〕面板。只要利用步驟記錄，就可以回溯作業內容並重做操作。

step 1

欲利用步驟記錄時，就從選單選擇〔視窗〕→〔步驟記錄〕，顯示〔步驟記錄〕面板。面板上出現藍色標示的部分，就是對應當前影像的步驟記錄❶。

只要選擇希望返回的步驟記錄位置❷，選取的部分就會變成藍色，影像也會對應步驟記錄返回❸。在此要取消〔鏡頭模糊〕和〔新增圖層遮色片〕等作業。

另外，利用步驟記錄返回之後，如果直接繼續進行作業，後面的步驟記錄就會消失，所以請多加注意！希望在不刪除步驟記錄下繼續操作的時候，就必須把步驟記錄輸出成其他檔案（P.49）。

> **Tips**
> 在預設中，最多只能記錄20筆操作的步驟記錄。一旦超出數量，前面的步驟記錄就會依序。欲變更記錄的步驟記錄數量時，就從選單選擇〔編輯〕→〔偏好設定〕→〔效能〕，顯示〔偏好設定〕對話框，並指定〔步驟記錄與快取〕區段中的〔步驟記錄狀態〕（P.328）。

step 2

步驟記錄幾乎會記錄下大部分的操作，不過在預設中並不會記錄「圖層顯示／隱藏」的操作。希望記錄「圖層顯示／隱藏」的操作時，就從〔步驟記錄面板〕選項中選擇〔步驟記錄選項〕，❹顯示〔步驟記錄選項〕對話框，並勾選〔使圖層可見度的變更無法還原〕項目❺。

相關　返回到開啟操作影像時的狀態：P.48　從過去的影像製作其他影像：P.49　增加可重做的次數：P.328

{027} 返回到開啟操作影像時的狀態

一旦開啟影像，在〔步驟記錄〕面板的最上方一定會有以〔快照〕方式所儲存的開啟狀態時的影像。
只要點擊快照，就可以返回到影像剛開啟時的狀態。

step 1

〔步驟記錄〕面板的藍色部分，就是對應當前影
像狀態的步驟❶。

> **Tips**
> 〔步驟記錄〕面板沒有顯示時，就從選單選擇〔視
> 窗〕→〔步驟記錄〕。

step 2

只要點擊最上方的快照縮圖❷，圖層或選取範
圍等全都會返回到剛開啟檔案時的狀態。
另外，被取消的操作會以灰色斜體字顯示❸。

step 3

一旦在選擇快照的狀態中進行作業，殘留在步
驟記錄中的作業就會徹底消失。繼續作業的時
候，點擊〔步驟記錄〕面板下方的〔從目前狀態
中建立新增文件〕按鈕❹，影像就會被複製成
新文件❺。
通常，最初的步驟記錄不是顯示〔新增〕就是
〔開啟〕，而利用〔步驟記錄〕面板複製的影像
的第一個步驟則是顯示〔複製狀態〕。

{028} 從過去的影像製作其他的影像

欲從過去的影像製作其他的影像時，就使用步驟記錄功能的〔建立新增快照〕和〔從目前狀態中建立新增文件〕。

---

step 1

顯示〔步驟記錄〕面板，選擇任意的步驟記錄位置❶，於是便會返回到當時的操作。
另外，一旦在這個狀態中進行作業，之後的步驟記錄就會消失，請多加注意！

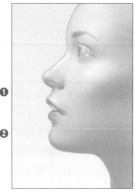

---

step 2

點擊〔步驟記錄〕面板下方的〔建立新增快照〕按鈕❷。
於是，在〔步驟記錄〕面板上方就會建立出新快照〔快照1〕❸。
藉此，就算是超過所設定的步驟記錄數量，仍舊可以返回到這個快照。

> **Tips**
> 所謂的快照是指可以儲存一連串影像操作的操作內容（影像狀態）。快照並不會計算在步驟記錄數量裡面。

---

step 3

如果只是建立快照，在關閉檔案時快照還是會消失不見。如果有必要，就把當前的步驟記錄輸出成其他檔案吧！
點擊〔從目前狀態中建立新增文件〕按鈕❹。
於是，就會建立出新的檔案。
檔案名稱就與當時的步驟記錄名稱相同。因為是全新的檔案，就可以與原始影像加以區隔，進行獨立編輯❺。

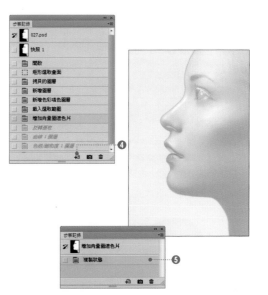

相關　重新操作：P.47　返回到開啟操作影像時的狀態：P.48　增加可重做的次數：P.328

{029} 簡單繪製各種圖形或符號

一旦使用〔自訂形狀〕工具 ，就可以簡單地繪製心形或星形等各種圖形、符號或標誌等。

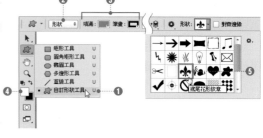

step 1

從工具面板選擇〔自訂形狀〕工具 ❶，在選
單列選擇〔形狀〕❷。
在CS6以後版本中，要指定〔筆畫〕和〔填滿〕
的色彩 ❸。在此將〔填滿〕設定為任意顏色，
並把〔筆畫〕設定為〔黑色〕，再設定〔寬度：
0.00px〕。在CS5以前版本中，則要把〔前景
色〕設定為任意顏色 ❹。接著，從〔自訂形狀
揀選器〕中選擇〔鳶尾花形紋章〕❺。

step 2

在影像上拖曳之後，就會描繪出所選擇的形狀
❻。此時，只要在拖曳的同時按住 Shift 鍵，就
可以製作出維持原始形狀的圖形。

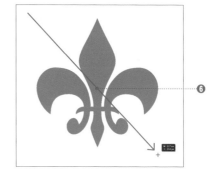

step 3

形狀圖層的路徑會變成向量圖遮色片，所以即
使在描繪之後，仍可自由變更圖形的形狀。
欲變更圖形形狀時，就在〔路徑〕面板中選取
圖形路徑圖層 ❼，再選擇〔筆型〕工具 ❽，
移動錨點即可 ❾。

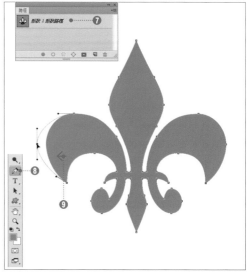

Tips
在CS6以後版本中，不光是圖形的顏色或形狀，
還可以沿著圖形的路徑設定筆觸。下圖就是把圓
點筆觸套用在路徑上的圖形。

　相關 使用路徑裁切影像：P.40　沿著路徑的形狀輸入文字：P.73　登錄筆刷：P.68

{030} 使用濾鏡

Photoshop的「濾鏡」功能可以把各種效果套用在影像上。只要事先建立選取範圍，不光是影像整體，還可以局部性地套用濾鏡。

step 1

開啟影像，只選取一個欲套用濾鏡的圖層❶。
套用濾鏡時，一定要像這樣僅先選取一個含有目標影像的圖層，再進行作業。

step 2

從〔濾鏡〕選單選擇要使用的濾鏡。
在此從選單選擇〔濾鏡〕→〔雜訊〕→〔中和〕，顯示〔中和〕對話框。
一邊確認預視❷一邊決定設定值。在此設定為〔強度：20〕❸，點擊〔確定〕按鈕。
濾鏡被套用至影像後，就會變成插畫風格的影像❹。
另外，不管是哪種濾鏡，在按下對話框的〔確定〕按鈕之前，都不會實際套用上效果。

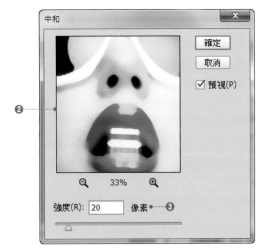

Tips
如果在不建立選取範圍的情況下執行濾鏡，效果就會套用至整個影像，但如果是在建立選取範圍的狀態下執行濾鏡，就只有在選取範圍的內部會套用上濾鏡效果。

原始影像

套用濾鏡的影像

相關　濾鏡收藏館：P.58　建立選取範圍：P.88

{031} 添加模糊在影像上

Photoshop 有 10 種以上的模糊濾鏡可以選擇。在此為大家介紹其中使用頻率最高的〔高斯模糊〕。
基本上,其他濾鏡的使用方法也都相同。

step 1

開啟希望添加模糊的影像,選取配置了該影像
的圖層❶。

step 2

從選單選擇〔濾鏡〕→〔模糊〕→〔高斯模糊〕,
顯示〔高斯模糊〕對話框。
一邊透過〔預視〕確認套用濾鏡後的影像一邊
調整〔強度〕的數值❷。在此設定為〔強度:
12〕,點擊〔確定〕按鈕。於是,濾鏡就會套用
在影像整體❸。

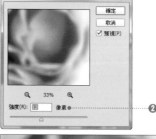

Tips
CS5 以前版本中有 11 種模糊濾鏡。另外,CS6
版本則增加了三種,共計有 14 種模糊濾鏡,而
CC 版本更進一步地增加了兩種,總計有 16 種模
糊濾鏡(P.54)。

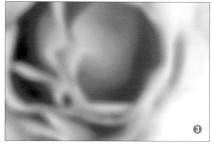

═══ ✦ Variation ✦ ═══

在大多數的情況下,模糊濾鏡都是與選
取範圍搭配使用。透過和選取範圍搭配
使用,就可以僅在影像的一部分上套用
濾鏡(P.51)。
右圖是藉由僅在影像的周邊上套用〔高
斯模糊〕,加工成對焦在花朵中央般的
影像。
另外,也可以使用圖層遮色片(P.154)
來取代選取範圍。

{032} 添加雜訊在影像上

藉由添加雜訊在影像上，就可以強調出懷舊或復古的形象。另外，藉由添加微量的雜訊，也可以為影像增添立體感和真實性。

 step 1

選取配置有欲套用濾鏡的影像圖層，從選單選擇〔濾鏡〕→〔雜訊〕→〔增加雜訊〕，顯示〔增加雜訊〕對話框。

一邊檢視〔預視〕一邊設定各項目。在此設定為〔總量：25〕、〔分佈：一致〕、〔單色的：開啟〕❶，點擊〔確定〕按鈕。

於是，雜訊濾鏡就會套用在影像上。在此，添加了雜訊效果在背景圖層上。

第1章　基本功能

原始影像

套用濾鏡的影像

◎〔增加雜訊〕對話框的設定項目

項目	內容
總量	以百分比的方式指定占據影像整體的雜訊比例。
分佈	雜訊的分佈方法。就算數值相同，只要選擇〔一致〕，雜訊就不會變得明顯；一旦選擇〔高斯〕，就會形成自然的雜訊。
單色的	勾選之後，就會變成沒有色彩的單色雜訊。

❦ Variation ❧

CG影像是整體帶有平滑感的影像，有時會有欠缺立體感或真實感的情況。
只要像這樣，在影像上增加些許雜訊，就可以展現出實物般的效果。

無雜訊

有雜訊

相關　添加模糊在影像上：P.52　使影像銳利化：P.56　濾鏡收藏館：P.58

〔033〕〔模糊收藏館〕的模糊處理

一旦使用在CS6版本中新增、在CC版本中更加強化功能的〔模糊收藏館〕，就能夠比過去更有效率且輕易地執行影像的模糊處理。

概要

過去的Photoshop中原本就有模糊濾鏡功能，不過在CS6版本中增加了〔景色模糊〕、〔光圈模糊〕、〔移軸模糊〕三種效果，之後又在CC（2014）版本中進一步地增加了〔路徑模糊〕和〔迴轉模糊〕兩種效果。這五種模糊濾鏡統稱為〔模糊收藏館〕。

只要使用這些功能，就可以更有效率且輕易地把複雜的模糊效果套用在影像上。

在此，將使用右邊的影像來解說這些功能。

原始影像

step 1

欲使用模糊收藏館的濾鏡時，就開啟影像，從選單選擇〔濾鏡〕→〔模糊收藏館〕（CS6則是選擇〔濾鏡〕→〔模糊〕）❶。在此選擇〔景色模糊〕，進入〔模糊收藏館〕。

step 2

選擇〔景色模糊〕的時候，〔模糊環〕會被顯示在影像的中心，而被稱為〔模糊圖釘〕並讓〔模糊環〕移動的圖示會顯示在〔模糊環〕的中心 ❷。

另外，同時也會顯示出〔模糊工具〕面板和〔模糊效果〕面板。

欲變更模糊的數量時，就沿著〔模糊環〕進行拖曳，或是變更〔模糊工具〕面板中〔景色模糊〕區段中的〔模糊〕數值 ❸。

❷

Tips

進入〔模糊收藏館〕後，工作區會切換成〔模糊收藏館〕的模式，並在右側顯示〔模糊工具〕面板和〔模糊效果〕面板。並不會像其他濾鏡那樣，另外顯示出對話框。

step 3

使用〔模糊收藏館〕的時候，可以勾選或取消〔模糊工具〕面板右端的核取方塊，藉此組合多種模糊，或是切換所套用的模糊效果❹。右圖中是關閉〔景色模糊〕功能，開啟〔光圈模糊〕。

step 4

〔光圈模糊〕效果是越往〔模糊環〕的外側去，其影像越模糊。

模糊範圍取決於周邊的外框尺寸。欲變更外框的尺寸和角度時，就要拖曳位在最外側上下左右的白色控點❺。

另外，拖曳位在最外側的菱形白色控點，就可以調整周圍外框的圓度❻。

欲控制模糊的協調度時，則要拖曳位在內側的四個白色控點❼。

在此調整了模糊的位置和量，避免人物部分變模糊。

step 5

在〔傾斜位移〕中，可以重現出相機中稱為「景深」的『對焦範圍』。

這個功能也跟其他的〔模糊收藏館〕相同，可以利用〔模糊環〕調整模糊的量和位置❽。

另外，利用上下的虛線❾可以設定模糊範圍，並且透過位在〔模糊環〕上下的白色控點❿可以控制模糊的協調度和模糊範圍的角度。

一旦使用〔扭曲〕滑桿，就可以表現出更精準的模糊⓫。只要把滑桿往正值方向移動，就可以重現出宛如影像往外側流動般的狀態；如果往負值方向移動，就可重現內側宛如變圓般的狀態。

另外，〔扭曲〕滑桿僅會作用於下方，但是，如果勾選〔均勻扭曲〕⓬，影像的上方也會套用上相同的像差。

〔模糊效果〕面板可以讓模糊部分變得明亮，呈現出類似於鏡頭模糊的反光強調般的效果。可利用〔光源散景〕控制亮光的程度，並利用〔光源範圍〕控制亮光的範圍。

相關 添加模糊在影像上：P.52 濾鏡收藏館：P.58

{034} 使影像銳利化

只要使用〔遮色片銳利化調整〕路徑，就可以執行銳利化處理。套用於沒有對焦或模糊的影像上，就會更具效果。

概要

所謂的銳利化處理是指透過把具有濃度差的輪廓陰影部分變得更暗，而明亮部分變得更亮，製作出肉眼看不見的細膩邊界線的處理。在右圖中，柔軟的人物肌膚部分和堅硬的金屬部分混合在一起。整體來說，雜訊較少、畫質很高，人物的肌膚漂亮地呈現，所以這次要以金屬部分為優先，進行銳利化處理。

step 1

欲執行銳利化處理時，就從選單選擇〔濾鏡〕→〔銳利化〕→〔遮色片銳利化調整〕❶，顯示〔遮色片銳利化調整〕對話框。
一邊觀看〔預視〕一邊調整各項目的數值，在此設定為〔總量：250〕、〔半徑：1〕、〔臨界值：25〕❷，點擊〔確定〕按鈕。
另外，關於〔遮色片銳利化調整〕對話框的各設定值之關聯性，請參考下一頁的 Variation。

Photoshop備有各種不同的〔銳利化〕濾鏡。

◎〔遮色片銳利化調整〕對話框的設定項目

項目	內容
總量	指定銳利化的強度（邊緣效果的套用程度）。這個項目也會對其他項目造成影響，所以都是從〔總量：150〕開始往上逐漸增加數值。可設定的範圍是 1～500%，不過大多數的情況都是設定在 150～250% 之間。
半徑	指定銳利化的半徑（邊緣本身的寬度）。通常是根據輸出影像的觀察距離和列表機的解析度來決定數值。一般都是以解析度作為設定標準。解析度96dpi設定0.4pixel、300dpi設定1.0pixel、350dpi則是設定1.2pixel（觀看距離25cm、視力 1.0 的情況）。 另外，觀看影像的距離越遠，就要設定越大的數值。例如，25cm左右是這個值，但若距離50cm的話，則設定加倍的數值。
臨界值	決定是否根據相鄰像素的濃度差產生邊緣效果。臨界值就是指定從哪種濃淡差的程度開始處理邊緣效果（256階層）。例如，一旦輸入「30」，當像素邊緣約有30的濃度差異時，就會開始產生邊緣效果。 雜訊越少的影像，就要設定越小的數值（若是數位相機的話，多半採用 10 以下），如果拍攝目標是像人物般的細膩目標，就設定在 20～50 左右。

影像變銳利了。一旦檢視細部的放大圖，即可
得知藉由〔遮色片銳利化調整〕濾鏡的效果，
部分輪廓變得更加鮮明了。

原始影像　　　　　套用濾鏡後的影像

Tips
確認〔遮色片銳利化調整〕濾鏡效果的最佳
方法就是「列印出來檢視」。顯示器也可以
確認，但是利用顯示器進行確認時，要把
影像視窗的顯示倍率設定為100%以上，
並和顯示器保持一定的距離。

原始影像　　　　　　　　套用濾鏡後的影像

❖ Variation ❖

銳利化的濾鏡全都是以相同的原理套用邊緣效
果，使影像銳利化。
在此就以〔遮色片銳利化調整〕為例，解說把影
像銳利化的邊緣效果之原理。
〔遮色片銳利化調整〕就是利用〔總量〕、〔強
度〕、〔臨界值〕三種參數來控制邊緣效果的強弱
（關於各參數的內容，請參考前一頁的表格）。
右圖是表示〔遮色片銳利化調整〕的邊緣效果之
概念圖。從圖中可得知，在邊緣的邊界中會發
生濃度反轉，因而產生實際上所沒有的輪廓線。
另外，顯示器和列印後的銳利化效果會有很大
的差異，所以請多加注意！另外，一旦在銳利
化後進行影像的縮放，邊緣的尺寸就會改變，
因此請決定好列印或顯示的尺寸之後，再套用
濾鏡。

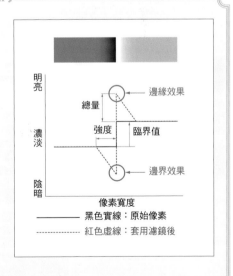

相關　添加模糊在影像上：P.52　添加雜訊在影像上：P.53　濾鏡收藏館：P.58

{035} 利用〔濾鏡收藏館〕套用多個濾鏡

一旦使用〔濾鏡收藏館〕，就可以像圖層那樣組合多個濾鏡，或是一邊觀看預視一邊變更設定值。

....

step 1

在〔圖層〕面板中選取希望套用濾鏡的圖層，
從選單選擇〔濾鏡〕→〔濾鏡收藏館〕**❶**，顯示
〔濾鏡收藏館〕。

另外，在〔濾鏡收藏館〕中可以指定的濾鏡並
不是搭載在 Photoshop 中的所有濾鏡。

❶

....

step 2

點擊中央分成 6 個的濾鏡類別**❷**，顯示縮圖並尋找目標的濾鏡。選擇濾鏡後，該濾鏡就會新增至
右下的清單中**❸**，而選擇的濾鏡選項就會顯示在其上方**❹**。另外，預視會顯示在對話框的左側
❺，可以確認濾鏡的效果。

欲重疊套用多個濾鏡時，就點擊〔新增效果圖層〕按鈕**❻**，點擊新增的濾鏡縮圖。

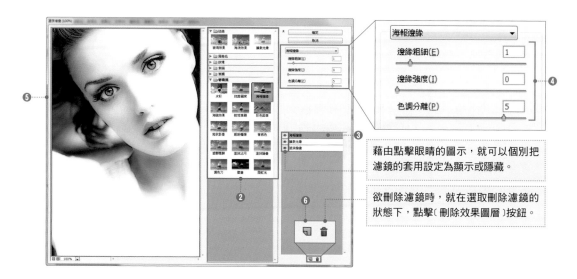

藉由點擊眼睛的圖示，就可以個別把
濾鏡的套用設定為顯示或隱藏。

欲刪除濾鏡時，就在選取刪除濾鏡的
狀態下，點擊〔刪除效果圖層〕按鈕。

〔海報邊緣〕　〔挖剪圖案〕　〔霓虹光〕　〔彩色鉛筆〕

〔濕紙效果〕　〔畫筆效果〕　〔鉻黃〕　〔網屏圖樣〕

〔彩繪玻璃〕　〔粒狀紋理〕　〔噴灑〕　〔潑濺〕

〔交叉底紋〕　〔邊緣亮光化〕　〔玻璃效果〕　〔擴散光暈〕

相關　使用濾鏡：P.51

{036} 加入電視畫面般的掃瞄線

欲在照片上加入電視畫面般的掃描線時，就從選單選擇〔濾鏡〕→〔濾鏡收藏館〕，使用〔網屏圖樣〕。

step 1

在此，解說對右邊影像加入電視畫面般的掃描線之方法。

開啟影像，從選單選擇〔圖層〕→〔複製圖層〕，顯示〔複製圖層〕對話框。

step 2

輸入任意名稱❶，點擊〔確定〕按鈕。

step 3

點擊工具面板下方的〔預設的前景色和背景色〕按鈕❷，把前景色和背景色恢復至預設後，從選單選擇〔濾鏡〕→〔濾鏡收藏館〕❸。

step 4

〔濾鏡收藏館〕的對話框顯示後，從〔素描〕類別中選擇〔網屏圖樣〕❹。在濾鏡選項中設定〔尺寸：1〕、〔對比：8〕、〔圖樣類型：直線〕❺。藉此，類似電視畫面般的掃描線就會套用在影像上。

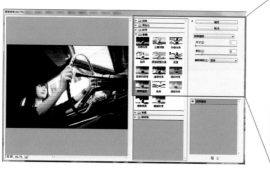

◎〔網屏圖樣〕對話框的設定項目

項目	內容
尺寸	指定圖樣的尺寸。一旦指定過大的尺寸，效果會變得模糊，請多加注意！
對比	設定圖樣的濃淡對比。
圖樣類型	可以設定圖樣的傾斜。備有〔圓形〕、〔點〕、〔直線〕三種。

step 5

在〔圖層〕面板中選取上方的圖層，將混合模式設定為〔強烈光源〕**❻**。

另外，設定為〔不透明度：100%〕**❼**。

藉此，就可以添加類似電視畫面般的掃描線在影像上。

═══❖ Variation ❖═══

在此，使用〔網屏圖樣〕在原始影像上，並變更了混合模式，所以影像整體的氛圍也會呈現出宛如電視般的生硬形象。希望活用照片並施以同樣效果的時候，就先用灰色（R：128、G：128、B：128）填滿複製的圖層，再使用〔網屏圖樣〕濾鏡，並且把圖層的混合模式變更成〔柔光〕或〔覆蓋〕等效果。於是，可以如右圖般活用原始影像的質感。

相關　濾鏡收藏館：P.58　混合模式：P.148　圖層的不透明度：P.153　使用濾鏡：P.51

{037} 使選取範圍內的影像或圖層變形

欲使選取範圍內的影像或圖層本身變形時，要從選單的〔編輯〕→〔變形〕來指定變形方法，或是選擇〔編輯〕→〔任意變形〕。

step 1

在〔圖層〕面板中選取含有希望變形的影像圖層，從選單選擇位於〔編輯〕→〔變形〕以下的變形方法❶。

可以選擇的變形方法有下列6種。

另外，除了〔彎曲〕以外，還可以選擇〔編輯〕→〔任意變形〕，藉由組合快速鍵，一次可以執行多種的變化方法（P.96）。

編輯(E)　影像(I)　圖層(L)　文字(Y)　選取(S)　濾鏡(T)　檢視(V)　視窗(W)
還原油漆桶(O)　　　　　Ctrl+Z
向前(W)　　　　　Shift+Ctrl+Z
操控彎曲
透視彎曲
任意變形(F)　　　　　Ctrl+T
變形(A)　　　　　▶
自動對齊圖層…
自動混合圖層…
定義筆刷預設集(B)…
定義圖樣…
定義自訂形狀…
清除記憶(R)　　　　　▶
Adobe PDF 預設集

（子選單）
再一次(A)　Shift+Ctrl+T

縮放(S)
旋轉(R)
傾斜(K)
扭曲(D)　————❶
透視(P)
彎曲(W)

旋轉 180 度(1)

（縮放）：把控點往斜向拖曳，進行圖層的縮放。此時，只要在拖曳的同時按住 Shift 鍵，就可以在維持長寬比例的情況下進行縮放。

（傾斜）：角落控點只能往垂直方向或水平方向移動；側邊控點只能往角落控點的垂直或水平方向移動。

（透視）：拖曳的控點對面會自動朝逆向移動，給影像賦予透視感。

（旋轉）：拖曳控點時，影像會以參考點為軸進行旋轉。預設的參考點位於影像的中央。亦可利用拖曳方式，移動到其他場所。

（扭曲）：可以把控點朝上下左右的所有方向拖曳。

（彎曲）：拖曳位置的周邊會一邊朝拖曳方向扭曲一邊移動。選擇〔彎曲〕的時候，也可以像貝茲曲線那樣使用方向線來變更。

{038} 依照影像的內容來縮放影像

希望依照影像的內容，僅縮放必要的部分而非影像整體的時候，就建立〔拷貝的圖層〕來進行〔任意變形〕。

step 1

在工具面板中選擇〔矩形選取畫面〕工具[口]
❶，在選項列中設定為〔羽化：0 px〕❷，並在
畫面上包圍希望變形的部分❸。

step 2

從選單選擇〔圖層〕→〔新增〕→〔拷貝的圖
層〕❹，新增複製選取範圍的圖層，接著，從
選單選擇〔編輯〕→〔任意變形〕❺。

step 3

在新增圖層的影像周圍會顯示邊界方框，所以
只要拖曳側邊控點，就可以延伸影像❻。
只要利用相同步驟也在左邊進行〔任意變形〕，
就可以如右圖般依照影像內容來縮放影像❼。

> **Tips**
> 按理來說，在選取範圍的邊界部分上會留下僅
> 1pixel多餘的線條，或是因滲透而造成明顯的不
> 自然，然而一旦透過沒有〔羽化〕的選取範圍來進
> 行圖層的複製，不自然的部分就會透過原始影像
> 隱藏起來，因而形成自然的作品。
> 可是，畫面有朝斜面延伸的直線部分時，直線部
> 分可能會有不自然的彎曲，所以還請多加注意！

相關　影像的變形：P.62　內容感知的影像縮放：P.64　選取範圍的建立方法：P.88　　　　　　**63**

{039} 內容感知的影像縮放

只要使用〔內容感知比率〕功能，即便是進行如同改變影像長寬比般的縮放，仍然可以讓外觀不會變得不自然下縮放影像。

概要

解說把右邊的影像往左右延伸擴大的方法。

另外，擴大的影像為〔背景〕圖層的時候，請事先把〔背景〕圖層轉換成一般圖層（P.133），再如右圖般，往延伸的方向製作出空白 ❶（P.34）。

❶

> **Tips**
> 關於CS3以前版本的操作方法，請參考P.63。

step 1

在〔圖層〕面板中選取欲擴大的圖層，從選單選擇〔編輯〕→〔內容感知縮放〕 ❷。

於是，在圖層的外側會顯示出帶有控點的邊界方框 ❸。

❷

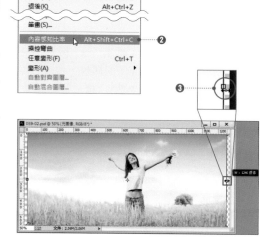
❸

Short Cut　內容感知縮放
Mac ⌘ + Option + Shift + C
Win Ctrl + Alt + Shift + N

step 2

拖曳控點，延伸影像 ❹。

如同此次般在左右存有空白的時候，藉由一邊按住 Alt（ Option ）鍵一邊進行拖曳，利用一次性操作就可以把影像往左右擴展。

❹

step 3

擴大影像後，按下 Enter 鍵，或是點擊位在選項列的〔確認變形〕（打勾符號）❺，邊界方框就會消失，可確定擴大後的影像。

❺

step 4

檢視擴大後的影像就可發現，影像內的重要部分自動受到保護❻，其他的部分則以自然的形態擴大。

✦ Variation ✦

如果對內容比較複雜的影像進行相同的縮放，有時會有變形的情況發生。
在此，解說防止畫面內的物件在非經意下發生變形的方法。

step 1

進行〔內容感知縮放〕之前，先對不想縮放的部分建立遮色片，並且儲存成Alpha色版❼（P.115）。
在此以「擴充用遮色片」的名稱進行儲存。
右圖中同時顯示了影像和擴充用遮色片。

step 2

從選單選擇〔編輯〕→〔內容感知比率〕，從選項列的〔保護〕下拉選單選擇製作的遮色片（在此選擇〔擴充用遮色片〕）❽。

step 3

拖曳控點，擴大影像❾。
藉此，就可以讓不希望發生變形的部分在受到保護的狀態中延伸影像。
❿的影像是保護前的影像；⓫的影像則是保護後的影像。可明顯看出，在沒有保護的時候，人物往兩旁變形延伸。

相關 依照影像的內容來縮放影像：P.63　變更版面尺寸：P.34　製作遮色片：P.154

{040} 利用筆刷隨機塗抹

欲利用筆刷隨機塗抹時，就要在〔筆刷〕面板中設定〔筆刷選項〕。〔筆刷〕面板中備有各種形狀的筆刷，可以任意地決定描繪方式。

step 1

在工具面板中選擇〔筆刷〕工具❶，從〔筆刷預設集〕面板中選擇〔散佈的楓葉〕❷。

> **Tips**
> 〔筆刷預設集〕面板沒有顯示的時候，就從選單選擇〔視窗〕→〔筆刷預設集〕。
> 另外，筆刷預設集中沒有〔散佈的楓葉〕的時候，就從〔筆刷〕面板右上的面板選單❸，選擇〔重設筆刷〕。

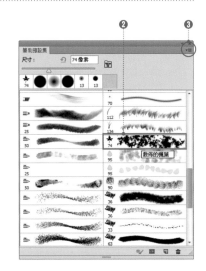

step 2

設定為〔尺寸：100px〕，對前景色設定〔R：255、G：114、B：0〕，並且在畫面上拖曳，就可以像右圖那樣隨機描繪楓葉❹。

step 3

如果在step2的狀態下，直接在〔筆刷〕面板選擇〔筆尖形狀〕❺，把筆尖形狀變更成〔Star - Large〕❻，就可以變更筆刷的形狀❼。

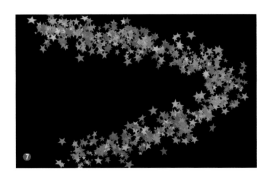

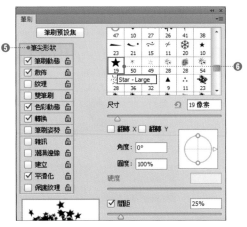

一旦選擇筆刷選項的〔筆刷動態〕❽，就可以讓筆刷的〔大小〕、〔角度〕、〔圓度〕隨機變化。另外，選擇〔散佈〕❾之後，就可以指定筆刷的散佈方法。

在〔筆刷動態〕的製作範例中，把大小的控制設定為〔淡化〕❿，所以就能夠以拖曳後逐漸變小的尺寸進行塗抹。另外，因為把〔角度〕和〔圓度〕的控制設定為〔關〕⓫，所以角度和圓度會隨機變化。一旦把角度和圓度的控制設定為〔關〕，就會像這樣，呈現出花朵散落般的效果。在〔散佈〕的製作範例中，因為把各設定值增大⓬，所以可明顯看出筆刷的散佈狀態比之前更廣。

〔筆刷動態〕製作範例

〔散佈〕製作範例

◎〔筆刷〕面板的設定項目

類別	項目	內容
筆刷動態	快速變換	以百分比設定變化的程度。
	控制	變化的方法可以選擇〔關〕、〔淡化〕、〔筆的壓力〕、〔筆的斜角〕、〔筆尖輪〕。若選擇〔關〕，就會隨機調整變化的程度。雖說是〔關〕，但也不是關閉功能。若選擇〔淡化〕，就能夠以數值指定設定值變小的程度。另外，因為會受〔筆尖形狀〕筆刷的〔間距〕所影響，所以就算是相同的設定值，結果仍會改變。
	最小直徑	以百分比設定變化時的最小值。
	筆刷投射	一旦勾選，就會以柔軟性較高的自然筆觸進行描繪。
散佈	散佈	以百分比設定筆刷散佈的程度。勾選〔兩軸〕後，就會對筆刷的筆畫或路徑，呈放射狀散佈。如果取消勾選，就會對筆畫或路徑呈直角分佈。如果指定這個選項，沿著路徑散佈時，就可以讓筆刷超出路徑的兩端。
	數量／數量快速變換	與筆刷動態的設定值相同，控制筆刷散佈的數量。

相關 自訂筆刷的登錄和使用：P.68　利用筆刷畫出連續的物件：P.69

{041} 自訂筆刷的登錄和使用

欲登錄自訂筆刷時，就先製作希望登錄的筆刷形狀，從選單選擇〔編輯〕→〔定義筆刷預設集〕。

---

step 1

把右邊的影像登錄成自訂筆刷。就算留下一般
圖層或文字圖層也沒有關係。
從選單選擇〔編輯〕→〔定義筆刷預設集〕❶，
顯示〔筆刷名稱〕對話框。

step 2

輸入筆刷名稱❷，點擊〔確定〕按鈕。這樣一
來，自訂筆刷的登錄就完成了。
另外，就算影像沒有在畫面中央，登錄的筆刷
仍舊會自動裁切掉多餘的空白。此外，影像不
是灰階的時候，則會自動轉換成灰階。

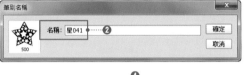

step 3

欲使用登錄的筆刷時，就從工具面板選擇〔筆
刷〕工具 ✐ ❸，點擊選項列的筆刷圖示❹，從
〔筆刷下拉面板〕中選擇登錄的筆刷❺。

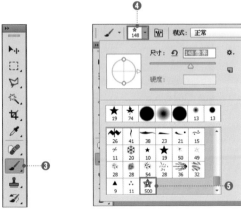

step 4

在文件上拖曳後，筆刷就會沿著拖曳的軌跡來
描繪。另外，筆刷也可以套用於〔筆型〕工具
✐ 所製作的路徑或圖層遮色片。
在此，把筆刷設定為隨機的尺寸和角度，並沿
著路徑描繪了筆刷❻。

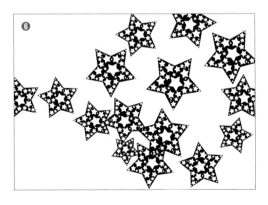

相關 利用筆刷隨機塗抹：P.66　利用筆刷畫出連續的物件：P.69　描繪柔和亮光的線條：P.312

{042} 利用筆刷畫出連續的物件

欲利用筆刷畫出連續的物件時，要在〔筆刷〕面板的〔筆尖形狀〕中設定任意的預設集。可以仔細地指定筆刷的形狀（間距或散佈情況等）。

概要

在此，使用右圖的鑽石形狀筆刷進行解說。
另外，這個筆刷是本書的原創筆刷。使用這個插畫的時候，必須先執行〔定義筆刷預設集〕，把影像定義成筆刷（P.68）。

step 1

從選單選擇〔視窗〕→〔筆刷預設集〕，顯示〔筆刷預設集〕面板。在工具面板選擇〔筆刷〕工具 ❶，從〔筆刷預設集〕面板選擇上圖的筆刷 ❷，一旦在〔筆刷預設集〕面板中選擇筆刷，筆刷的各種設定也會自動地載入。

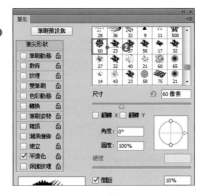

step 2

從〔筆刷〕面板的選項選擇〔筆尖形狀〕❸，設定為〔尺寸：60px〕❹。另外，勾選〔間距〕，設定為〔間距：95%〕❺。

接著，設定筆刷的旋轉。點擊〔筆刷動態〕❻，設定為〔角度快速變換：60%〕❼。

另外，筆刷選項中，除了〔筆刷動態〕以外，請取消其他的項目的勾選❽。

藉此，一旦在影像上拖曳，就可以描繪出連續的物件❾。

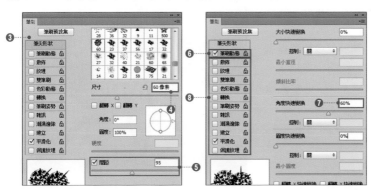

相關　登錄自訂筆刷：P.68　利用筆刷簡單美化肌膚：P.216　描繪柔和亮光的線條：P.312

{043} 利用漸層填滿

一旦使用〔漸層〕工具 ▣ ，就可以繪製出各種模式的漸層。Photoshop 中也準備了多種預設集。

step 1

從工具面板選擇〔漸層〕工具 ▣ ❶，先設定漸層的形狀、混合模式和不透明度 ❷。在此設定為〔形狀：線性漸層〕、〔模式：正常〕、〔不透明：100%〕。

設定完成後，選擇〔漸層編輯器〕❸。

step 2

在〔漸層編輯器〕對話框中，選擇預設集裡面的〔銅色〕❹，點擊〔確定〕按鈕 ❺。

> **Tips**
> 在此選擇預設集裡面的〔銅色〕，不過，Photoshop 中還有很多不同的預設集。另外，也可以建立自訂的漸層，並將其登錄成預設集（P.71）。

step 3

在〔圖層〕面板中選取希望以漸層填滿的圖層 ❻。在此選擇〔背景〕圖層。

step 4

一旦在畫面上進行拖曳 ❼，漸層就會依照拖曳方向和長度來建立。在此從下方往上方拖曳。剛才選擇了〔銅色〕的預設集，所以就會描繪出右圖般的銅色漸層。

{044} 建立自訂漸層

欲登錄自訂的漸層時，就要在工具面板中選擇〔漸層〕工具。

---

step 1

從工具面板選擇〔漸層〕工具 ❶，在選項列中設定下列的項目。

- 漸層的形狀❷
- 混合模式❸
- 不透明度❹

各項目設定完成後，點擊漸層編輯器❺，開啟〔漸層編輯器〕對話框。

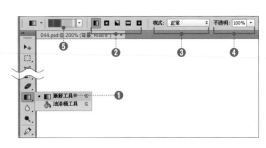

step 2

在〔漸層編輯器〕對話框中進行各種設定。首先，從預設集中選擇作為基礎的漸層❻。

step 3

接著，操作漸層列，詳細設定漸層❼。

❖ **變更漸層的顏色**

欲變更漸層色彩時，就操作〔顏色色標〕❽。在各顏色色標指定其他顏色後，色標之間就會製作出漸層。雙擊〔顏色色標〕或選擇色標後再點擊〔顏色〕❾，即可進行顏色的設定。

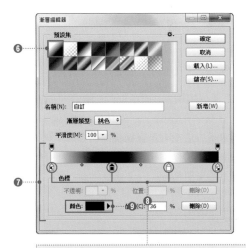

選取的顏色色標會呈現黑色。另外，色標的〔位置〕會以百分比顯示。也可利用拖曳色標的方式，憑直覺移動位置。

❖ **增加、刪除〔顏色色標〕**

欲增加〔顏色色標〕時，就點擊漸層列的下方沒有〔顏色色標〕之任意位置❿。於是，〔顏色色標〕就會增加。

另外，欲刪除〔顏色色標〕時，就選擇〔顏色色標〕，點擊〔刪除〕按鈕⓫。

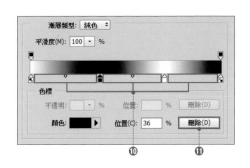

※ 操作〔色彩中點〕

〔顏色色標〕之間有〔色彩中點〕⑫。只要拖曳移動色彩中點，就可以調整漸層的變化程度。色標和色標之間的間隔越遠，其漸層就會越平滑，而越接近就越銳利。

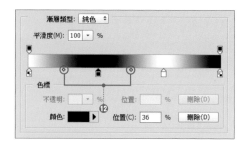

step 4

這次希望在物件的背景表現出地平線般的效果，所以配置了如⑬般的〔顏色色標〕。看起來似乎沒有半個色標，但事實上共有兩個。只要把兩個色標重疊，就可以展現出兩色分明的邊界線。漸層的編輯完成後，點擊〔儲存〕按鈕⑭，將製作完成的漸層登錄至預設集。

step 5

點擊〔漸層編輯器〕對話框的〔確定〕按鈕，關閉對話框，在畫面上一邊按住 Shift 鍵一邊從畫面的下方往上方筆直拖曳即可⑮。
從下圖可以清楚看出，完成了如同在漸層列中所指定的漸層⑯。

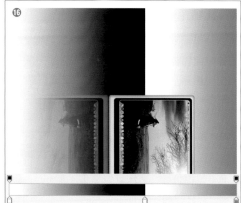

相關 利用漸層填滿：P.70　建立地板的倒映：P.252

{045} 沿著路徑的形狀輸入文字

欲沿著路徑輸入文字時，要先建立路徑，並利用〔水平文字〕工具 T 在路徑上點擊後，再輸入文字。藉由變更路徑的形狀，就可以變更文字的形狀。

step 1

從〔路徑〕面板選擇使用於文字歪曲的〔路徑〕圖層❶，選取之後，從工具面板選擇〔水平文字〕工具 T ❷。

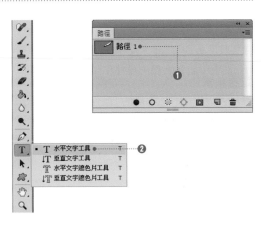

step 2

一旦把〔水平文字〕工具 T 移動至路徑上，游標圖示的形狀就會改變❸。游標圖示改變後，點擊路徑，即可輸入文字。

step 3

藉此如同右下圖般，可以沿著路徑輸入文字❹。

另外，只要利用這種方法輸入文字，就會自動建立出不同於最初指定路徑的其他路徑❺。如果使用這個路徑，就能夠輕易地調整文字的位置。

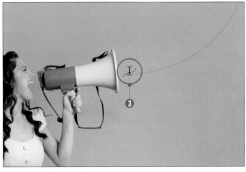

> **Tips**
>
> 輸入文字後，只要點擊選項列的〔建立彎曲文字〕按鈕❻，在〔彎曲文字〕對話框中調整〔樣式〕和設定值，就能夠利用數值來設定文字的變形❼。只要使用這個功能，就能夠更任意地設計文字。

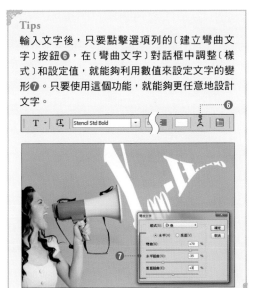

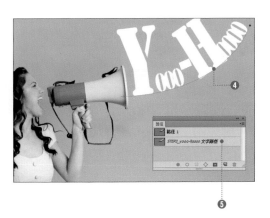

相關　加入文字在照片上：P.74　把文字轉換成路徑：P.76　影像或圖層的變形：P.62

{046} 加入文字在照片上

欲加入文字在照片時，就從工具面板選擇〔水平文字〕工具 T 或是〔垂直文字〕工具 IT。

step 1

從工具面板選擇〔水平文字〕工具 T ❶，在〔字元〕面板中設定字體、尺寸和顏色等項目❷。

step 2

在畫面上點擊後，〔圖層〕面板上就會增加文字圖層，同時點擊的部分會出現閃爍的文字輸入游標，即可輸入文字❸。

step 3

在〔圖層〕面板中一邊按住 Ctrl (⌘) 鍵一邊連續選取〔影像〕圖層和文字圖層❹，再從選單選擇〔圖層〕→〔對齊〕→〔水平居中〕，將文字配置在中央。

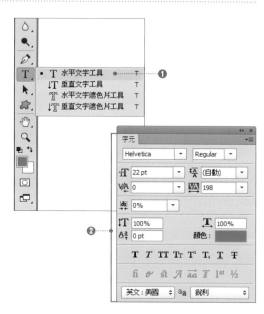

> **Tips**
> 這裡選擇的〔影像〕圖層是〔背景圖層〕。沒有〔背景圖層〕時，請先選取欲移動的圖層，建立選取範圍，之後再選擇〔水平居中〕。

step 4

接著，從工具面板選擇〔移動〕工具 ❺，只選取文字圖層❻。

step 5

只要一邊按住 Shift 鍵一邊把文字往下方拖曳
❼，就能夠在保持文字的水平位置下進行位置
的改變。像這樣可以任意地配置文字。

─── ✦ **Variation** ✦ ───

只要使用彎曲文字，就可以如同沿著曲線般把文字變形。

step 1

在〔圖層〕面板中選取希望變形的文字圖
層❽，從選單選擇〔文字〕→〔彎曲文字〕
（CS5則是〔圖層〕→〔文字〕→〔彎曲文
字〕）❾，顯示〔彎曲文字〕對話框。

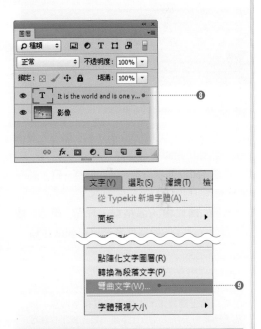

step 2

選擇〔樣式：弧形〕❿，確認〔水平〕選項
呈勾選狀態⓫，設定〔彎曲：24〕⓬。設定
後，點擊〔確定〕按鈕。
於是，就會套用上彎曲文字，文字就會沿
著背景上的曲線彎曲配置⓭。

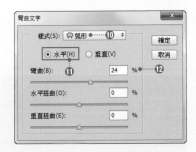

{047} 把文字轉換成路徑

只要把文字轉換成路徑，就可以把路徑可使用的各種功能或效果添加在文字上。在諸如製作使用文字的藝術插畫時，可以加以活用。

step 1

在〔圖層〕面板中選取欲轉換成路徑的文字圖層❶，從選單選擇〔類型〕→〔建立工作路徑〕（CS5則是〔圖層〕→〔文字〕→〔建立工作路徑〕）。藉此，就建立出以文字為基礎的工作路徑❷。此時，要先把原本的文字圖層設定為隱藏。

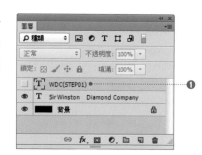

step 2

在這個時候，工作路徑是顯示於〔路徑〕面板的臨時路徑，所以要儲存路徑。

從〔路徑〕面板選項選擇〔儲存路徑〕❸，顯示〔儲存路徑〕對話框。

在〔名稱〕欄位輸入名稱❹，點擊〔確定〕按鈕。藉此，文字的輪廓就會被儲存成路徑❺。

> **Tips**
> 所謂的工作路徑是指臨時的路徑。一旦建立新的路徑或貼上路徑後，工作路徑就會被覆蓋。因此，不要對工作路徑進行作業，要先把工作路徑轉換成一般路徑後再進行作業。

step 3

文字的輪廓轉換成路徑後，就可以使用路徑製作出各種效果。右圖的製作範例是使用〔定義筆刷預設集〕（P.68）和〔筆畫路徑〕（P.312），沿著路徑排列出使用了鑽石影像的筆刷圖樣❻。

相關 沿著路徑的形狀輸入文字：P.73　登錄自訂筆刷：P.68

{048} 以圖樣填滿影像

欲以圖樣填滿影像時，就先從選單選擇〔編輯〕→〔填滿〕，然後選擇〔圖樣〕。只要預先把原創影像定義成圖樣，就可以指定該圖樣。

step 1

在此，將說明使用定義完成的原創圖樣來填滿影像的方法。

開啟影像檔，從選單選擇〔編輯〕→〔填滿〕，顯示〔填滿〕對話框。

首先，在〔填滿〕對話框中的〔內容〕選項選擇〔圖樣〕❶。

接著，點擊〔自訂圖樣〕揀選器❷，顯示出登錄的圖樣清單，並選擇任意的圖樣❸。

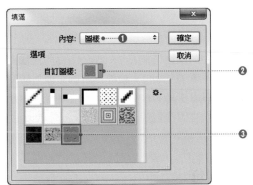

step 2

點擊〔確定〕按鈕後，就會自動填滿所選擇的圖樣❹。

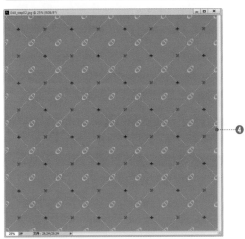

Tips

在〔填滿〕對話框中，除了〔圖樣〕之外，還有〔前景色〕、〔背景色〕和特定顏色等項目可選擇。另外，在〔混合〕區段中也可以指定填滿的混合模式（P.148）和不透明度（P.153）。

※ **Variation** ※

在CS6以後版本中，如果選擇〔內容：圖樣〕，〔填滿〕對話框的最下方會出現〔程序圖樣〕。只要勾選在此的核取方塊，選擇使用〔指定碼〕，就可以指定圖樣的填滿方式。在Photoshop中，一共有五種填滿方式可以指定。

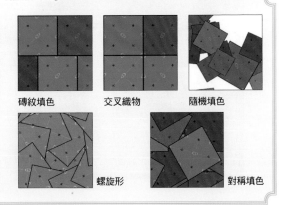

磚紋填色　　交叉織物　　隨機填色

螺旋形　　對稱填色

{049} 登錄圖樣

只要把影像定義成圖樣，就能夠利用自己喜歡的影像圖樣來填滿，或是把圖樣當成紋理來使用。

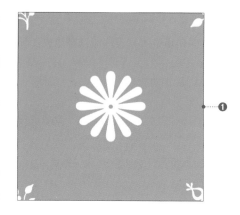

step 1

開啟欲圖樣化的影像檔案。

在此使用的圖樣是把150×150 pixel的形狀圖層（P.50）配置在400×400 pixel的影像上❶。另外，就算影像中含有圖層也沒有關係。顯示的影像會被圖樣化。

step 2

從選單選擇〔編輯〕→〔定義圖樣〕❷，顯示〔圖樣名稱〕對話框，設定圖樣名稱❸。藉此，圖樣的定義便完成了。

step 3

定義圖樣後，填滿影像❹，或使用〔圖層樣式〕時❺，就可以利用該圖樣。

另外，〔圖層樣式〕或〔圖樣覆蓋〕中，亦可以把登錄的圖樣當成紋理來使用。

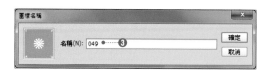

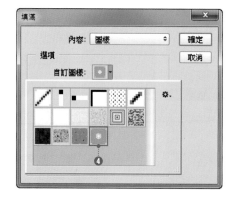

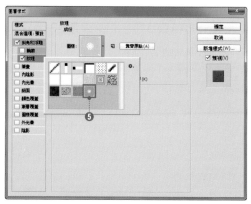

　相關　以圖樣填滿：P.77　圖層樣式：P.159

{050} 登錄頻繁使用的操作

只要利用動作功能，預先登錄〔操作〕，就能夠輕易地反覆執行相同操作。在頻繁執行相同操作的時候，這個功能相當便利。

step 1

開啟影像後，點擊〔動作〕面板的〔建立新增組合〕按鈕❶，顯示〔新增組合〕對話框。

> **Tips**
> 〔動作〕面板沒有顯示時，就從選單選擇〔視窗〕→〔動作〕，即可顯示出面板。

step 2

任意命名後❷，點擊〔確定〕按鈕。

step 3

點擊〔動作〕面板的〔建立新增動作〕❸，顯示〔新增動作〕對話框，並且與組合名稱相同，在輸入〔名稱〕後，按下〔記錄〕按鈕❹。

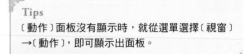

step 4

而此時，〔開始記錄〕按鈕會自動變成紅色❺，並且開始記錄動作。

在這種狀態下進行各種作業。在此把〔影像尺寸〕設定為〔50%〕，然後進行〔儲存〕和〔關閉〕的操作❻。

操作結束之後，點擊〔動作〕面板的〔停止撥放／記錄〕按鈕❼，停止記錄。

step 5

欲執行已登錄的動作時，只要在打開任意影像之後，從〔動作〕面板選擇已登錄的動作，再點擊〔停止撥放／記錄〕按鈕。於是，就會對影像執行已登錄的動作。

相關 變更動作的設定值：P.80　把動作套用至多個影像：P.82

{051} 在動作的中途改變設定值

只要顯示〔動作〕面板的〔切換對話框開／關〕，就可以停止動作，或是重新開始動作。

step 1

在此，建立以〔裁切〕工具把多個影像裁切成相同尺寸的動作。

首先，開啟影像，點擊〔動作〕面板的〔建立新增動作〕按鈕❶，顯示〔新增動作〕對話框。

step 2

輸入〔名稱〕之後❷，點擊〔記錄〕按鈕，開始記錄動作❸。

step 3

從工具面板選擇〔裁切〕工具❹，在工具列設定〔寬度〕、〔高度〕❺。此時，在CC版本中，請先從下拉選單中選擇〔寬×高×解析度〕，並從〔解析度〕下拉選單選擇〔像素／英吋〕後再進行作業。

各項目設定完成後，設定裁切範圍，裁切影像❻。在此所裁切的〔寬度〕、〔高度〕、〔解析度〕和拖曳範圍都會被記錄成動作。

> **Tips**
> 在CS6版本中，可以從選項列〔尺寸預設集〕下拉選單❼的〔大小與 解析度〕設定影像的解析度。此外，在〔尺寸預設集〕下拉選單中，也可以設定裁切後的影像長寬比，或是把自己設定的裁切尺寸儲存成預設集。

step 4

為了能夠連續動作，從選單選擇〔檔案〕→〔儲存〕❽和〔檔案〕→〔關閉〕❾，關閉影像。

step 5

儲存為動作的作業完成後，點擊〔動作〕面板的〔停止撥放／記錄〕按鈕，停止記錄❿。

接著，尋找希望在動作中途停止的指令，點擊指令左側的〔切換對話框開／關〕按鈕，顯示出切換對話框的開關⓫。

僅有顯示〔切換對話框開／關〕按鈕的部分，在動作的中途可以變更設定值。

> **Tips**
> 在這個範例中共有三個指令（〔裁切〕、〔儲存〕、〔關閉〕），不過在中途可以重新設定的指令只有〔裁切〕⓬。

step 6

在此連續播放已登錄的動作。從選單選擇〔檔案〕→〔自動〕→〔批次處理〕⓭，顯示〔批次處理〕對話框。

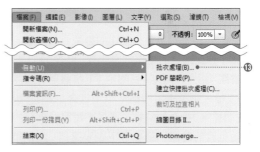

step 7

在〔批次處理〕對話框的〔執行〕區段中指定剛才建立的動作組合和動作⓮，在〔來源〕區段中指定放置了影像的資料夾⓯。〔目的地〕下拉選單要選擇〔無〕⓰（P.82）。

點擊〔確定〕按鈕後，就會開啟〔來源〕所指定資料夾內的影像，並且在裁切的中途停止動作。

step 8

決定裁切的範圍，雙擊影像內之後⓱，影像會自動儲存並且關閉。因為是批次處理，所以指定的資料夾內的下一個影像會立刻開啟，並繼續執行批次處理。

相關 登錄動作：P.79　把動作套用在多個影像上：P.82　指定尺寸後裁切：P.36

〔052〕把動作套用在多個影像上

把動作套用至多個影像的方法有好幾種，不過在此要說明的是利用〔批次處理〕功能的套用方法。

step 1

從選單選擇〔檔案〕→〔自動〕→〔批次處理〕
❶，顯示〔批次處理〕對話框。

step 2

指定〔播放〕區段的〔組合〕和〔動作〕下拉選單
❷。

另外，這次選擇〔來源：檔案夾〕❸，按下
〔選擇〕按鈕，指定執行動作的影像資料夾❹。
再者，在此指定的動作當中含有〔儲存〕和〔關
閉檔案〕指令，所以〔目的地〕下拉選單要選擇
〔無〕❺。而所指定的動作中不包含〔儲存〕和
〔關閉檔案〕指令的時候，或是不覆寫並儲存於
其他位置的時候，請參考下表來選擇〔儲存和
關閉〕或是〔檔案夾〕。

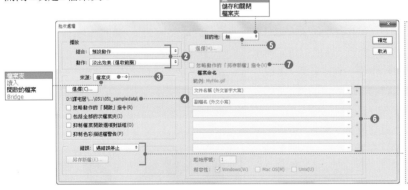

在〔錯誤〕區段中，
可指定動作發生錯
誤時的處理方法。
通常是選擇〔遇錯誤
停止〕。
選擇〔記錄錯誤到檔
案〕的時候，要點擊
下方的〔另存新檔〕
按鈕，指定儲存的
位置。

◎〔目的地〕下拉選單和設定

操作內容	設定方法
動作執行後，儲存於其他位置的時候	動作中沒有〔儲存〕和〔關閉檔案〕指令時，選擇〔目的地：檔案夾〕，利用〔選擇〕按鈕指定儲存檔案的位置。欲變更檔案名稱的時候，要在〔檔案命名〕區段中指定檔案名稱❻。〔忽略動作的「另存新檔」指令〕的選項則要取消勾選❼。
動作執行後，進行覆寫的時候	動作中含有〔儲存〕和〔關閉檔案〕指令的時候，選擇〔目的地：無〕。〔忽略動作的「另存新檔」指令〕的選項則要取消勾選。 另一方面，動作中沒有〔儲存〕和〔關閉檔案〕指令的時候，則選擇〔目的地：儲存和關閉〕。〔忽略動作的「另存新檔」指令〕的選項則要取消勾選。

{053} 以一鍵為影像加上各種邊框

欲以一鍵為影像加上各種邊框時，只要在〔動作〕面板的選項選單中選擇〔邊框〕，然後進行播放。

---

step 1

從〔動作〕面板右上的面板選單選擇〔邊框〕❶。於是，在〔動作〕面板中追加了各種不同的邊框動作❷。

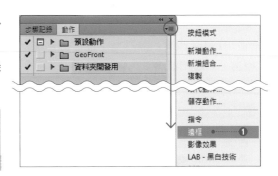

> **Tips**
> 〔動作〕面板沒有顯示的時候，就從選單選擇〔視窗〕→〔動作〕，即可顯示出面板。

---

step 2

開啟希望賦予邊框的影像。此時，請確認影像為〔背景〕圖層。欲把影像變成背景圖層時，就從選單選擇〔圖層〕→〔影像平面化〕。

希望賦予〔潑濺邊框〕的時候，就選擇〔動作〕面板的〔邊框〕資料夾內的〔潑濺邊框〕❸，然後再點擊〔動作〕面板下方的〔播放選取的動作〕按鈕❹。

於是，白色邊框便會自動地被製作在影像上❺。還有其他各種不同的邊框，請試著製作看看。

〔潑濺邊框〕

〔筆畫邊框〕

〔波形邊框〕

〔木質邊框（50pixel）〕

相關 登錄動作：P.79 把動作套用在多個影像上：P.82 圖層的基本操作：P.132

{054} 製作各種不同種類的配色盤

色彩的組合中有多種的色彩理論，欲靈活運用這些理論時，某種程度的專門知識是必須的，不過只要利用Color CC（Kuler）功能，就算沒有專業知識，依然可以製作出以各種色彩理論為基礎的配色盤。

step 1

欲使用Color CC（Kuler）時，就從選單選擇〔視窗〕→〔延伸功能〕→〔Kuler〕❶，顯示右圖的面板。

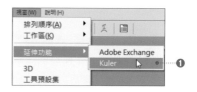

Tips

在CC（2014）版本中，在預設狀態下有時會有無法利用Color CC的情況。這個時候，請存取Adobe Add-ons，搜尋「Adobe Color CC Panel」，點擊〔免費〕按鈕。藉此，便可導入Color CC。

Adobe Add-ons
{URL} https://creative.adobe.com/addons

之後，選擇〔偏好設定〕→〔同步設定〕，請確認設定是否同步。

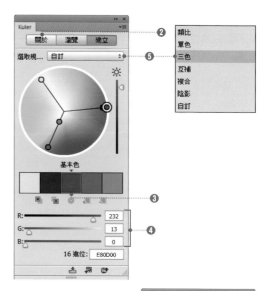

step 2

點擊〔建立〕按鈕❷。於是，就會顯示出可以建立顏色組合的面板。
從面板中央被稱為〔顏色群組〕的色彩陣列中，點擊〔基本色〕❸，從面板下方的RGB值設定作為基本的色彩❹。

step 3

〔基本色〕設定完成後，在〔選取規則〕中設定任意的調色規則（配色方法）❺。
規則設定完成後，就會依所選的調色規則建立出〔顏色群組〕。

step 4

欲在保持調色規則下變更〔顏色群組〕時，就從〔顏色群組〕中點擊希望變更的色彩❻，然後在色輪中拖曳亮光部分❼。

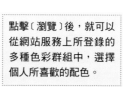

點擊〔瀏覽〕後，就可以從網站服務上所登錄的多種色彩群組中，選擇個人所喜歡的配色。

step 5 ·······················

欲儲存建立的色彩組合時，點擊面板下方左側的〔命名並儲存此主題〕按鈕，在顯示的視窗中輸入任意名稱並點擊〔儲存〕按鈕❽，即完成主題儲存。

 step 6 ·······················

點擊面板下方中間的〔將此主題新增至色票〕按鈕，就可以把建立的色彩主題儲存於〔色票〕面板❾。

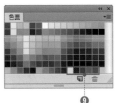

❽　　　　　　　　　　❾

⁂ Variation ⁂

Color CC（Kuler）是由Adobe公司所提供的網路服務之一。CS4以後版本可以使用專用的面板進行配色的檢討，而選擇面板〔瀏覽〕（〔搜尋〕）按鈕時所顯示的〔我的最愛〕、〔隨機〕等顏色群組，可透過網路服務取得資訊。因此，只要是在連接網路的環境，不論Photoshop是哪個版本，都可以利用Color CC。

另外，在網路服務中，也可以匯入任意影像，從該影像建立獨立的顏色群組。請務必存取該網站，加以利用相關功能。

URL https://color.adobe.com/zh/create/color-wheel/

在Photoshop中，在「把路徑轉換成選取範圍」（P.92）和「沿著路徑輸入文字」（P.73）等情況時，都會使用到路徑。在此為大家介紹〔筆型〕工具 ✐ 的基本操作方法與路徑的構造。

❖ 路徑的結構

所謂的路徑，指的是用〔筆型〕工具 ✐ 描繪的線條物件。

路徑是由「錨點」、〔區段〕、〔方向線〕、〔方向點〕四個要素所構成，路徑的形狀取決於錨點的位置、方向線的長度和方向點的位置。

因此，希望變更路徑形狀的時候，就必須依照目標的形狀來操作各個構成要素。

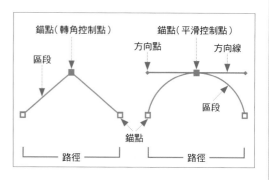

❖ 路徑的建立方法

欲建立路徑時，要從工具面板選擇〔筆型〕工具 ✐ ❶，在選項列中選擇〔路徑〕❷。在這種狀態中描繪直線時，點擊直線的起點和作為終點的位置❸。另外，描繪曲線的時候，先點擊任意位置，然後直接進行拖曳❹。建立的路徑可透過〔路徑〕面板加以確認。

另外，繪製的路徑在事後仍可再次編輯，所以不需要一開始就描繪地過分細膩。

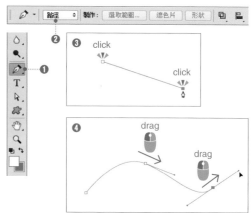

❖ 路徑的編輯方法

欲移動描繪的路徑錨點或方向線時，就要從工具面板選擇〔直接選取〕工具 ▸ ❺，選擇目標的錨點或方向線，並進行拖曳移動。呈現選取狀態後，錨點就會如右圖般，呈現填滿狀態❻。另外，欲增加、刪除錨點的時候，就從工具面板選擇〔增加錨點〕工具 ✐ 或〔刪除錨點〕工具 ✐ ❼，並點擊任意位置。使用〔轉換錨點〕工具 ▸ 之後❽，就可以在轉角控制點和平滑控制點之間進行切換。

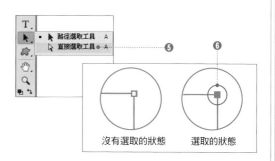

沒有選取的狀態　　選取的狀態

第 2 章

選取範圍
和 Alpha 色版

{055} 選取範圍的基礎知識

在Photoshop的影像編輯中，〔選取範圍〕是最重要的功能之一。在此確實地熟練選取範圍的基本知識，並加以靈活運用吧！

❖ 所謂的「選取範圍」

所謂的「選取範圍」，簡單來說，就是「影像中現在所被選取的像素範圍」。針對影像整體進行相同處理的時候，不需要建立選取範圍，不過針對影像中的一部分，希望進行某種處理的時候，就必須事先指定範圍。

例如，希望從右邊的影像❶中只剪裁出動物的一部分時，就要針對動物建立選取範圍，並且把周圍不需要的部分刪除❷。

與裁切相同，想要僅針對影像內的一部分進行調整時或套用濾鏡效果時，也必須在該部分建立選取範圍。從這裡就可以知道，選取範圍在Photoshop中是何等地重要了。

❖ 選取範圍並非兩種值

了解選取範圍之後，最重要的事情是，構成影像的像素未必是被分類成「已選取」或「未選取」的兩種值。

Photoshop的選取範圍可以透過256階層來選取像素。例如，一旦將某像素以40%選取中的狀態下進行刪除，則該像素的40%被刪除，呈現出60%的狀態。

例如，右圖是建立選取程度往下逐漸增高的選取範圍並刪除該範圍的圖片。下半部是在近似100%的狀態下像素被刪除，因此呈現近似透明❸；另一方面，上半部的選取程度低，因此會保留下原本的色彩和濃度❹。圖❺是指定選取範圍的程度時所利用到的漸層。黑色是〔選取程度：0%〕；白色則是〔選取程度：100%〕。

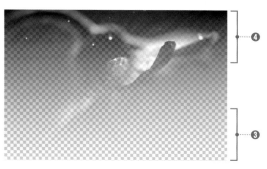

相關 根據影像的色彩和濃度來建立選取範圍：P.106　選擇特定的顏色範圍：P.109　Alpha色版：P.113

056　建立簡單的選取範圍

建立選取範圍的方法有各式各樣，而最基本的建立方法就是使用〔矩形選取畫面〕工具□或〔橢圓選取畫面〕工具○。

step 1

從工具面板選擇〔矩形選取畫面〕工具□❶，選擇選項列的〔新增選取範圍〕按鈕❷。

step 2

只要拖曳出選取範圍的對角線❸，就可以依照拖曳的距離，建立出選取範圍。

此時，只要一邊按住 Alt（ Option ）鍵一邊進行拖曳，就可以建立出宛如從中央擴展般的選取範圍。另外，一邊按住 Shift 鍵一邊進行拖曳，就可以建立正方形的選取範圍。

step 3

希望建立橢圓形的選取範圍時，就從工具面板選擇〔橢圓選取畫面〕工具○❹，利用與〔矩形選取畫面〕工具□相同的要領，在畫面上進行拖曳❺。

另外，希望從中央擴展選取範圍時，或是希望建立正圓形的選取範圍時，也可以採用與上述相同的操作。

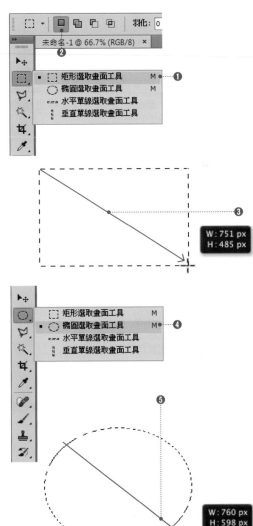

Tips

在 CS6 以後的版本中建立選取範圍時，會顯示出被稱為〔變形值〕的數值❻。該數值就是用來顯示建立中的選取範圍尺寸，其實不光是選取範圍的建立，形狀的建立時或是圖層的變形時，也會顯示出這種數值。

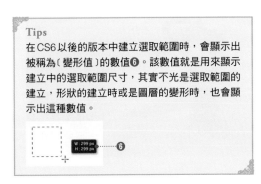

相關　選取範圍的基礎知識：P.88　選取範圍的增加與刪除：P.93　縮放選取範圍：P.98

{057} 建立曲線的選取範圍

一旦使用〔套索〕工具 ⌀，就可以建立形狀自由的選取範圍。但是，透過滑鼠來建立如願的選取範圍是很困難的，所以並不適合在建立正確選取範圍的作業上。

step 1

從工具面板選擇〔套索〕工具 ⌀ ❶，如同描繪影像的上方那樣進行拖曳 ❷。
於是，拖曳的部分就會直接形成邊界。

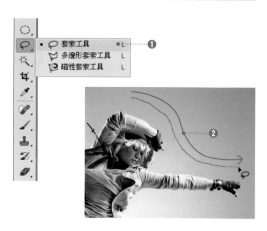

step 2

一旦包圍到開始位置，就會建立曲線的選取範圍 ❸。另外，一旦在中途放棄拖曳，就會以直線連接至拖曳開始位置，所以要多加注意！

Tips

建立羽化的選取範圍時，要在建立選取範圍之後，從選單選擇〔選取〕→〔修改〕→〔羽化〕（P.103）。
另外，只要在選項列的〔羽化〕區段，透過 pixel 輸入想要羽化的值 ❹，也可以從一開始就建立出邊界羽化的選取範圍。

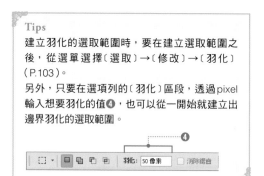

✦ Variation ✦

〔套索〕工具 ⌀ 是可以簡單地建立出任意形狀的選取範圍之便利工具。另一方面，因為滑鼠操作會直接形成選取範圍，所以細微調整並不容易，再者也具有在放棄拖曳的時間點上會確定出選取範圍等缺點。當必須建立出複雜形狀或精緻的選取範圍時，如右圖般先透過〔筆形〕工具 ✎ 等來描繪路徑後 ❺，再將路徑轉換成選取範圍的方法，會比較方便（P.92）。

 相關 選取範圍的基礎知識：P.88　從路徑建立選取範圍：P.92　Alpha色版：P.113

{058} 指定數值來建立選取範圍

欲指定數值來建立選取範圍時，可在選項列中指定〔寬度〕和〔高度〕。在事先得知物件的正確尺寸時，這個功能相當好用。

step 1

從工具面板選擇〔矩形選取畫面〕工具等選取範圍類的工具，設定選項列的各個項目。在此，選擇〔矩形選取畫面〕工具 ❶，點擊〔新增選取範圍〕按鈕 ❷，並輸入〔羽化：0px〕 ❸、〔樣式：固定尺寸〕 ❹、〔寬度：400px〕 ❺、〔高度：900px〕 ❻。

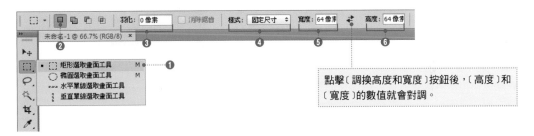

點擊〔調換高度和寬度〕按鈕後，〔高度〕和〔寬度〕的數值就會對調。

◎〔樣式〕下拉選單的設定項目

項目	內容
正常	拖曳滑鼠，指定選取範圍。無法指定〔寬度〕或〔高度〕。
固定比例	選取範圍會固定在〔寬度〕和〔高度〕所指定的數值比例。可利用拖曳方式來變更尺寸。
固定尺寸	建立出〔寬度〕和〔高度〕所指定數值的選取範圍。

step 2

只要點擊影像上的任意位置，就會自動建立出指定尺寸的選取範圍。一旦依照影像來移動選取範圍（P.94），就可以如右圖般建立出符合目標影像的選取範圍。

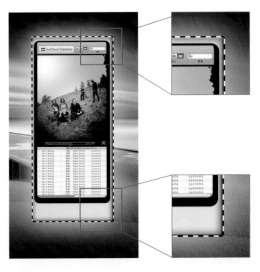

Tips
只要在數字的後面輸入單位，就可以指定任意單位。可指定的單位就如下列所示。可是，px以外的單位會與近似值一致，所以請多加注意！

・像素（px）　　　・公分（cm）
・英吋（in）　　　・點（pt）
・Pica　　　　　　・百分比（%）

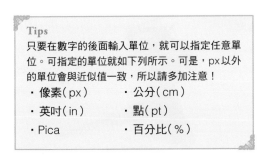

相關　選取範圍的基礎知識：P.88　選取範圍的儲存：P.116　選取範圍的移動：P.94

〔059〕 從路徑建立選取範圍

建立精緻的選取範圍時，從路徑建立選取範圍的方法會更便利。從路徑建立選取範圍的方法有數種，不過全部都是從〔路徑〕面板來進行。

・概 要・

從路徑建立選取範圍的方法有下列三種。

1. 從〔路徑〕面板的面板選單選擇〔製作選取範圍〕的方法。
2. 點擊〔路徑〕面板下方的〔載入路徑作為選取範圍〕按鈕的方法。
3. 一邊按住 Ctrl（⌘）鍵一邊點擊〔路徑〕面板上所顯示的路徑的方法。

在此，使用沿著人物的邊界所儲存的路徑❶，建立選取範圍。

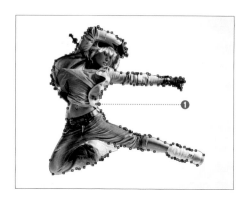

・step 1・

從〔路徑〕面板點擊路徑，使路徑呈現選取狀態❷，並從〔路徑〕面板右上的面板選項選擇〔製作選取範圍〕❸。

・step 2・

顯示出〔製作選取範圍〕對話框。

在〔操作〕區段中選擇〔新增選取範圍〕❹，點擊〔確定〕按鈕。藉此，從路徑製作出選取範圍❺。

另外，從路徑製作選取範圍的時候，只要先勾選〔消除鋸齒〕，就可以製作出自然的選取範圍❻。

另外，希望在路徑轉換成選取範圍後添加修正時，如果是簡單的修正，可透過選取範圍的增加、刪除來修改（P.93）；如果是大規模的修正，就要修改路徑本身。

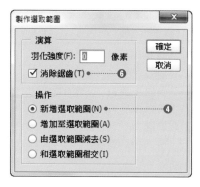

> **Tips**
> 從路徑製作選取範圍時，必須採用封閉路徑。如果路徑沒有封閉，就會建立出以直線連接路徑起點和終點的選取範圍。

{060} 選取範圍的增加與刪除

欲增加或刪除選取範圍時，點擊選項列的〔增加至選取範圍〕按鈕或〔從選取範圍中減去〕按鈕。另外，也可以利用組合鍵。

· step 1 · ·

希望在已經建立的選取範圍上進一步增加選取範圍時，從工具面板選擇〔矩形選取畫面〕工具　等選取範圍類的工具❶，再從選項列點擊〔增加至選取範圍〕按鈕❷，在畫面上拖曳❸。於是，即可增加新的選取範圍❹。

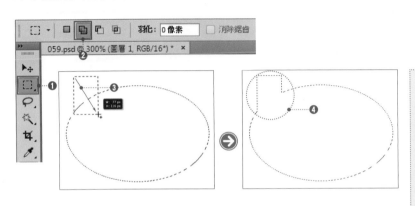

> 選擇選取範圍類工具時，只要按下 Shift 鍵，游標就會暫時變成選擇〔增加至選取範圍〕按鈕的狀態。
> 因此，不需要刻意從選項列選擇，就可以直接用這種方法增加選取範圍。

· step 2 · ·

希望從已經建立的選取範圍中刪除部分時，從選項列點擊〔從選取範圍中減去〕按鈕❺，如同覆蓋般在欲刪除的部分上拖曳❻。

於是，拖曳部分的選取範圍就會被刪除❼。

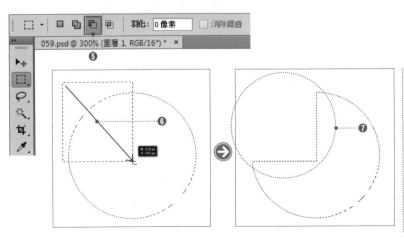

> 選擇選取範圍類工具時，只要按下 Alt（Option）鍵，游標就會暫時變成選擇〔從選取範圍中減去〕按鈕的狀態。
> 因此，不需要刻意從選項列選擇，就可以直接用這種方法刪除選取範圍。

相關 選取範圍的基礎知識：P.88　選取範圍的移動：P.94　選取範圍的儲存：P.116

{061} 移動選取範圍

欲移動選取範圍時，選擇〔矩形選取畫面〕工具⊡或〔橢圓選取畫面〕工具◯等的選取範圍類工具，就可以拖曳既有選取範圍的內側。

---

step 1

在建立選取範圍的狀態下，從工具面板選擇〔矩形選取畫面〕工具⊡等的選取範圍類工具❶。

一旦把游標移動至選取範圍的內側，游標就會變成❷的狀態。

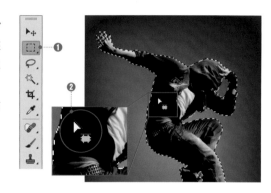

---

step 2

一旦直接把游標往欲移動的方向拖曳，就可以移動選取範圍❸。

> **Tips**
> 移動選取範圍時，只要一邊按住Ctrl（⌘）鍵一邊進行拖曳，就可以裁切選取範圍內的影像，移動各個影像。

⊰ Variation ⊱

只要在使用選取範圍類工具時按下滑鼠右鍵，就會顯示出右鍵選單，選擇其中的〔變形選取範圍〕❹，也可以移動選取範圍。

這種方法和上述的方法不同，因為不需要把滑鼠游標移至選取範圍的內側，所以在移動較小的選取範圍時，這種功能特別地方便。

另外，藉由操作所顯示的控點，也可以進行選取範圍的縮放。

062　正確地移動選取範圍

只要在存有選取範圍的狀態下，選擇選取範圍類的工具後操作方向鍵，就能夠以像素單位正確地
移動選取範圍。

第
2
章
　
選
取
範
圍
和
Alpha
色
版

step 1

確認存有選取範圍的狀態下❶，選擇〔矩形選
取畫面〕工具❷。只要是選取範圍類的工
具，即便是其他的工具，也沒有關係。

step 2

使用方向鍵，移動選取範圍。
在此按下↑鍵，讓選取範圍往上移動❸。
另外，只要一邊按住 Shift 鍵一邊操作十字
鍵，就能夠一次移動10pixel。

> **Tips**
> 選取範圍也可以透過選取範圍類的工具拖曳選取
> 範圍的內側來移動（P.94）。

❖ Variation ❖

作為正確地移動選取範圍的方法來說，還
有使用〔變形選取範圍〕的方法。在存有選
取範圍的狀態下，從選單選擇〔選取〕→〔變
形選取範圍〕，透過在選項列中顯示的〔X〕
框和〔Y〕框❹輸入數值，就可以指定選取
範圍的位置。
另外，只要點擊〔參考點使用相對位置〕按
鈕❺，就能夠以相對值指定移動量。
在此使用的移動量單位是〔px〕（像素），不
過此處也可以直接輸入〔mm〕或〔cm〕。
另外，這個方法還可以透過〔資訊〕面板的
〔X〕、〔Y〕來確認移動量❻。

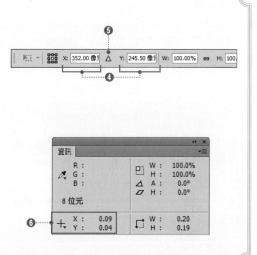

相關　移動選取範圍：P.94　　指定數值來建立選取範圍：P.91　　變形選取範圍：P.96

{063} 變形選取範圍

欲把選取範圍變形成任意形狀時，從選單選擇〔選取〕→〔變形選取範圍〕。這個技巧的通用性很高，可應用在各種不同的情況。

概要

在存有選取範圍的狀態下，從選單選擇〔選取〕→〔變形選取範圍〕❶，顯示邊界方框❷。只要拖曳邊界方框，選取範圍就會變形。另外，此時，只要一邊按住 Ctrl（⌘）或 Alt（Option）、Shift 等按鍵一邊進行拖曳，藉由各種不同的動作，就能夠使選取範圍變形。

> **Tips**
> 邊界方框也可以在使用選取範圍類的工具時，按下右鍵並從其顯示的選單中選擇〔變形選取範圍〕來顯示。這個方法可以更有效率地顯示邊界方框。

Shift ＋拖曳

只要一邊按住 Shift 鍵一邊拖曳各頂點的控點❸，就可以在固定長寬比的狀態下，進行選取範圍的縮放。

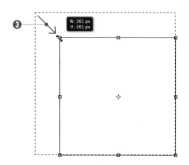

Ctrl（⌘）＋拖曳

只要一邊按住 Ctrl（⌘）鍵一邊進行拖曳❹，僅會移動拖曳的控點，而其他的控點形成固定的狀態，因此導致選取範圍變形。
另外，一旦拖曳位在邊界中間的錨點❺，就能夠變形為平行四邊形。

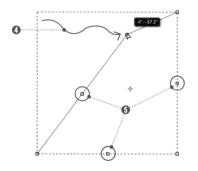

⊹ Ctrl ＋ Alt （ ⌘ ＋ Option ）＋拖曳

只要一邊按住 Ctrl ＋ Alt （ ⌘ ＋ Option ）鍵一邊
拖曳控點❻，位在對角的控點就會朝移動的相
反方向移動。如果移動的是上下的側邊控點，
就會如右圖般邊界朝水平移動，變形為菱形。

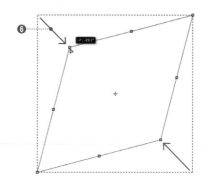

⊹ Ctrl ＋ Alt ＋ Shift （ ⌘ ＋ Option ＋ Shift ）＋
　　拖曳

只要一邊按住 Ctrl ＋ Alt ＋ Shift （ ⌘ ＋ Option ＋
Shift ）的三個按鍵一邊進行拖曳❼，就會如右
圖般變形為梯形。

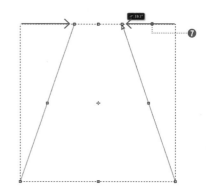

Tips

如同由上述的四種使用方法所得知的，只要一邊按
住 Alt （ Option ）鍵一邊進行拖曳，選取範圍就會以
中央為軸進行變形；如果一邊按住 Shift 鍵一邊進行
拖曳，角度或方向就會受到限制，並且以固定的角
度或比例進行變形。另外，一旦一邊按住 Ctrl （ ⌘ ）

鍵一邊進行拖曳，就可以單獨移動任意一點（如
果是邊界中央的錨點，則包含左右頂點在內的三
點）。只要像這樣預先掌握各種按鍵的輸入特徵，
就可以自由地應用這些組合來進行變形。

❧ Variation ❧

只要在邊界方框被顯示的狀態下按下滑鼠右
鍵，就可以從右鍵選單中選擇各種不同的變形
方法❽。這些的多數都可以利用上述的按鍵組
合方式來做出相同的變形。例如，〔傾斜〕的變
形等同於 Ctrl ＋ Alt （ ⌘ ＋ Option ）＋拖曳所操作
出來的。
請試著建立一個簡單的選取範圍，藉由各選單
或按鍵輸入來確認選取範圍如何地被變形。

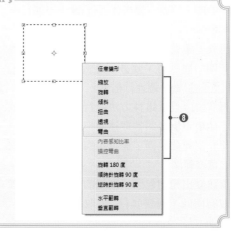

相關　移動選取範圍：P.94　　選取範圍的縮放：P.98　　選取範圍的擴張：P.99

{064} 縮放選取範圍

欲縮小放大選取範圍時，從選單選擇〔選取〕→〔變形選取範圍〕，便會顯示邊界方框。在維持原始的形狀下進行選取範圍的變形。

step 1

在存有選取範圍的狀態下，從選單選擇〔選取〕→〔變形選取範圍〕，顯示邊界方框 ❶。邊界方框的周圍上有8個控點，可各自挪移。

> **Tips**
> 〔變形選取範圍〕如同上述可從選單中選擇，但在大多數的情況下，選擇選取範圍類的工具之後，只要按下滑鼠右鍵，選單便會顯示，即可選擇〔變形選取範圍〕來變形。

step 2

欲擴大選取範圍時，把四角的控點往外側拖曳；欲縮小時，則往內側拖曳 ❷。只要把滑鼠移動到邊界方框的稍微外側，游標的形狀就會變成曲線的箭頭。當游標變成這種形狀時，就可以旋轉選取範圍。

step 3

希望在維持選取範圍長寬比的狀態下進行變形時，則要一邊按住 Shift 鍵一邊進行拖曳 ❸。

另外，希望以中央部分為中心來進行選取範圍的變形時，就得一邊按住 Shift ＋ Alt（ Option ）鍵一邊進行拖曳。

再者，一旦以這種方法進行放大縮小，就不能變更原始的選取範圍形狀，因此無法建立出宛如包圍了像這次複雜的物件周圍之選取範圍。

欲建立出宛如包圍了複雜的物件周圍之選取範圍時，則要執行「選取範圍的擴張」（P.99）。

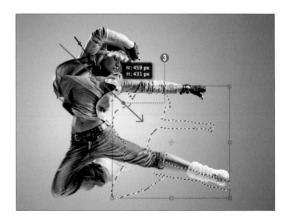

{065} 擴張選取範圍

欲擴張選取範圍時，從選單選擇〔選取〕→〔修改〕→〔擴張〕。一旦進行選取範圍的擴張，即便選取範圍是複雜的形狀，仍然可以建立出大包圍般的選取範圍。

step 1

在此，要擴張沿著蝴蝶輪廓所建立的選取範圍。
在存有選取範圍的狀態下，從選單選擇〔選取〕→〔修改〕→〔擴張〕❶，顯示〔擴張選取範圍〕對話框。

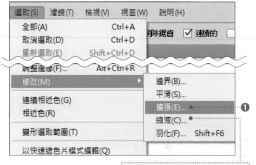

step 2

輸入〔擴張：35〕❷，點擊〔確定〕按鈕。於是，選取範圍就會被擴張❸。

> 欲縮小選取範圍時，選擇〔縮減〕。其他的步驟則和擴張時相同。

Tips
選取範圍和Alpha色版（P.113）具有互通的關係。因此，在Alpha色版上加工，就可以得到類似於加工選取範圍的結果。例如，在Alpha色版上進行選取範圍的羽化或縮放、變形時，就要使用〔高斯模糊〕濾鏡（P.128）或〔任意變形〕功能（P.62）。
另外，在CC以後版本中，可以從〔保留〕下拉選單中選擇〔方型〕或〔圓度〕。一旦選擇〔方型〕，就可以做出和CS6以前版本相同的方形輪廓；一旦選擇〔圓度〕，選取範圍的輪廓就會變得比較圓滑❹。

相關　選取範圍的縮放：P.98　選取範圍的變形：P.96　Alpha色版：P.113

〔066〕 反轉選取範圍

欲反轉選取範圍時，則在建立選取範圍的狀態下，從選單選擇〔選取〕→〔反轉〕。

....

step 1

使用各種工具，在影像上建立選取範圍❶，在存有選取範圍的狀態下，從選單選擇〔選取〕→〔反轉〕❷。於是，選取範圍就會反轉。在這個影像中，橢圓的外側會成為選取範圍❸。

Short Cut 反轉選取範圍
Mac ⌘ + Shift + I
Win Ctrl + Shift + I

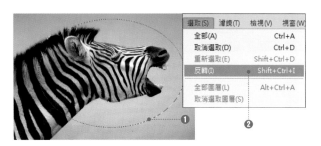

Tips
依Photoshop版本或顯示卡的不同，反轉選取範圍時，有時不會出現應該顯示在外側的選取範圍之邊界❹。遇到這種情形，就要把視窗右下的〔尺寸變更握把〕往右下方拖曳❺，擴大視窗。藉此，就可以顯示出選取範圍之邊界。

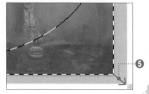

❀**Variation**❀

諸如擴大影像後再反轉選取範圍的場合，有時會有難以區別選取範圍與非選取的部分。
那樣的場合時，一旦切換至快速遮色片模式（P.128），非選取範圍的部分就會顯示成紅色遮色片，因此就能夠清楚辨別。欲把顯示切換成快速遮色片模式時，只要按下Ｑ鍵即可。另外，欲解除快速遮色片模式時，再次按下Ｑ鍵即可。

一般的顯示模式

快速遮色片模式

{067} 取得選取範圍的邊界

一旦從選單選擇〔選取〕→〔修改〕→〔邊界〕，就能夠把選取範圍的邊界當作中心，透過任意的粗細來形成新邊界。

step 1

在存有影像已被建立了選取範圍的狀態下，從選單選擇〔選取〕→〔修改〕→〔邊界〕❶，顯示〔邊界選取範圍〕對話框。

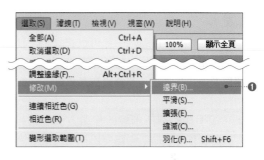

step 2

在〔寬度〕中輸入所需要的邊界粗細❷，點擊〔確定〕按鈕。

step 3

於是，就會把原始選取範圍的外側線條作為中心，往兩側取出邊界❸。此時，選取範圍就形成在兩條邊界之間。

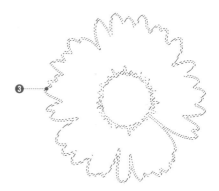

step 4

一旦填滿取得後的邊界內側，影像就會如圖❹。

再者，〔邊界選取範圍〕功能所呈現出的效果，會因原始選取範圍的精準度而有所不同。原始選取範圍的邊界較為粗略或邊界傾斜的部分，也會反映在原始的邊界上，呈現紊亂的狀態。

〔068〕 使鋸齒狀選取範圍形成自然曲線

只要從選單選擇〔選取〕→〔修改〕→〔平滑〕，就可以讓鋸齒狀的選取範圍變得平滑。

 概 要

一旦使用〔套索〕工具，就可以建立平滑且任意形狀的選取範圍。可是，〔套索〕工具很難隨心所欲地運用，有時會有無法順利操作的情況。

在此，說明如右圖所示般的作業方法，先利用〔多邊形套索〕工具建立出概略的選取範圍，再透過〔平滑〕功能建立出平滑、自然形狀的選取範圍。

step 1

在存有選取範圍的狀態下，從選單選擇〔選取〕→〔修改〕→〔平滑〕❶，顯示〔平滑選取範圍〕對話框。

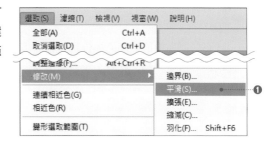

step 2

輸入〔取樣強度：35〕❷，點擊〔確定〕按鈕。藉此，選取範圍的角就會變成圓角❸。

Tips

圓角矩形是網頁物件等經常使用的形狀，所以務必建立圓角矩形的選取範圍之情況不少。

可是，Photoshop當中並沒有直接建立圓角矩形選取範圍的方法。另外，就算使用在此所介紹的〔平滑〕功能，圓角的轉角也不夠平滑，所以無法製作出漂亮的圓角矩形。

欲建立漂亮的圓角矩形時，必須先利用〔圓角矩形〕工具等製作出圓角矩形的路徑，然後再建立選取範圍。

{069} 羽化選取範圍的邊界

欲羽化選取範圍的邊界時，就要在建立選取範圍之後，選擇〔羽化〕指令，或是在建立選取範圍之前，先在選項列的〔羽化〕中輸入羽化的像素數。

step 1

建立選取範圍❶。欲使選取範圍變形時，要先進行變形作業。在此先利用〔矩形選取畫面〕工具建立選取範圍，然後再使選取範圍傾斜。
建立選取範圍之後，從選單選擇〔選取〕→〔修改〕→〔羽化〕❷，顯示〔羽化選取範圍〕對話框。

step 2

設定〔羽化強度：80〕❸，點擊〔確定〕按鈕後，邊界就會模糊❹。

step 3

希望確認選取範圍的羽化程度時，就點擊工具面板下方的〔以快速遮色片模式編輯〕按鈕❺。在快速遮色片模式（P.128）中，未被選取的部分會以紅色遮色片的方式顯示，所以就可以確認選取範圍的羽化程度❻。拷貝被選取的部分，將其貼在白色的文件上，就會變成圖❼的狀態。

> **Tips**
> 欲返回到一般模式的時候，只要再次點擊〔以快速遮色片模式編輯〕按鈕即可。此時，按鈕的狀態就會變成〔以標準模式編輯〕按鈕的狀態（切換按鈕）。

相關 選取範圍的基礎知識：P.88　取得選取範圍的邊界：P.101　快速遮色片模式：P.128

{070} 使用影像的輪廓來建立選取範圍

一旦使用〔磁性套索〕工具 ，就可以半自動選取輪廓鮮明的影像輪廓。在背景單純的情況下，這種功能特別有效。

step 1

〔磁性套索〕工具 是根據影像的色彩或對比，如同磁石般吸附在輪廓上，建立選取範圍的工具。透過拖曳影像具有對比的部分，就可以以半自動的方式建立選取範圍。從工具面板選擇〔磁性套索〕工具 ❶，點擊影像輪廓的某處後拖曳滑鼠❷。於是，邊界便會自動地被判斷，固定的錨點就會像磁鐵那樣被配置在輪廓上。此時，並不需要持續拖曳，不過也可以透過在任意位置上進行點擊，配置「固定錨點」。

step 2

雖然局部上會有輪廓判斷草率、精準度較差的情況❸，然而在使用〔磁性套索〕工具 的過程中無法修改選取範圍，所以就先繼續作業。關於提高選取範圍精準度的方法，則稍後再加以描述。

Tips
因為〔磁性套索〕工具 未必能夠隨心所欲地建立出選取範圍，所以多數的場合都必須進一步修正。

step 3

只要把滑鼠游標重疊在起點、雙擊或在任意的位置上按下 Enter 鍵，就可以封閉邊界，建立選取範圍❹。

step 4

欲變更〔磁性套索〕工具 ⟨ρ⟩的『建立錨點標準』時，就要設定選項列的〔對比〕和〔頻率〕❺。

◎〔對比〕和〔頻率〕

項目	內容
對比	設定當影像有多少濃淡差異時，就將其判斷為邊緣，設定範圍為1～100。一旦設定為高數值，濃淡差異較低的部分就不會視為邊緣而被判斷出來。
頻率	配置固定錨點的頻率，設定範圍為0～100。一旦設定為高數值，就會以更高頻率配置固定錨點。

✧ 鬆散且曖昧的選取範圍

建立鬆散且曖昧的選取範圍時，就採用對比低且頻率較少的設定。

右圖是設定〔對比：10%〕、〔頻率：30〕的情況。〔對比〕設定較低，所以與邊緣吸附的狀態比較鬆散，而且因為〔頻率〕設定較低，邊界的線條會變得曖昧。

✧ 嚴謹且精緻的選取範圍

建立嚴謹且精緻的選取範圍時，就採用對比較高且頻率較多的設定。

右圖是設定〔對比：60%〕、〔頻率：100〕的情況。〔對比〕設定較高，所以吸附邊緣的強度比較強烈，而且因為〔頻率〕設定較高，邊界的錨點會變得較多。

Tips

欲修正在此所建立的選取範圍時，則要利用〔套索〕工具 ⟨ρ⟩等進行選取範圍的增加或刪除。

一旦利用〔磁性套索〕工具 ⟨ρ⟩建立選取範圍，在多數的場合中都會像上述的步驟2那樣，無法順利地掌握到影像的濃淡，進而無法建立符合自己心願的選取範圍。這個時候，暫時不予理會，先以〔磁性套索〕工具 ⟨ρ⟩建立選取範圍，之後再進行選取範圍的修正吧！

選取範圍有遺漏時，就選擇〔套索〕工具 ⟨ρ⟩，一邊按住 Shift 鍵一邊拖曳未選取範圍。於是，未選取範圍就會加入選取範圍中。另一方面，選取範圍超出的時候，就選擇〔套索〕工具 ⟨ρ⟩，一邊按住 Alt （Option）鍵一邊拖曳超出選取範圍的部分。於是，超出的選取範圍就會被刪除。

在此所介紹的刪除或增加選取範圍的方法，即便是其他的選取範圍類，也可以採用同樣的操作，請把這個方法記下來吧！

相關　選取範圍的基礎知識：P.88　選取範圍的增加與刪除：P.93　〔套索〕工具：P.90

{071} 根據影像的色彩和濃度來建立選取範圍

只要使用〔魔術棒〕工具，就可以根據影像所包含的類似色彩和濃度來建立選取範圍。對於色調單純的圖版或簡單的照片來說，這個工具特別有效果。

step 1

從工具面板選擇〔魔術棒〕工具 ❶，設定選項列的〔容許度〕❷。在此保留預設的數值〔32〕。

step 2

選取配置影像的圖層後❸，點擊任意位置❹。

與點擊位置的色彩或濃度類似的部分就會變成選取範圍。

只要試著確認 Alpha 色版（P.113），就可以發現選取範圍被漂亮地建立起來❺。

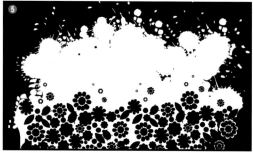

step 3

希望只把與點擊位置相連部分建立成選取範圍時，就要把選項列的〔連續的〕❻勾選起來。藉此，與點擊部分❼相隔的部分，即使有著相同的顏色，也不會被選擇為選取範圍❽。

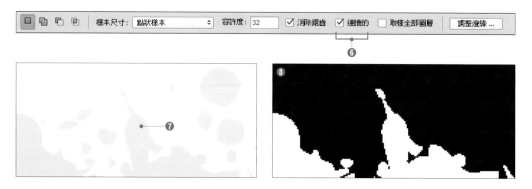

如同下方的照片那樣在由許多漸層所構成的影像裡建立選取範圍時，要勾選選項列的〔消除鋸齒〕**9**，同時也提高〔容許度〕的數值**10**。

在此範例中，勾選了〔消除鋸齒〕項目，同時設定為〔容許度：120〕。

Tips

〔魔術棒〕工具是適用於沒有漸層的插圖影像等。色彩明顯區分的單純影像，可以利用〔魔術棒〕工具輕易地建立選取範圍。

另一方面，〔魔術棒〕工具是根據影像的色彩和濃度來建立選取範圍，因此對於像是照片那樣藉由許多的漸層所構成的影像，稱不上可靈活運用。

相對於此，由於透過〔顏色範圍〕能夠進行細微調整，即便是影像也可以進行高精準度的範圍指定。只要視情況的需求來搭配〔選取範圍的羽化〕，就可以得到更好的結果。

步驟4中使用〔魔術棒〕工具，建立了漂亮的選取範圍，不過當〔魔術棒〕工具的設定或操作有所困難時，請試著使用〔Alpha色版〕（P.120）或〔顏色範圍〕（P.109）的方法吧！

使用〔Alpha色版〕建立的選取範圍

使用〔顏色範圍〕建立的選取範圍

{072} 半自動地建立選取範圍

只要利用〔快速選取〕工具 ☑ 拖曳或點擊影像，就可以建立粗略的選取範圍。因此，當想要在含有複雜形狀的影像裡快速簡單地建立選取範圍時，此工具是相當便利的。

step 1

從工具面板選擇〔快速選取〕工具 ☑ ❶，選擇選項列的〔增加至選取範圍〕按鈕 ❷，並利用右邊的下拉選單設定筆刷尺寸 ❸。

step 2

在影像的上方拖曳後 ❹，就會自動地判斷出畫面內的邊界，同時建立出選取範圍。因為之後還能夠任意地增加或刪除選取範圍，所以並不需要持續拖曳。

step 3

比較細微的部分要把筆刷尺寸縮小，或是用點擊的方式來增加選取範圍。
另外，選取範圍不小心超出輪廓時 ❺，就把筆刷模式變更成〔從選取範圍中減去〕❻，再利用相同的要領來刪除選取範圍。
只要在目標的位置裡建立選取範圍，就大功告成了 ❼。

> **Tips**
> 〔快速選取〕工具 ☑ 是由 Photoshop 自動進行邊界的判斷，所以希望建立極小的選取範圍時，並不適用這種工具。比較適合利用在像是人物臉部那種可以明顯看出色差、或是採用曖昧選取範圍也沒關係的情況（諸如羽化選取範圍的邊界）。雖然〔快速選取〕工具 ☑ 所建立出的選取範圍很曖昧，不過如果是使用在像人物那種邊緣原本就很曖昧的影像，基本上幾乎不會影響到品質。

{073} 選擇特定的顏色範圍

欲針對特定色域建立選取範圍時，使用〔顏色範圍〕。〔顏色範圍〕持有與〔魔術棒〕工具類似的功能，不過它可以即時變更〔容許度〕。

step 1

從選單選擇〔選取〕→〔顏色範圍〕，顯示〔顏色範圍〕對話框。
選擇〔選取：樣本顏色〕❶，點擊希望選擇的顏色❷。於是，就只有指定的顏色會成為選取對象，同時會被顯示在對話框內的預視畫面裡❸。
另外，透過調整〔朦朧〕❹，就可以即時變更選取的顏色幅度。

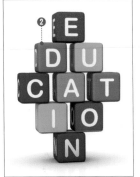

step 2

在多數的情況中，僅靠〔朦朧〕的設定是無法按照所想來指定選取範圍，所以要一邊逐步增加指定的色域一邊擴大選取範圍，建立目標的選取範圍。
選擇〔選取範圍預視：灰階〕❺，利用影像視窗確認所選取的範圍❻。
並且，設定為〔朦朧：1〕❼，選擇〔增加至樣本〕按鈕❽，點擊畫面內部。
藉由多次點擊畫面內部，即可增加選取範圍。
重覆這個作業之後，就可以在最後建立出高精準度的選取範圍❾。

Tips
選取範圍過大時，就先選擇〔從樣本中減去〕❿，然後再進行點擊，就可以減去多餘的選取範圍。

增加、刪除選取範圍之前　　　　增加、刪除選取範圍之後

相關　選取範圍的基礎知識：P.88　選取範圍的增加與刪除：P.93　Alpha色版：P.113　　**109**

074 正確地選取毛茸茸的物件

欲對邊界呈半透明的物件或邊界曖昧的物件建立選取範圍時，則使用〔調整邊緣〕功能。

step 1

使用〔調整邊緣〕功能時，先使用〔快速選取〕
工具✐（P.108），建立出概略的選取範圍。
在此，使用〔快速選取〕工具✐，配合動物的
輪廓，建立出概略的選取範圍❶。此時，先忽
略纖細的毛髮部分。可是，一旦設定過大的選
取範圍，稍後就不容易進行調整，所以請多加
注意！

step 2

從選單選擇〔選取〕→〔調整邊緣〕❷，顯示
〔調整邊緣〕對話框。

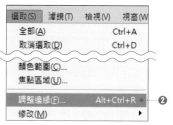

step 3

〔調整邊緣〕對話框一旦顯示後，就會自動呈現
出選取範圍變更的狀態。一邊觀看預視，或是
配合狀況變更〔檢視〕❸，一邊調整設定。在
此，為了讓設定結果更容易確認，變更設定為
〔檢視：黑底(B)〕。
如果是這種有著曖昧輪廓的影像，首先一定要
勾選〔邊緣偵測〕區段的〔智慧型半徑〕❹，調
整〔半徑〕❺。在此，設定為〔半徑：60〕。

> **Tips**
> 光是指定〔半徑〕，仍無法做出適當選取時，就要
> 選擇〔調整半徑工具（E）擴張偵測區域〕❻，拖曳
> 影像的目標部分。於是，就會自動地判斷影像的
> 濃淡，將選取範圍擴大或縮小。

step 4

為了更正確地調整邊緣部分，就要使用〔調移邊緣〕和〔淨化顏色〕。

在此，僅僅只為了縮小選取範圍，隱藏不需要的背景，因此設定為〔調移邊緣：－20〕❼。

另外，為了去除透過白色毛髮周邊的綠色背景❽，所以要勾選〔淨化顏色〕，並設定為〔總量：100〕❾。

〔輸出至〕的設定要依狀況進行變更，不清楚如何設定時，就選擇〔新增使用圖層遮色片的圖層〕❿。全部的設定都完成之後，就點擊〔確定〕按鈕，確定設定⓫。

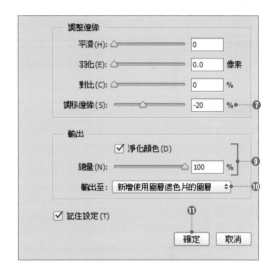

Tips

〔調整邊緣〕功能的最大魅力之一，就是〔淨化顏色〕，不過〔淨化顏色〕由於是操作影像的像素本身，無法僅建立選取範圍。因此，使用這個功能時，〔輸出至〕選項無法選擇〔選取範圍〕和〔圖層遮色片〕。不清楚該不該使用這個功能時，請先試著變更〔輸出至〕，比較看看。

Tips

在去除不要顏色的方法裡，除了此處所介紹到的方法之外，還有從選單選擇〔圖層〕→〔修邊〕→〔顏色淨化〕的方法（P.206）。可是，這個功能僅能使用於具有圖層遮色片的影像。

另外，還可以選擇〔移除黑色邊緣調合〕、〔移除白色邊緣調合〕和〔修飾外緣〕。

◎〔調整邊緣〕對話框的設定項目

項目	內容
檢視	有7種畫面的顯示方式可選擇。各種顯示方式都有相對應的快速鍵。另外，透過⊠鍵可切換成編輯前的顯示。按下下鍵之後，則依序進行切換。
調整半徑工具（E）擴張偵測區域	即使設定〔智慧型半徑〕有效仍無法選取的區域或是超出範圍的區域，都可利用此工具進行修改。僅有拖曳的部分再次判斷邊緣，進行選取範圍的修改。
智慧型半徑	一旦勾選後，在透過〔半徑〕滑桿修改邊緣時，就可以更詳細地修改自動檢出的影像邊緣平滑度或邊緣半徑。在軟硬邊緣混合時，此功能特別有效。
半徑	設定選取範圍的邊緣被修改的區域。數值一旦太大，就連不需要的部分都會遭到修正，所以通常要從較小的數值開始設定。
平滑	邊緣雜亂的時候，使邊緣變平滑。
羽化	使選取範圍的邊緣和周邊羽化。
對比	選取範圍的邊緣太模糊時使用。可是，使用〔智慧型半徑〕時，就不能使用這個項目。
調移邊緣	擴大或縮小編輯前所建立的選取範圍。
淨化顏色	勾選此項目後，裁切影像並輸出時，就會把殘留在影像邊緣、受背景色影響的多餘色彩去除。去除的色彩量要利用核取方塊正下方的〔總量〕滑桿調整適當量。

step 5

此次採用的設定是〔輸出至：新增使用圖層遮色片的圖層〕，所以作業結束後，就會建立出附有遮色片的新圖層⑫。

從結果中得知，漂亮地建立出選取範圍，也包含了毛髮部分。

再者，如果透過此處所介紹的方法仍然無法漂亮地選取，請合併使用下列的技巧。

• 使用Alpha色版的方法（P.120）
• 建立半透明選取範圍的方法（P.124）

⑫

✦ Variation ✦

如果像這次一樣把毛茸茸影像的裁切影像配置在其他影像上，有時會因合成後的背景色而有邊緣裁切不完全的情況⑬。

遇到那種情形，就要從輸出的圖層遮色片載入選取範圍，從修正前的影像再次透過〔調整邊緣〕來修正選取範圍⑭。

裁切後的邊緣部分偏暗或偏亮時，只要對〔調整邊緣〕區段的〔調移邊緣〕指定為負值，就可以進行修正。

⑬

⑭

相關 〔快速選取〕工具：P.108　半透明選取範圍的建立：P.124　選取範圍的儲存：P.116

{075} 所謂的 Alpha 色版

所謂的Alpha色版是指用來保存、管理針對影像的「非色彩資訊數據」之輔助性領域。在Photoshop中使用於進行選取範圍的建立、加工或保存等時。

概要

只要使用Alpha色版，就可以建立出像是僅透過選取範圍類工具無法建立出的複雜選取範圍。Photoshop的選取範圍不光只有「選取狀態」和「未選取狀態」兩個階段，而是以256階段進行處理（P.88），而在Alpha色版中，就可以把256階段當成灰階影像來進行處理。白色的部分會成為選取範圍，黑色部分就會成為非選取範圍。另外，50%灰色的部分則是選取50%的狀態。所以，只要確認Alpha色版，就可以更正確地確認選取範圍的狀態，此外，利用Photoshop的各功能（例如〔筆刷〕工具▨或〔濾鏡〕等），可以建立或加工選取範圍。

因此，一旦使用色版，就可以輕易地建立持有濃淡的複雜性選取範圍。

step 1

為了局部地加工原始影像❶，建立選取範圍A❷。之後，為了把選取範圍A進行複雜的加工，根據選取範圍A來建立Alpha色版A❸。藉此，選取範圍A變成影像，所以就可以像一般影像那樣用筆刷塗抹或是變更濃度。

❶原始影像

step 2

透過〔筆刷〕工具▨等將灰階影像的Alpha色版A進行加工，建立Alpha色版B❹。
Alpha色版的黑色部分會被遮罩，不會形成選取範圍，白色部分則會形成選取範圍。

❷選取範圍A

❸Alpha色版A

step 3

把Alpha色版B轉換成選取範圍B❺。在一連串的作業下，選取範圍B會變成擁有0～100%透明度的選取範圍，所以就算是進行相同的調整，局部被套用的效果程度仍會有差異。

❹Alpha色版B

❺選取範圍B

相關　Alpha色版的基本操作：P.114　選取範圍的儲存：P.116　選取範圍的載入：P.117

〈076〉 Alpha色版的基本操作

要更加靈活運用Photoshop，就必須具備Alpha色版的知識。在此，說明Alpha色版最基本的操作方法。

概要

Alpha色版相關的各操作要在〔色版〕面板上進行。

在一般影像中，當色彩模式為RGB時，色彩資訊是以〔紅色〕、〔綠色〕、〔藍色〕的三種色版進行管理❶（CMYK則有四種色版）。一旦把選取範圍當作Alpha色版來新增，影像中就會增加一個色版。

把選取範圍載入 Alpha 色版

把選取範圍載入Alpha色版時，要先建立選取範圍❷，接著點擊〔色版〕面板下方的〔儲存選取範圍為色版〕按鈕❸。於是，選取範圍當作灰階影像被儲存在Alpha色版❹。

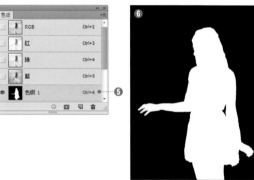

利用 Alpha 色版編輯選取範圍

儲存成Alpha色版的選取範圍會變成灰階影像，所以可以利用〔筆刷〕工具或〔濾鏡〕等工具進行編輯。在此，解說使用〔筆刷〕工具進行編輯的方法。

首先，在〔色版〕面板上選取作為編輯對象的Alpha色版❺。於是，影像顯示就會切換成灰階影像❻。此時，存有選取範圍時，解除選取範圍。

接著，從工具面板選擇〔筆刷〕工具❼，把前景色設定為白色❽，並拖曳「希望新增選取範圍的場所」❾。用白色填滿的部分會被新增為選取範圍。此時，如果用黑色填滿，填滿黑色的部位就會被選取範圍排除在外。另外，如果用灰色填滿，就會變成濃度相對應的選取範圍。

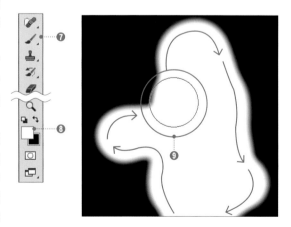

載入Alpha色版為選取範圍

欲載入編輯後的Alpha色版為選取範圍時，要先在〔色版〕面板中選取目標的Alpha色版❿，點擊面板下方的〔載入色版為選取範圍〕按鈕⓫。於是，Alpha色版的灰階影像就被載入成選取範圍⓬。

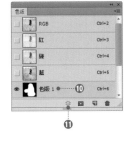

儲存選取範圍

誠如上述，選取範圍可以儲存在Alpha色版上。使用這個功能的話，一個影像中可以建立數個選取範圍。在右圖中儲存了形狀相異的四個選取範圍⓭。根據影像編輯的內容，使用各種形狀的選取範圍，而像這樣事先儲存起來的話，就可以節省在各作業中製作選取範圍的時間，相當便利。

在Photoshop中，每個影像最多可儲存56個色版(也包含各個顏色的色版)。

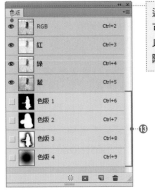

透過點擊〔指示色版可見度〕按鈕，就可以切換色版的顯示或隱藏。

增加、刪除Alpha色版

並非把選取範圍載入Alpha色版，欲新增色版時，只要點擊面板下方的〔建立新色版〕按鈕即可⓮。

另外，欲刪除不需要的Alpha色版時，先選取目標的Alpha色版，點擊〔刪除目前色版〕按鈕即可⓯。

變更Alpha色版的顏色

一旦顯示所有的色版，在預設下Alpha色版會以半透明的紅色來顯示。欲變更Alpha色版的顏色時，就從〔色版〕面板的面板選單選擇〔色版選項〕，顯示〔色版選項〕對話框，並且把〔顏色〕指定成其他的顏色即可⓰。

相關　選取範圍的基礎知識：P.88　所謂的Alpha色版：P.113　選取範圍的儲存：P.116

077 把選取範圍儲存在Alpha色版

選取範圍會以灰階影像儲存在Alpha色版。藉由當作影像來儲存，就可以將選取範圍和影像一樣地進行加工，或是把多個選取範圍儲存在單一影像上。

step 1

欲儲存選取範圍時，就要在畫面上存有選取範圍的狀態下，從選單選擇〔選取〕→〔儲存選取範圍〕❶，顯示〔儲存選取範圍〕對話框。

step 2

在〔文件〕下拉選單中選擇當前的檔案名稱（在此為〔077-01.psd〕），並且在〔色版〕下拉選單中選擇〔新增〕❷。在此設定為〔名稱：選取範圍01〕，但基本上視其情況來賦予名稱。

另外，在〔操作〕區段中選擇〔新增色版〕❸。設定完成後，點擊〔確定〕按鈕。

藉此，選取範圍便會以〔選取範圍01〕儲存在Alpha色版中。

step 3

一旦檢視〔色版〕面板，就能夠確認選取範圍以〔選取範圍01〕的名稱被儲存在Alpha色版當中❹。

再者，如果只是把選取範圍儲存在新增的Alpha色版中，也可以從〔色版〕面板下方的〔儲存選取範圍為色版〕按鈕來執行❺。一旦點擊按鈕後，選取範圍就會以〔Alpha色版1〕的名稱來儲存。

step 4

只要一邊按住 Alt（ Option ）鍵一邊點擊〔儲存選取範圍為色版〕按鈕，就會顯示〔新增色版〕對話框。

一旦使用這個方法，就可以設定Alpha色版的名稱、顏色指示和顏色等項目❻。

{078} 載入儲存的選取範圍

欲載入以Alpha色版儲存的選取範圍時，就要使用〔載入選取範圍〕指令。另外，也有藉由按鍵輸入組合來簡單載入選取範圍的方法。

step 1

在〔色版〕面板中確認存有被儲存於Alpha色版的選取範圍。此次要把〔選取範圍01〕當作選取範圍載入❶。從選單選擇〔選取〕→〔載入選取範圍〕❷，顯示〔載入選取範圍〕對話框。

step 2

在〔文件〕下拉選單中選擇當前的檔案名稱（在此為〔062-01.psd〕），並且在〔色版〕下拉選單中選擇載入的Alpha色版（在此為〔選取範圍01〕）❸。

另外，檔案名稱或色版名稱每次都會改變，所以請多加注意！

確認內容後，點擊〔確定〕按鈕。

step 3

Alpha色版當作選取範圍被載入了❹。

Tips

還有幾個方法可載入被儲存在Alpha色版的選取範圍。

最有效率的載入方法是一邊按住 Ctrl（ ⌘ ）鍵一邊點擊〔色版〕面板的Alpha色版之縮圖❺。

另外，在〔色版〕面板中選取目標的Alpha色版，點擊面板下方的〔載入色版為選取範圍〕按鈕❻，也可以載入選取範圍。

相關　所謂的Alpha色版：P.113　　Alpha色版的基本操作：P.114　　選取範圍的儲存：P.116

{079} 指定載入方法後，載入選取範圍

欲指定載入方法來載入選取範圍時，就要一邊按住 Ctrl（⌘）、Alt（Option）、Shift 鍵一邊點擊選取範圍所儲存的Alpha色版。

概要

選取範圍的載入方法有下列四種。

- 〔新增選取範圍〕
- 〔增加至選取範圍〕
- 〔從選取範圍中減去〕
- 〔與選取範圍相交〕

在此，將使用存有沿著人物的輪廓所建立的選取範圍之右側影像來說明各載入方法的差異。

〔新的選取範圍〕

從Alpha色版載入選取範圍時，要一邊按住 Ctrl（⌘）鍵一邊點擊〔色版〕面板內含有選取範圍的Alpha色版縮圖❶。

於是，被儲存中的選取範圍就會被載入❷。

〔增加至選取範圍〕

把儲存在Alpha色版上的選取範圍新增至畫面上的選取範圍時，一邊按住 Ctrl（⌘）＋ Shift 鍵一邊點擊〔色版〕面板內的縮圖❸。

在此，為了容易分辨，使用灰階影像來表示❹。在原始影像上的正方形選取範圍裡新增了人物形狀的選取範圍。

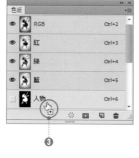

⊰〔從選取範圍中減去〕

右邊的選取範圍是從選單選擇〔選取〕→
〔調整邊緣〕，進行羽化和擴張的結果❺。
欲從此選取範圍刪除人物的部分時，要一
邊按住 Ctrl ＋ Alt （ ⌘ ＋ Option ）鍵一邊點擊
〔色版〕面板內的縮圖❻。
只要透過這種方法對部分被刪除的選取範
圍進行填色，就能夠增添出如圖❼般的效
果。

⊰〔與選取範圍相交〕

只希望針對人物的一部分進行色彩
調整時，只要使用〔與選取範圍相
交〕，就可以輕易地選取目標部分。
例如，利用〔多邊形套索〕工具
等建立概略的選取範圍❽，一邊按
住 Ctrl ＋ Alt ＋ Shift （ ⌘ ＋ Option ＋
Shift ）鍵一邊點擊〔色版〕面板內的
縮圖❾。於是，就只有儲存在 Alpha
色版的選取範圍和新建立的選取範
圍之重疊部分會成為選取範圍。
在此狀態下，調整選取部分的色
調，就可以如右圖般輕易地變更影
像的部分色彩❿。

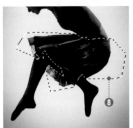

相關 所謂的Alpha色版：P.113　選取範圍的儲存：P.116　讀入儲存的選取範圍：P.117　羽化邊界：P.103

080　使用 Alpha 色版來建立選取範圍

一旦使用Alpha色版，對於利用選取範圍類的工具難以建立或色差複雜的影像，就可以輕易地建立出選取範圍。

step 1

使用Alpha色版建立選取範圍時，要先在各色版拷貝出具有濃度差異的影像，然後強調拷貝後的影像濃淡差異，建立選取範圍。

依序點擊〔色版〕面板的〔紅〕、〔綠〕、〔藍〕的圖示❶，找出背景和人物的濃淡差異較大的影像（P.126）。這次使用濃淡差異最大的〔藍〕色版❷。

〔RGB〕

〔紅〕

〔綠〕

〔藍〕

step 2

把〔藍〕色版拖曳到〔建立新色版〕按鈕❸，進行色版的拷貝。

拷貝之後，就會建立名為〔藍 拷貝〕的Alpha色版，並且呈現選取狀態。

step 3

在現況下，即使把Alpha色版變更成選取範圍，也會形成曖昧不明的選取範圍，不具任何意義，因此變更一下〔藍 拷貝〕的對比。

從選單選擇〔影像〕→〔調整〕→〔曲線〕❹，顯示〔曲線〕對話框。

step 4

在此，首先藉由強調影像的濃淡差異，變更影像，使得頭髮和背景的輪廓更加明顯❺。另外，由於明亮的部分會形成選取範圍，因此視其情況，請在事後進行選取範圍的反轉（P.100）。

另外，沒辦法一次建立影像整體的選取範圍時，請把各部分加以分割，陸續進行作業。

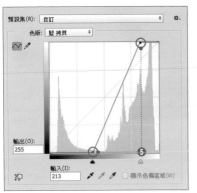

修正前

修正後

step 5

在現況下，會殘有部分無法形成選取範圍的地方❻，因此要利用選取範圍類的工具或〔筆刷〕工具✐等進行修正。

> **Tips**
>
> 把Alpha色版轉換成選取範圍時，在預設中，明亮的部分會形成選取範圍，而在本項目中，因為最後要把載入的對象反轉，所以此刻陰暗部分（黑色部分）會形成選取範圍。也就是說，在右圖中明亮部分不包含在選取範圍中，所以要利用之後的步驟，用黑色填滿希望包含在選取範圍的部分。

step 6

首先，在選取〔色版〕面板的〔藍 拷貝〕色版下，點擊〔RGB〕的眼睛圖示❼，同時顯示出影像和Alpha色版。

藉由這種方式，就可以一邊檢視Alpha色版和RGB影像一邊進行Alpha色版的加工。

121

對希望包含在選取範圍的部分（右圖的手臂部分）建立選取範圍**8**，從選單選擇〔編輯〕→〔填滿〕，顯示〔填滿〕對話框。

選擇〔使用：黑色〕**9**，點擊〔確定〕按鈕。藉此，手臂部分就會填滿黑色，最後就可以包含在選取範圍內。同樣地，如果有希望變明亮的部分（希望排除在選取範圍以外的部分）時，就用白色填滿。

> **Tips**
> 在Alpha色版中，如果用白色填滿，影像就會變成透明；如果用黑色填滿，影像就會變成半透明的紅色（預設的情況：P.334）。

另外，局部填滿影像時，就不要使用〔填滿〕，而要使用〔筆刷〕工具 等進行影像的加工。如此，就可以分為數次進行選取範圍的建立和影像的填滿。

利用〔筆刷〕工具 填滿白色時，則從工具面板選擇〔筆刷〕工具 **10**，把前景色設定為〔白色〕**11**。另外，視其情況必要，設定不透明度**12**。

各項目設定完成後，就在影像上拖曳，塗成白色**13**。再者，筆刷尺寸請配合影像的大小等進行適當的調整。

藉由反覆執行這個步驟的作業，就可以製作出用來裁切人物的Alpha色版。

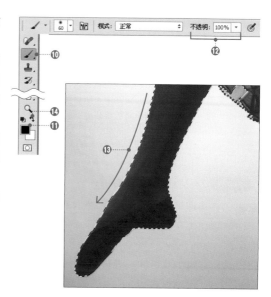

> **Tips**
> 在此，把Alpha色版塗成白色，所以在預設的狀態下沒有關係；相反地，如果是塗成黑色時，請點擊〔切換背景色和前景色〕按鈕**14**，把色彩加以反轉。

step 10

如右圖般把希望包含在選取範圍內的部分用黑色填滿，並把希望排除在外的部分用白色塗滿，即大功告成了**⑮**。

⑮

step 11

把Alpha色版載入成選取範圍。

從選單選擇〔選取〕→〔載入選取範圍〕，顯示〔載入選取範圍〕對話框。

在〔文件〕下拉選單指定目前的檔案；在〔色版〕下拉選單指定加工後的Alpha色版**⑯**。

另外，在此背景呈現白色，所以選取範圍不是人物，而是背景部分。因此，要勾選〔反轉〕項目**⑰**，使人物部分呈現被選取。

點擊〔確定〕按鈕後，Alpha色版就會被載入成為選取範圍。

step 12

目前的狀態是顯示Alpha色版，所以要點擊〔色版〕面板的〔RGB〕**⑱**，恢復成一般的顯示。

Tips

雖然此項目並不容易，然而使用有充分時間便能夠建立某種程度漂亮的選取範圍的影像來進行步驟的解說。但是實際上，即便看似簡單，卻存在著許多那種無法單靠Alpha色版來製作出選取範圍的影像，那是因為混合了各種不同濃度的色彩。

在那種情形下，最便利的方法是建立數個Alpha色版來進行局部加工，並在最後進行合成。

例如，因影像的上方和下方的濃淡差異過大而難以透過單一Alpha色版來進行整體的加工時，只要在拷貝兩個原始Alpha色版後，分別加工影像的上方和下方，並在加工後利用〔矩形選取畫面〕工具等把Alpha色版複製貼上至各個領域，再合成為一個Alpha色版，即完成選取範圍的建立。

只要使用這個方法，就算是擁有各種濃度的複雜影像，仍舊可以建立正確的選取範圍。

{081} 建立半透明的選取範圍

一旦建立出半透明的選取範圍，就可以漂亮地裁切或加工出宛如動物毛髮或蒲公英那種毛茸茸的被攝體。這是Photoshop學習上所必備的技巧之一。

step 1

先拷貝〔紅〕色版、〔綠〕色版、〔藍〕色版之中最具有濃度差異的影像，接著再利用曲線加工Alpha色版，建立出半透明的選取範圍。

點擊〔色版〕面板的〔紅〕、〔綠〕或〔藍〕的圖示❶，把影像的顯示切換成〔紅〕色版、〔綠〕色版或〔藍〕色版，從中找出背景和花朵輪廓的濃度差異最大的影像（P.126）。

在右圖中，〔紅〕色版的濃度差異為最大，所以使用這個色版❷。

〔紅〕色版

〔綠〕色版

〔藍〕色版

step 2

把〔紅〕色版拖曳至〔建立新色版〕按鈕❸，進行色版的拷貝。如此，色版中就會增加名為〔紅 拷貝〕的Alpha色版，並且呈現選取狀態❹。

step 3

在現況下，把Alpha色版變更成選取範圍時邊緣會變得曖昧，因此先利用曲線加工Alpha色版。

從選單選擇〔影像〕→〔調整〕→〔曲線〕❺，顯示〔曲線〕對話框。

step 4

在此，置入調整點在〔輸入：180／輸出：255〕和〔輸入：66／輸出：0〕的兩點上 ⑥。藉此，完成了成為選取範圍基礎的 Alpha 色版。

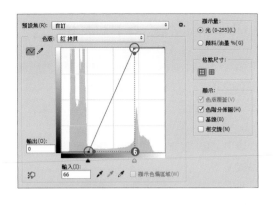

step 5

一旦試著仔細確認影像，就會發現在希望做成選取範圍的部分中有非白色的部分（不會成為選取範圍的部分）。

因此，從工具面板選擇〔筆刷〕工具 ⑦，設定為〔前景色：白色〕⑧，並且填滿希望做成選取範圍的部分 ⑨。在 Alpha 色版中，用白色填滿的部位會成為選取範圍。

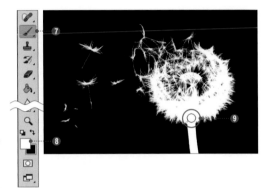

step 6

把 Alpha 色版載入成選取範圍。

一邊按住 Ctrl （⌘）鍵一邊點擊〔紅 拷貝〕色版 ⑩。藉此，選取範圍便會被載入。

點擊〔RGB〕色版後 ⑪，返回到一般顯示，選取配置了蒲公英的圖層。

step 7

只要使用建立後的選取範圍，利用圖層遮色片（P.154）隱藏不需要的部分，就可以如右圖般僅顯示出蒲公英的影像。

> **Tips**
> 仔細觀察在此所完成的範例之後，可以看出蒲公英的毛茸茸部分倒映出藍色的天空色彩。欲修正這個部分時，就要在存有圖層遮色片的狀態下，從選單選擇〔圖層〕→〔修邊〕→〔顏色淨化〕，去除不需要的顏色（P.206）。

相關　所謂的Alpha色版：P.113　曲線的使用方法：P.178　〔調整邊緣〕功能：P.110　各色版的色彩資訊：P.126　　**125**

{082} 確認各色版的色彩資訊及Alpha色版的資訊

藉由在〔色版〕面板中切換各色版的顯示或隱藏，可以確認各色版的色彩資訊。色彩資訊會依照各顏色的濃淡，以灰階影像進行顯示。

 step 1

從選單選擇〔視窗〕→〔色版〕❶，顯示〔色版〕面板。

顯示在〔色版〕面板的最上方縮圖是合成各色版的「合成色版」❷，顯示在其下方則是對應色彩模式的各色版❸。

色版數量會因開啟中的影像之色彩模式而有所不同。影像的色彩模式是RGB時，〔色版〕面板上會顯示〔紅〕、〔綠〕、〔藍〕三個色版（CMYK時則是四個色版）。

 step 2

一旦在〔色版〕面板中點擊各色版的縮圖，各色版就會以灰階形式顯示。

例如，如果僅顯示〔紅〕色版，影像就會依各像素所設定的R值之濃淡，以灰階形式顯示。也就是說，〔R：255〕所設定的像素會以白色顯示；〔R：0〕所設定的像素就會以黑色顯示。此時，影像不會受其他色版的濃度影響。在右圖中，左上是顯示〔合成色版〕的色彩資訊，右上、左下、右下則分別是顯示〔紅〕、〔綠〕、〔藍〕的色彩資訊。

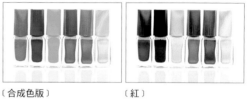

〔合成色版〕　〔紅〕

〔綠〕　〔藍〕

Tips

存有Alpha色版（P.113）時，則會顯示在〔色版〕面板的最下方❹。

如果只顯示一個Alpha色版，就會以灰階顯示儲存中的選取範圍狀態。另外，一旦把所有色版設為顯示設定，Alpha色版就會以半透明的紅色來顯示❺（預設的情況）。

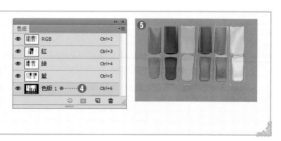

step 3

希望以各不相同的顏色來顯示各色版時，就從
選單選擇〔偏好設定〕（Mac：Photoshop）→
〔介面〕，顯示〔偏好設定〕對話框，並勾選〔選
項〕區段中的〔用彩色顯示色版〕。於是，各色
版會以各自的顏色來顯示❻。

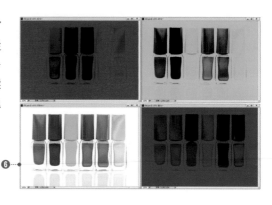

❻

❖ **Variation** ❖

各色版的濃度可以分別地進行編輯、調整。Photoshop 備有幾個調整各色版濃度的方法，
而最常使用的是〔曲線〕和〔色階〕。

❖〔曲線〕

欲使用〔曲線〕時，從選單選擇〔影像〕→
〔調整〕→〔曲線〕。只要在顯示的〔曲線〕對
話框的〔色版〕下拉選單中選擇任意的色版
❼，就可以進行色版的個別調整。

另外，關於〔曲線〕的詳細說明，請參考
P.178。

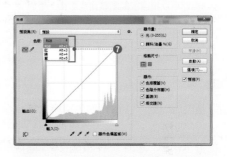

❼

❖〔色階〕

欲使用〔色階〕時，從選單選擇〔影像〕→
〔調整〕→〔色階〕。只要在顯示的〔色階〕對
話框的〔色版〕下拉選單中選擇任意的色版
❽，就可以進行色版的個別調整。

另外，關於〔色階〕的詳細說明，請參考
P.244。

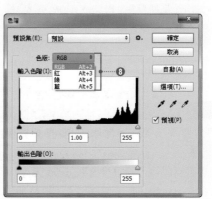

❽

相關　所謂的Alpha色版：P.113　Alpha色版的基本操作：P.114　選取範圍的儲存：P.116

{083} 一邊確認選取範圍的邊緣一邊加工

在存有選取範圍的狀態下，一旦把標準模式切換成〔快速遮色片模式〕，未選取範圍就會覆蓋上半透明的紅色。只要操作這個遮色片影像，就可以一邊確認選取範圍一邊進行加工。

step 1

在影像裡建立選取範圍後，一旦按下工具面板下方的〔以快速遮色片模式編輯〕按鈕❶，畫面顯示就會切換成快速遮色片模式。
在快速遮色片模式中，可以把選取範圍視為影像來處理。未含在選取範圍的部分會以紅色的遮色片顯示❷。

> **Tips**
> 快速遮色片的功能和「Alpha色版」相當類似。雖然兩種功能都可以把選取範圍轉換成影像，不過使用的情況有別（參考P.130下方的Tips）。

step 2

羽化選取範圍的時候，在快速遮色片模式下，必須羽化遮色片影像，而非羽化邊界（P.103）。因此，從選單選擇〔濾鏡〕→〔模糊〕→〔高斯模糊〕，顯示〔高斯模糊〕對話框。在〔強度〕輸入任意數值❸，然後點擊〔確定〕按鈕。

step 3

欲返回到標準模式時，點擊〔以標準模式編輯〕按鈕❹。
返回到標準模式後，遮色片會消失不見，選取範圍會再次出現❺。在這個狀態下，雖然無法確認選取範圍邊界的羽化，不過藉由返回到快速遮色片模式，就可以確認邊界的羽化狀況。

084　加工快速遮色片來編輯選取範圍

一旦使用快速遮色片，就可以把選取範圍當成灰階影像來進行製作或編輯，能夠製作出僅利用選取範圍類工具難以實現的複雜選取範圍。

 概要

一旦把右圖進行色調調整並使其暗化，車子的後方會變得過暗❶，而汽車附近的天空卻呈現暗度不足❷。

遇到這種情況時，只要切換至〔以快速遮色片編輯〕，就可以輕易地編輯選取範圍。

step 1

建立使影像周邊模糊的選取範圍後（P.103），點擊工具面板最下方的〔以快速遮色片編輯〕按鈕❸。於是，就如同右圖般沒有選取的部分會以半透明的紅色來顯示。

 step 2

從工具面板選擇〔筆刷〕工具 ❹，設定為〔前景色：黑色〕❺。

在選項列中開啟筆刷揀選器❻，設定為〔筆刷形狀：柔邊圓形〕、〔尺寸：260px〕、〔不透明度：50%〕。

在希望從選取範圍中排除的部分進行拖曳，描繪的部分會變成紅色，並且被排除在選取範圍以外❼。

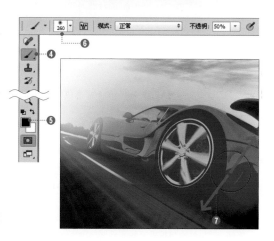

> **Tips**
> 就像此次那樣，利用筆刷編輯模糊的快速遮色片時，筆刷要從筆刷揀選器中選擇〔柔邊圓形〕。

step 3 ....

把天空部分追加到選取範圍。

設定為〔前景色：白色〕❽，在選項列中設定
為〔不透明度：50％〕❾。

與之前相同，使用較大的筆刷，拖曳希望新增
到選取範圍的部分❿。於是，筆刷描繪部分的
紅色就會消失，變成選取範圍。

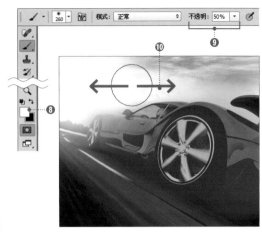

> **Tips**
> 在快速遮色片模式中，就和一般的影像編輯一
> 樣，可以設定〔筆刷〕工具的不透明度。

step 4 ....

最後，點擊〔以標準模式編輯〕按鈕⓫，把快速遮色片回復成選取範圍。

一旦對此影像進行色調調整，該效果就會被套用在編輯後的選取範圍⓬。

和選取範圍編輯前的影像⓭相比，就可以看出車子上方的天空變得更加清晰。

加工後

加工前

> **Tips**
>
> Photoshop當中也備有功能和快速遮色片類似的
> 「Alpha色版」功能（P.113）。兩種功能都可以把選取
> 範圍當成灰階影像處理，所以都可以使用〔筆刷〕工
> 具、〔筆型〕工具或是〔濾鏡〕功能來建立或編
> 輯選取範圍。
>
> 雖然快速遮色片和Alpha色版的功能相當類似，但
> 是兩者仍有差異。這兩種功能的最大差異在於「快
> 速遮色片即使不儲存選取範圍也可以利用」。Alpha
> 色版必須先儲存選取範圍；而快速遮色片只要按下
> 按鈕，就可以暫時把選取範圍當成灰階影像來處理，
>
> 而且還可以馬上返回。
>
> 因此，不需要儲存選取範圍時，或僅單純想要確認
> 建立後的選取範圍狀態時，就可以使用「快速遮色
> 片」；如果需要儲存選取範圍時，建議使用「Alpha
> 色版」，其效果會比較好。
>
> 另外，功能與快速遮色片、Alpha色版類似，還
> 有被稱為「圖層遮色片」（P.154）的功能。在學習
> Photoshop時，必須充分了解這幾種功能的特色和
> 差異，才能夠更加靈活的運用。

第 3 章

圖層

{085} 建立新圖層

一旦建立圖層來作業，即可在不破壞原始的影像下進行作業。欲建立新圖層時，要從選單選擇〔圖層〕→〔新增〕→〔圖層〕。

step 1

右邊的影像中只有〔背景〕圖層❶。
欲建立新圖層在這個影像時，就要從選單選擇〔圖層〕→〔新增〕→〔圖層〕❷，顯示〔新增圖層〕對話框。

> **Tips**
> 選擇〔圖層〕→〔新增〕→〔圖層〕，建立新圖層後，透明的圖層就會被建立出來。因為是透明的圖層，所以就算在上方重疊上其他圖層，外觀上仍不會有任何改變。

step 2

在〔新增圖層〕對話框中，可以設定圖層名稱、顏色、模式或不透明等❸。任何設定項目事後都可以變更。各項目設定完成後，點擊〔確定〕按鈕。

◎〔新增圖層〕對話框的設定項目

項目	內容
名稱	指定建立的圖層名稱。
使用上一個圖層建立剪裁遮色片	剪裁遮色片是把配置在下方的圖層製成遮色片的功能。大部分在建立調整圖層（P.175）的時候，希望只把這個效果套用在下方影像時，都要把這個功能設為有效。
顏色	增加顏色標籤在顯示圖層面板的圖層顯示狀態之眼睛圖示周圍。
模式／不透明	設定圖層的混合模式（P.148）或不透明度（P.153）。
用中間調填滿	中間調（沒有顯示的顏色）的存在會因混合模式而有不同。只要勾選此項目，圖層就會填滿對應各混合模式的中間調（P.148）。

step 3

點擊〔確定〕按鈕後，就會建立出新圖層。檢視〔圖層〕面板，就可以清楚知道，新增的圖層縮圖以藍色顯示❹。這代表圖層呈現『選取』狀態。操作圖層時，一定要選取目標的圖層。
另外，點擊〔圖層〕面板的〔建立新圖層〕按鈕，也可以建立圖層❺。

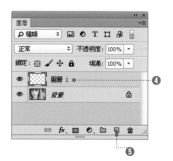

 相關 變更圖層的順序：P.133　刪除圖層：P.135　選取多個圖層：P.137

{086} 變更圖層的順序

只要把〔圖層〕面板內的縮圖拖曳放置在其他圖層之間，就可以變更圖層的階層順序。

step 1

欲變更圖層順序時，就在〔圖層〕面板中點擊任意圖層的縮圖，直接拖曳到移動目標❶。
當圖層和圖層之間出現黑色線條時❷，就在該處放開滑鼠。於是，圖層的順序就會改變。
另外，只要一邊按住 Alt （ Option ）鍵一邊進行拖曳，圖層就會被拷貝。

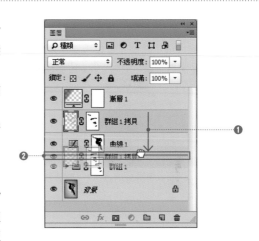

step 2

即使從〔圖層〕→〔排列順序〕之中選擇〔移至最前〕、〔前移〕、〔後移〕、〔移至最後〕、〔反轉〕，也可以變更圖層的順序❸。
選取多個圖層後，只要選擇〔反轉〕，選取中的圖層之順序全部會更替。

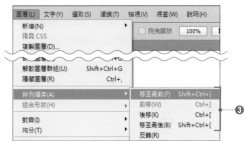

Short Cut 移至最前	Short Cut 前移	Short Cut 後移	Short Cut 移至最後
Mac ⌘＋ Shift ＋]	Mac ⌘＋]	Mac ⌘＋ [	Mac ⌘＋ Shift ＋ [
Win Ctrl ＋ Shift ＋]	Win Ctrl ＋]	Win Ctrl ＋ [	Win Ctrl ＋ Shift ＋ [

Tips

〔背景〕圖層是特殊圖層。通常，〔背景〕圖層會出現鎖頭符號❹，所以無法變更圖層的順序。
希望移動背景圖層的時候，就要雙擊圖層縮圖，顯示〔新增圖層〕對話框，並且在不做任何變更的情況下，直接點擊〔確定〕按鈕❺。於是，背景圖層就會轉換成一般圖層。另一方面，欲把一般圖層設定為〔背景〕圖層時，就要從選單選擇〔圖層〕→〔新增〕→〔圖層背景〕。

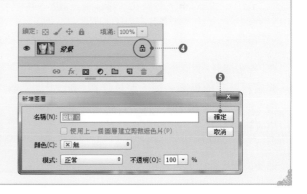

相關 建立新圖層：P.132　圖層的複製：P.134　圖層的刪除：P.135

133

{087} 複製圖層

圖層可以簡單的複製。對影像進行不可逆加工時，建議在加工前先複製圖層，預先做好備份。

---

step 1

欲複製圖層時，在〔圖層〕面板中選取要複製的圖層❶，從選單選擇〔圖層〕→〔複製圖層〕❷，顯示〔複製圖層〕對話框。

Tips
雖然沒有複製圖層的快速鍵，不過在沒有選取範圍的狀態中，則可以使用 Ctrl（⌘）＋ J 鍵來代替圖層的複製。

---

step 2

輸入〔新名稱〕❸，確認〔文件〕裡所指定的開啟中影像檔案❹，點擊〔確定〕按鈕。
藉此，圖層就會被複製❺。

Tips
藉由把圖層拖曳到〔圖層〕面板右下的〔建立新圖層〕按鈕，也可以複製圖層❻。
另外，此時如果一邊按住 Alt（ Option ）鍵一邊進行拖曳，也可以進行名稱設定。

✦ Variation ✦

在〔複製圖層〕對話框的〔文件〕裡，一旦非選擇既存的檔案名稱，而是選擇〔新增〕並指定〔名稱〕❼，就可以把圖層輸出成新增影像。
另外，和複製一般的圖層相同，也可以把多個圖層輸出成新影像。

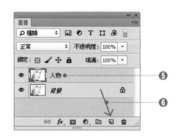

 相關　建立新圖層：P.132　圖層的刪除：P.135　局部性地複製圖層：P.147

{088} 刪除不要的圖層

不需要的圖層一旦置之不理，圖層的結構就會變得難以理解，並且會使作業效率下降。另外，檔案大小也會變大，所以如果有不需要的圖層，就進行適當的刪除吧！

step 1

欲刪除圖層時，就在〔圖層〕面板中選取希望刪除的圖層❶，從〔圖層〕面板右上的面板選單選擇〔刪除圖層〕❷。

step 2

確認是否刪除的對話框顯示後，就點擊〔是〕❸。藉此，選取的圖層就會被刪除❹。

再者，只要勾選位於刪除確認對話框左下的〔不再顯示〕❺，從下次起就不會再顯示對話框。

> **Tips**
> 刪除圖層時，藉由一邊按下 Alt（ Option ）鍵一邊執行指令，就可以隱藏顯示的對話框。

> **Tips**
> 除了上述之外，還有幾種刪除圖層的方法。
>
> 1. 在〔圖層〕面板中對欲刪除的圖層按下滑鼠右鍵，從顯示的右鍵選單中選擇〔刪除圖層〕。
> 2. 選取刪除目標的圖層後，點擊〔圖層〕面板右下方的〔刪除圖層〕按鈕❻。
> 3. 把圖層拖曳到〔刪除圖層〕按鈕上。
> 4. 在沒有選取範圍的狀態下，選取欲刪除的圖層後，按下 Delete 鍵。
>
> 一般來說，點擊〔刪除圖層〕按鈕的方法是最簡單且最常使用的方法。
> 另外，藉由選取多個圖層，也可以同時刪除多個圖層。

相關 建立新圖層：P.132 圖層的複製：P.134 選取多個圖層：P.137

{089} 直接點擊影像來選取圖層

儘管在一個畫面上存有多個圖層的時候，只要選擇〔移動〕工具，一邊按下 Ctrl（⌘）鍵一邊點擊，就可以選取多個目標圖層。

step 1

從工具面板選擇〔移動〕工具 ❶，一邊按住 Ctrl（⌘）鍵一邊在畫面上點擊 ❷。選取多個圖層的時候，就一邊按住 Ctrl（⌘）＋ Shift 鍵一邊持續點擊。

step 2

點擊位置的物件所配置的圖層會自動地被選取，形成選取狀態 ❸。欲解除選取圖層的選取時，就跟之前一樣，一邊按住 Ctrl（⌘）＋ Shift 鍵一邊在畫面上點擊。

step 3

只要勾選〔移動〕工具 選項列的〔自動選取〕❹，就可以單靠點擊方式選取圖層。不需要按下 Ctrl（⌘）鍵。

這個設定乍看之下似乎可以讓操作變得更輕鬆，但有時反而會讓自己意外選取到不想選取的圖層。因此，習慣使用鍵盤操作的人，就取消勾選〔自動選取〕吧！

Tips

〔自動選取〕中有〔群組〕和〔圖層〕兩種選項 ❺。以這個設定，利用〔移動〕工具 選擇圖層時，可以選擇要單獨選取圖層，或是選取所選圖層的群組。

Tips

本單元中所介紹的方法必須先切換成〔移動〕工具，所以從〔圖層〕面板直接選取圖層的方法（P.137）或許會比較輕鬆。

不過，在此所介紹的方法不需要從〔圖層〕面板尋找目標的圖層，可以一邊檢視影像一邊直接選取圖層，若是習慣了 Photoshop 的操作，這個方法在作業上會比較有效率。因此，盡可能使用這裡所介紹的方法吧！

另外，如果使用快速鍵來切換〔移動〕工具，就只要按下 V 鍵就可以了（必須先把輸入法切換成英數模式）。如果工具的切換也能夠盡可能使用快速鍵來，就能夠讓作業更有效率。

090　一次選取多個圖層

欲一次選取多個圖層時，就要一邊按住[Ctrl]([⌘])鍵一邊選取圖層。一旦選取多個圖層，就可以一次進行複製或刪除。

step 1

只要一邊按住[Ctrl]([⌘])鍵一邊點擊〔圖層〕面板的未選取圖層，就可以一次選取多個圖層❶。另外，只要一邊按住[Shift]鍵一邊點擊圖層，就可以一次選取位在原本已選取圖層和點擊圖層之間的所有圖層❷。

Tips

欲在Photoshop中編輯影像時，必須事先選取配置有編輯目標影像的圖層。選取多個圖層的時候，可以同時移動多個圖層，或是使圖層變形。可是，濾鏡或色調調整功能等只能套用在一個圖層上。

step 2

一旦點擊〔圖層〕面板下方什麼也都沒顯示的位置❸，就可以解除所有選取狀態的圖層。

〔圖層〕面板的下方沒有空白部分的時候，藉由拖曳面板下方，就可以擴大〔圖層〕面板。

❈ Variation ❈

在此所介紹的使用〔圖層〕面板來選取圖層的方法，是必須在〔圖層〕面板內尋找目標的圖層。圖層數量較多、不容易尋找目標圖層，或是希望快速選取圖層的時候，使用〔移動〕工具 的方法會比較便利。從工具面板選擇〔移動〕工具 ，一邊按住[Ctrl]([⌘])鍵一邊點擊影像內希望選取的位置❹。於是，含點擊物件在內的圖層，就會呈現選取狀態❺（P.136）。

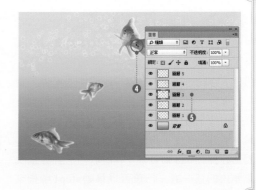

相關　直接點擊影像來選取圖層：P.136　建立新圖層：P.132　圖層的刪除：P.135

{091} 移動圖層

欲移動圖層時，使用〔移動〕工具 ⊕ 。在分別開啟的影像之間移動圖層時，也要利用相同要領進行操作。

step 1

在〔圖層〕面板中選取希望移動的圖層縮圖❶。在此要選取配置在前面的樹木輪廓圖層，然後進行移動。

> **Tips**
> 欲選取圖層時，在〔圖層〕面板中點擊目標圖層的縮圖，或是切換成〔移動〕工具 ⊕ ，一邊按住 Ctrl（⌘）鍵一邊點擊影像內含有目標物件的部分（P.136）。

step 2

從工具面板選擇〔移動〕工具 ⊕❷，取消勾選選項列中的〔自動選取〕和〔顯示變形控制項〕選項❸。

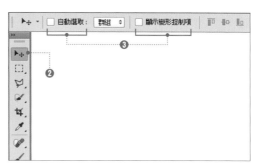

◎〔移動〕工具的選項

項目	內容
自動選取	勾選此項目後，就可以自動選取畫面上點擊位置的圖層。可是，習慣Photoshop的操作之後，反而會覺得這個功能不怎麼好用。
顯示變形控制項	勾選此項目後，就會像從選單選擇〔編輯〕→〔任意變形〕（P.62）時那樣，在移動目標上會顯示邊界方框，變得很容易辨別選取的圖層。另外，只要拖曳四個角落或四邊的控點，也可以使物件變形。

step 3

只要在影像上拖曳❹，就可以移動選取的圖層。

另外，移動的時候，只要一邊按住 Shift 鍵一邊進行拖曳，就可以在維持水平或垂直的情況下移動物件。另外，只要一邊按住 Alt（ Option ）鍵一邊進行拖曳，物件就會被複製。

因為在此把〔自動選取〕選項取消，就算拖曳影像內的任一處，仍舊可以移動step1所指定的圖層。

{092} 將圖層上下左右翻轉

欲僅讓特定的圖層左右翻轉時，使用〔水平翻轉〕指令。或是欲讓圖層上下翻轉時，則使用〔垂直翻轉〕指令。

 概　要

右邊影像中的人物、背景或裝飾圖像等，都是由個別的圖層所形成的。在此僅將人物相關的圖層左右翻轉。

step 1

選取翻轉的圖層❶。像此次這樣一次操作多個圖層的時候，則要一邊按住 Ctrl（⌘）鍵一邊依序點擊圖層，使圖層呈現選取狀態。

step 2

從選單選擇〔編輯〕→〔變形〕→〔水平翻轉〕❷。於是，選取的圖層就會左右翻轉❸。
同樣地，如果從選單選擇〔編輯〕→〔變形〕→〔垂直翻轉〕，選取的圖層就會上下翻轉。

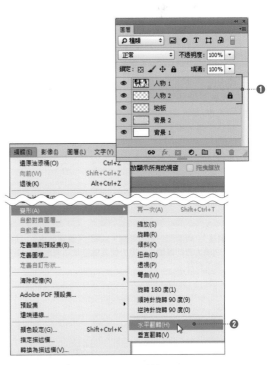

Tips
一旦把設定有圖層遮色片（P.154）的圖層像這次那樣水平翻轉或是變形，通常會連同遮色片一起變形。
希望僅讓影像單獨變形的時候，請先點擊表示圖層和圖層遮色片相互連結的鎖頭圖示，在解除連結後進行變形（P.158）。

第3章　圖層

相關　圖層的變形：P.62　圖層遮色片：P.154　選取多個圖層：P.137

〔093〕 對齊不同圖層上的影像

欲讓不同圖層上的影像對齊時，就從〔圖層〕→〔對齊〕來選擇對齊方法。另外，欲讓圖層均分時，則從〔圖層〕→〔均分〕來選擇均分方法。

 step 1

下圖的金魚全都配置在不同的圖層。要讓這些金魚對齊，就要在〔圖層〕面板上選取所有欲對齊的圖層❶，再從〔圖層〕→〔對齊〕來選擇對齊方法❷。

〔頂端邊緣〕：與階層的順序無關，以配置在畫面最上方的圖層為基準，使其他的所有圖層對齊。

〔垂直居中〕：以各圖層的中心為基準，使所有圖層對齊。

〔底部邊緣〕：與階層的順序無關，以配置在畫面最下方的圖層為基準，使其他的所有圖層對齊。

〔左側邊緣〕：以畫面上最左邊位置的圖層為基準，使其他的所有圖層對齊。

〔水平居中〕：以各圖層的中心為基準，使所有圖層對齊。

〔右側邊緣〕：以畫面上最右邊位置的圖層為基準，使其他的所有圖層對齊。

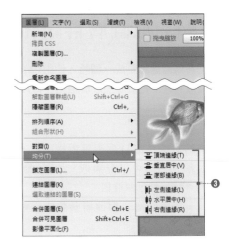

step 2 ・・・・・・・・・・・・・・・・・・・・・・・・

欲讓配置在各個圖層上的金魚圖層均分時，要跟對齊時同樣地先在〔圖層〕面板中選取希望使均分的圖層，再從〔圖層〕→〔均分〕來選擇均分方法**❸**。

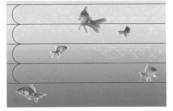

〔頂端邊緣〕：讓圖層朝上下方向移動，使各圖層的上緣呈現均等距離。

〔垂直居中〕：讓圖層朝上下方向移動，使各圖層的中心呈現均等距離。

〔底部邊緣〕：讓圖層朝上下方向移動，使各圖層的下緣呈現均等距離。

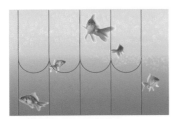

〔左側邊緣〕：讓圖層朝左右方向移動，使各圖層的左側呈現均等距離。

〔水平居中〕：讓圖層朝左右方向移動，使各圖層的中央呈現均等距離。

〔右側邊緣〕：讓圖層朝左右方向移動，使各圖層的右側呈現均等距離。

Tips

選取〔移動〕工具後，選項列會出現對齊方法和均分方法的按鈕**❹**。在選取多個圖層後，再點擊這些按鈕，同樣也可以進行對齊或均分。

另外，只要點擊〔自動對齊圖層〕按鈕**❺**，就會顯示〔自動對齊圖層〕對話框，因此就可以透過對話框中的〔透視〕或〔拼貼〕等各種不同的方法，使圖層自動對齊。

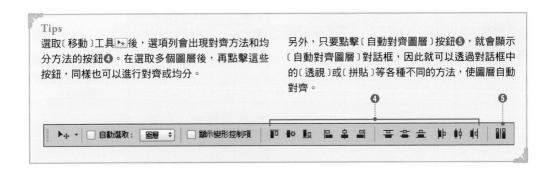

相關 選取多個圖層：P.137　移動圖層：P.138　把圖層群組化：P.142　　　　　　　　**141**

094 把圖層群組化

欲把多個圖層彙整成一個時，使用〔群組圖層〕。圖層是相當便利的功能，不過數量一旦過多，就會難以管理。把圖層加以群組化，有效進行管理吧！

概要

右邊的影像是由11個圖層所構成的，但如果依照類別，則可以分類成「人物」❶、「花」❷、「背景」❸三個群組。

在此，將說明把11個圖層彙整成三個群組的方法。

> **Tips**
> 除了在此所介紹的「圖層群組」之外，「合併圖層」（P.143）也是彙整圖層的方法。

step 1

一邊按住 Ctrl（⌘）鍵一邊依序點擊欲彙整至群組的圖層❹，從選單選擇〔圖層〕→〔群組圖層〕❺。藉此，選取的多個圖層就會彙整在一起。

Short Cut 群組圖層
Mac ⌘＋G　Win Ctrl＋G

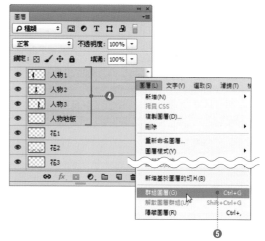

step 2

一旦把圖層群組化，目標圖層就會被收納在「群組資料夾」中。

只要點擊群組資料夾縮圖中的▼圖示❻，就可以確認資料夾中群組化的圖層❼。

群組資料夾有時又稱為「圖層群組」。

{095} 彙整多個圖層

大量使用各種不同的圖層時，如果直接把複雜的圖層結構交給他人或是進行列印，並不恰當。事前還是先進行圖層的彙整吧！

step 1

欲彙整多個圖層時，就從〔圖層〕面板的選項選單中選擇〔合併群組〕、〔合併可見圖層〕或是〔影像平面化〕❶。

❖〔合併群組〕

選取圖層群組或是多個圖層後，只要選擇〔合併群組〕，就可以在維持影像外觀的情況下，合併「選取中的圖層」，使多個圖層成為一個圖層。
選取的圖層含有圖層樣式（P.159）時，圖層樣式會以影像形式被轉換成圖層並且合併。

❖〔合併可見圖層〕

一旦選擇〔合併可見圖層〕❷，不管圖層的狀態為何，所有「可見圖層」都會被合併成為一個圖層。
另外，可見圖層中含有〔背景〕圖層時，可見圖層的所有內容都會和最底層的〔背景〕圖層合併，所以和隱藏圖層之間的重疊順序就會產生變化。
此外，有時影像的外觀也會因圖層結構而有所改變，必須多加注意！

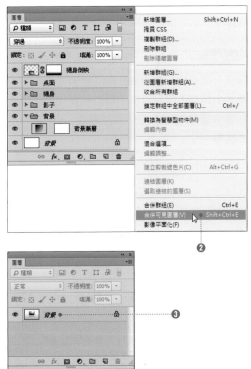

❖〔影像平面化〕

一旦選擇〔影像平面化〕，「所有圖層」就會合併成為〔背景〕圖層❸。
此時，影像中包含隱藏圖層的時候，就會顯示出是否放棄圖層的詢問對話框。點擊〔確定〕後，可見圖層就會合併，而隱藏圖層就會被放棄，所以合併後的影像外觀不會有任何改變。

{096} 把選取的多個圖層彙整成一個

欲把選取的多個圖層彙整成一個時，就從選單選擇〔圖層〕→〔合併圖層〕。編輯作業結束後，適當地彙整圖層，整理一下吧！

step 1

在此要把由11個圖層所構成的右邊圖層群，彙整成「人物」、「花」、「背景」三個群組。
首先，一邊按住 Ctrl（⌘）鍵一邊點擊欲彙整的圖層❶。在此把人物的四個圖層彙整成一個。

step 2

從選單選擇〔圖層〕→〔合併圖層〕❷。於是，選取的多個圖層就會被合併在一起❸。
〔花〕、〔背景〕也要以相同的方法合併。

step 3

圖層合併之後，該圖層名稱就會變成最上方的圖層名稱❹。因為這樣子難以理解，所以最後從選單選擇〔圖層〕→〔圖層屬性〕，變更圖層名稱❺。

> **Tips**
> 在此解說的「合併圖層」和〔合併群組〕（P.143）、〔群組圖層〕（P.142）相當類似。最大的差異是，〔群組圖層〕可以輕易變更圖層的顯示狀態，不過〔合併圖層〕和〔合併群組〕卻無法恢復至原始狀態。因此，先試試「群組圖層」吧！

{097} 群組化圖層的解除與合併

要把圖層群組解除的時候，選擇〔解散圖層群組〕。另外，要把群組合併的時候，則選擇〔合併群組〕。

step 1

欲解散圖層群組時，就點擊〔圖層〕面板的圖層群組，選取群組資料夾❶，從選單選擇〔圖層〕→〔解散圖層群組〕❷。

於是，群組就會被解除，各圖層便會顯示在〔圖層〕面板上❸。

step 2

欲合併含在圖層群組的圖層並使其成為獨立的單一圖層時，就要在選取圖層群組之後，從〔圖層〕面板的選項選單中選擇〔合併群組〕❹。

於是，群組資料夾就會變成與群組資料夾相同名稱的一般圖層❺。

一旦合併群組，諸如多個圖層影響到下層圖層的時候，影像的外觀會因圖層結構而改變，請多加注意！

Short Cut 解散圖層群組
Mac ⌘ + Shift + G　Win Ctrl + Shift + G

Short Cut 合併群組
Mac ⌘ + E　Win Ctrl + E

相關　〔影像平面化〕：P.143　〔合併可見圖層〕：P.143　圖層的群組化：P.142

第3章 圖層

〔098〕 把圖層儲存成個別檔案

一旦使用〔將圖層轉存成檔案〕功能，就可以自動地把各圖層轉存成個別的檔案。

step 1

把欲轉存成檔案的圖層設定為顯示❶（不需要選取）。

另外，轉存所有圖層的時候，不需要理會圖層的顯示狀態。

step 2

從選單選擇〔檔案〕→〔指令碼〕→〔將圖層轉存成檔案〕❷，顯示〔將圖層轉存成檔案〕對話框。

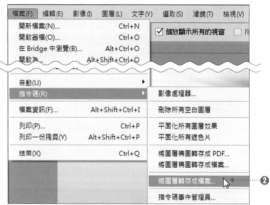

step 3

點擊〔瀏覽〕按鈕，指定目的地❸，並指定輸出檔案名稱的字首❹。在此所指定的字首會自動地被附加在檔案名稱的開頭。

轉存部分圖層的時候，就勾選〔僅限可見圖層〕❺。

在〔檔案類型〕區段中指定轉存的檔案格式❻。如果選擇PSD格式，就會繼承所有Photoshop的設定，所以沒有特別理由時，就選擇PSD格式。

另外，沒有特殊理由的時候，也同樣地要勾選〔包含ICC描述檔〕和〔最大化相容性〕❼。一旦取消勾選〔包含ICC描述檔〕，可能會產生與原始檔案不同的色彩（P.336）。

點擊〔執行〕按鈕後，圖層就會轉存成檔案。

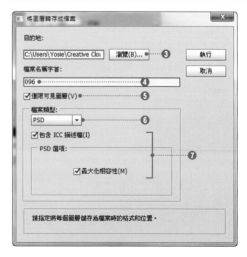

> **Tips**
> 如果〔檔案類型〕選擇JPEG那種不支援透明的格式，透明部分就會被轉換成白色。為了在正常狀態下輸出，若沒有什麼特殊理由，建議用PSD格式或TIFF格式進行輸出。

{099} 局部性地複製圖層

僅複製一部分而非圖層全體時，就要執行〔拷貝的圖層〕指令，或是〔剪下的圖層〕指令。

✤〔拷貝的圖層〕

一旦使用〔拷貝的圖層〕指令，就可以從原始影像中製作出僅複製選取範圍內容的圖層。運用原始圖層進行加工時，可以使用這項功能。在背景部分的牆壁和地板（地毯部分除外）製作選取範圍，從選單選擇〔圖層〕→〔新增〕→〔拷貝的圖層〕。

只要單獨顯示圖層，就可以知道選取範圍已經被複製下來了❶。另外，原始圖層就直接保留原有的狀態❷。

❶拷貝的圖層

❷原始圖層

> **Short Cut** 拷貝的圖層
> Mac ⌘＋J　Win Ctrl＋J

✤〔剪下的圖層〕

一旦使用〔剪下的圖層〕，就能夠建立出以選取範圍為基準的圖層，從原始影像裁切出選取範圍。

對背景部分的牆壁和地板（地毯部分除外）建立選取範圍，從選單選擇〔圖層〕→〔新增〕→〔剪下的圖層〕。

一旦單獨顯示圖層，就可以得知選取範圍從原始圖層中被複製下來❸。另外，也可發現選取範圍所指定的部分已經從原始圖層中被裁切下來❹。

另外，一旦對〔背景〕圖層執行這個指令，原始影像的裁切部分就會自動填滿工具面板最下方的〔背景色〕。

❸剪下的圖層

❹原始圖層

> 執行〔剪下的圖層〕指令後，選取範圍所指定的部位就會從原始影像上被裁切下來。

> **Short Cut** 剪下的圖層
> Mac ⌘＋Shift＋J　Win Ctrl＋Shift＋J

第3章 圖層

相關　圖層的複製：P.134　建立新圖層：P.132　圖層的刪除：P.135　圖層的移動：P.138

{100} 變更混合模式

善用圖層的混合模式，就可以在影像上添加各種合成或效果。欲變更混合模式時，就要點擊〔設定圖層的混合模式〕下拉選單。

所謂的混合模式是指定當有多個圖層重疊時該採用何種方式來合成與顯示上下的圖層。Photoshop 當中備有多種混合模式。

欲變更混合模式時，要先選取變更的圖層❶，再從〔圖層〕面板上方的下拉選單中選擇任意的混合模式❷。圖層的混合模式除了一部分之外，可依混合模式的「中間調」之不同，分類成六個類別❸。

所謂混合模式的中間調，指的是在「結果色彩」中以透明進行顯示的「混合色彩」。例如，〔色彩增值〕模式是把白色視為中間調，比白色更暗的顏色則會全部顯示出來。

在此，介紹較具代表性的五種混合模式的使用範例。

> **Tips**
> 變更混合模式的上方圖層的色彩稱為「混合色彩」；下方圖層的色彩稱為「基本色彩」；顯示合成結果的色彩稱為「結果色彩」。

〔色彩增值〕模式

〔色彩增值〕模式是在基本色彩上套用混合色彩並使其變暗的演算模式。一旦設定為〔色彩增值〕模式，就會有宛如重疊上底片般的感覺，呈現出陰暗色彩。因為白色被設定為中間調，所以就算用白色套用色彩增值，仍不會有任何變化。

運用這個特性，把加上調整的影像（右上圖）重疊在一般影像（左上圖）上面，再把加上調整的影像之混合模式設定為〔色彩增值〕，就可以添加柔焦效果在陰影部分（下圖）。

一般影像

加上調整的影像

合成後的影像〔色彩增值〕

❀〔濾色〕模式

〔濾色〕模式是讓混合色彩和基本色彩相混並進行明亮化的演算。具有和色彩增值完全相反的效果。

設為〔濾色〕模式後，就像是重疊負片來沖印的樣子。中間調是黑色，因此陰暗圖層那樣的影響變少了。運用這個特性，把加上調整的影像（右上圖）重疊在一般影像（左上圖）上，再把加上調整的影像之混合模式設定為〔濾色〕，就可以在添加柔焦效果在影像整體（下圖）。

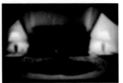

一般影像　　　　　　　　　加上調整的影像

合成後的影像〔濾色〕

> **Tips**
> 〔色彩增值〕和〔濾色〕不同，混合色彩和基本色彩相乘後，不是讓影像變陰暗，就是讓影像變明亮。具有完全相反的效果。

❀〔實光〕模式

在〔實光〕模式中，儘管只是把完全相同的影像重疊在一起，就可以如右圖般產生高飽和度、高對比的效果。

如果只是組合相同影像的話，即便是使用〔曲線〕，也可以得到相同的效果，不過，藉由混合模式的變更，則可以更輕易地套用效果。另外，〔實光〕模式的中間調是灰色，因此張貼以灰色為基準的紋理時，也可以利用這種模式。

合成後的影像〔實光〕

❀〔差異化〕模式

〔差異化〕模式是根據各色版的色彩資訊，從基本色彩中去除掉混合色彩，或是從混合色彩中去除掉基本色彩。會從明亮值較大的色彩中去除明亮值較小的色彩。

因此，在重疊如右圖般的兩個影像的時候，一旦選擇〔差異化〕模式，就只有具有差異的部分會顯示出來，所以就會像右圖那樣，可以只把影像的一部分抽取出來。

在此是把配置在前面的火焰影像的混合模式設定為〔差異化〕之後，再進行合成。

合成後的影像〔差異化〕

❖〔顏色〕模式

〔顏色〕模式是結合了混合色彩的色相和飽和度，以及基本色彩的明度。

因此，如同右圖般把填滿純色的影像（左下圖）重疊在灰階影像（左上圖）上面，再把混合模式設定為〔顏色〕，就可以輕易地把單色影像加工成彩色影像（P.234）。

> **Tips**
> 在〔顏色〕模式中只有色彩資訊會反映在結果上，所以進行潤飾時，可以輕易地補償局部色彩。

合成後的影像〔顏色〕

---

step 2 ···

在此使用下面兩個影像（「上方圖層」和「下方圖層」），說明各混合模式的表現差異。除了前述的五種混合模式之外，還要介紹一下所有的混合模式。

上方圖層

下方圖層

（**正常**）：預設值。上方圖層沒有穿透，直接重疊。

（**溶解**）：依照影像像素的不透明度，溶解消除鋸齒部分。

（**變暗**）：把基本色彩或是混合色彩的任一較暗者當成結果色彩來顯示。

（**色彩增值**）：把混合色彩套在基本色彩上。以底片相互重合般的感覺構成陰暗色彩，即使利用白色進行套用，也沒有變化。

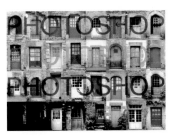

〔加深顏色〕：根據各色彩的資訊，使基本色彩變暗，使基本色彩和混合色彩的對比增強，反映出混合色彩。

〔線性加深〕：根據各色彩的資訊，使基本色彩變暗，降低亮度，反映出混合色彩。

〔顏色變暗〕：比較混合色彩和基本色彩的所有色版值的總和，顯示數值低者的色彩。

〔變亮〕：把基本色彩或是混合色彩的任一較明亮者當作結果色彩來顯示。

〔濾色〕：把混合色彩和基本色彩的反轉色彩相乘。形成宛如幻燈片相互投影般的明亮色彩。混合色彩為黑色的時候，則沒有變化。

〔加亮顏色〕：為了使基本色彩變得明亮，降低對比來顯示。混合色彩為明亮無色彩的時候，基本色彩的陰暗部分會變得更明亮。

〔線性加亮（增加）〕：結果和加亮顏色類似，不過和加亮顏色不同的是混合色彩為明亮無色，而且基本色彩的高飽和度部分也會變得明亮。

〔顏色變亮〕：比較混合色彩和基本色彩的所有色版值的總和，顯示出數值高者的色彩。

〔覆蓋〕：根據基本色彩，把色彩相乘或濾色。基本色彩和混合色彩混合之後，反映出基本色彩的明亮度或陰暗度。

〔柔光〕：混合色彩比 50% 灰色更暗時，宛如加深色彩般變得更暗；混合色彩比 50% 灰色更明亮時，就宛如加亮顏色般變得更明亮。

〔實光〕：混合色彩比 50% 灰色更暗時，宛如色彩增值般變得更暗；混合色彩比 50% 灰色更明亮時，就宛如濾色般變得更明亮。

〔強烈光源〕：混合色彩比 50% 灰色更暗時，提高對比，使色彩變暗；混合色彩比 50% 灰色更明亮時，就降低對比，使色彩變得更明亮。

〔**線性光源**〕：混合色彩比50%灰色更暗時，降低亮度，使色彩變暗；混合色彩比50%灰色更明亮時，就增加明亮度，使色彩變得更明亮。

〔**小光源**〕：混合色彩比50%灰色更暗時，置換成比混合色彩更明亮的像素；混合色彩比50%灰色更明亮時，則置換成比混合色彩更陰暗的像素。

〔**實色疊印混合**〕：RGB總和達255以上的色版，採用值255；總計未滿255的色版，則採用0值。就結果來說，所有像素的RGB不是0，便是255。

〔**差異化**〕：從基本色彩中去除混合色彩，或是從混合色彩中去除基本色彩。從亮度值較大者的色彩去除較小者的色彩。

〔**排除**〕：效果與差異化類似，不過效果的對比會變得更低。

〔**減去**〕：從基本色彩的各色彩減去混合色彩的各色彩值。減去後的結果若呈現0以下，就設定為0。

〔**分割**〕：在大多數的情況中反轉了混合色彩的調和，並將白色視為中間調。在大多數的情況中影像的結果都會變得明亮。

〔**色相**〕：結合了混合色彩的色相，以及基本色的明度和飽和度。

〔**飽和度**〕：結合了混合色彩的飽和度，以及基本色彩的明度和色相。

〔**顏色**〕：結合了混合色彩的色相和飽和度，以及基本色彩的明度（與明度相反的效果）。

〔**明度**〕：結合了混合色彩的明度，以及基本色彩的色相和飽和度（與顏色相反的效果）。

152 相關 圖層的不透明度：P.153　合成的基本：P.232

{101} 變更圖層的不透明度

調整圖層的〔不透明度〕和〔填滿〕、圖層群組的〔不透明度〕來變更圖層的不透明度。

概要

右邊的影像是透過從包含背景影像和心形圖樣的多個圖層組成的圖層群組所構成的。在此，藉由降低心形圖樣的不透明度，說明使背景影像穿透的方法。

step 1

選取欲變更不透明度的圖層❶，利用〔不透明度〕滑桿變更數值❷。於是，圖層的不透明度就會下降，可以看出背景的照片穿透❸。
可以對各圖層調整不透明度。選取任意圖層，個別調整不透明度，製作出想要的影像吧！

step 2

一旦變更圖層群組的不透明度❹，各圖層的不透明度則會是圖層的不透明度和圖層群組的不透明度相乘所得的結果。例如，圖層的不透明度和圖層群組的不透明度都是 50% 時，影像本身的不透明度就會變成 25%。
調整圖層群組的不透明度會有下列兩個優點。

- 可以一次調整多個圖層
- 可以在維持各圖層的不透明度之均衡下調整整體的不透明度

> **Tips**
> 未使用圖層樣式的時候，就算使用〔不透明度〕滑桿下方的〔填滿〕滑桿，仍可得到相同的結果❺（P.163）。
>
>

相關　圖層樣式：P.159　圖層的群組化：P.142　變更圖層的〔填滿〕：P.163

{102} 利用圖層遮色片還原局部影像

只要建立圖層遮色片並利用〔筆刷〕工具✏描繪出黑色，就可以在不破壞濾鏡效果的狀態下，局部性地返回到原始的狀態。

 概要

在此要使用下列兩個圖層影像。右邊的圖層影像套用了濾鏡效果。

未加工的圖層

已加工完成的圖層

step 1

選取已加工的圖層❶，點擊〔圖層〕面板下方的〔增加圖層遮色片〕按鈕❷，增加圖層遮色片❸。

圖層遮色片增加後，圖層遮色片會自動呈現選取的狀態（圖層遮色片的縮圖周邊會顯示出外框）。

一旦檢視〔色版〕面板，便可發現〔已加工 遮色片〕呈現選取狀態❹。

step 2

從工具面板選擇〔筆刷〕工具✏❺，設定為〔前景色：黑色〕❻。

只要使用模糊的筆刷，利用黑色塗抹希望返回到原始狀態的部分，就局部看得見位在下層的未加工圖層❼。另外，如果塗抹〔前景色：白色〕，該部分就會變成不透明。也就是說，用黑色塗抹，便會變成透明；用50%灰色塗抹，則會變成50%的不透明；用白色塗抹，則會變成不透明。可以像這樣多次地進行調整。

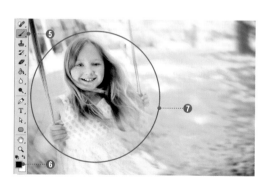

{103} 圖層遮色片的套用、刪除與無效化

圖層遮色片的套用或刪除是在〔圖層〕面板中執行。另外，藉由執行〔關閉圖層遮色片〕指令，也可以暫時使圖層遮色片無效。

✧ 套用圖層遮色片

欲套用〔圖層遮色片〕於圖層時，要選取含有〔圖層遮色片〕的圖層❶，再從選單選擇〔圖層〕→〔圖層遮色片〕→〔套用〕❷。

套用〔圖層遮色片〕後，影像也不會有任何變化，不過〔圖層遮色片〕消失了，就會返回成一般圖層。

> **Tips**
> 除了上述之外，在〔圖層〕面板上的〔圖層遮色片縮圖〕按下滑鼠右鍵，從顯示的右鍵選單中選擇〔套用圖層遮色片〕❸，也可以套用圖層遮色片。
>
>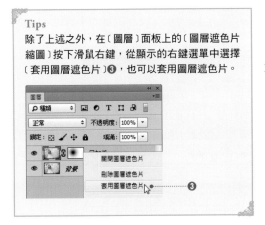

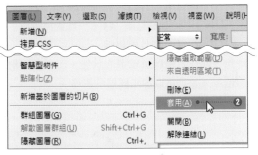

✧ 刪除圖層遮色片

欲刪除〔圖層遮色片〕時，就先選取含有〔圖層遮色片〕的圖層❹，再從選單選擇〔圖層〕→〔圖層遮色片〕→〔刪除〕❺。於是，〔圖層遮色片〕就會消失，變成一般的圖層，返回成使用〔圖層遮色片〕之前的狀態。

> **Tips**
> 除了上述之外，在〔圖層〕面板上的〔圖層遮色片縮圖〕點擊滑鼠右鍵，從顯示的右鍵選單中選擇〔刪除圖層遮色片〕，也可以刪除圖層遮色片。

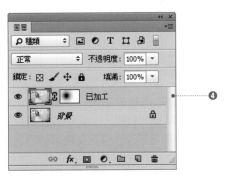

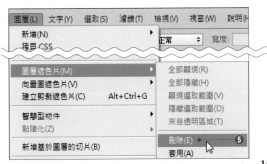

第3章　圖層

155

✤ 暫時使圖層遮色片無效

欲使圖層遮色片暫時無效時，就在〔圖層〕面板中的〔圖層遮色片縮圖〕按下滑鼠右鍵，從顯示的右鍵選單中選擇〔關閉圖層遮色片〕 ❻。於是，圖層遮色片就會無效化。

一旦確認〔圖層〕面板，就可發現〔圖層遮色片縮圖〕上出現紅色叉叉，且暫時呈現無效 ❼。

欲解除無效化時，可以點擊〔圖層遮色片縮圖〕，使圖層遮色片呈現有效，或是以右鍵點擊〔圖層遮色片縮圖〕並在從顯示的選單中選擇〔啟動圖層遮色片〕。

✤ 編輯圖層遮色片

建立圖層遮色片之後，如果要直接加工圖層，而非加工圖層遮色片時，就要點擊顯示在〔圖層〕面板上的〔圖層縮圖〕❽。一旦選擇圖層，〔圖層縮圖〕就會被外框包圍。

藉此，就只有圖層呈現選取狀態，而不是圖層遮色片，並且可以加工圖層的影像。

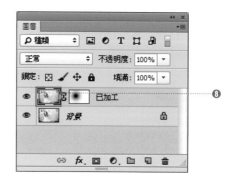

❖ Variation ❖

以右鍵點擊〔圖層遮色片縮圖〕，從顯示的右鍵選單中選擇〔調整遮色片〕，就會顯示〔調整遮色片〕對話框。在此，可以詳細設定與遮色片相關的各種項目。必須建立精緻遮色片的時候，請使用這個對話框。

另外，〔調整遮色片〕對話框的設定項目就與〔調整邊緣〕對話框相同。關於各項目的詳細內容，請參考『調整邊緣』（P.110）。

{104} 設定可重新製作的圖層遮色片

只要使用〔內容〕面板（CS5則是〔遮色片〕面板），就可以設定出可不限次數重新製作的圖層遮色片。

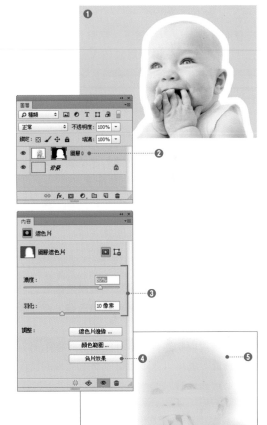

step 1

只要使用〔內容〕面板（CS5則是〔遮色片〕面板），就能夠設定可更有彈性重新製作的圖層遮色片。

另外，使用〔濃度〕或〔羽化〕選項後，也可以輕易地調整圖層遮色片的濃度，或是加上羽化效果。

在右圖人物的略外側建立了圖層遮色片，周邊顯示出〔背景〕圖層的水藍色❶。

在沒有選取圖層遮色片的時候，要點擊圖層遮色片的縮圖，使遮色片呈現選取狀態❷。

step 2

從選單選擇〔視窗〕→〔內容〕，顯示〔內容〕面板（CS5則是〔遮色片〕面板）。

設定為〔濃度：80%〕、〔羽化：10px〕❸，點擊〔負片效果〕按鈕❹。

於是，結果就會如右圖般，〔背景〕圖層的水藍色變淡，並且覆蓋在人物上方❺。另外，因為設定了羽化，所以也可看出遮色片邊緣呈現模糊狀態。

◎〔內容〕面板的設定項目

項目	內容
濃度	調整被遮罩部分的濃度。預設是黑色100%，百分比值越低，色彩越接近白色，圖層遮色片也就越淡。另外，〔濃度〕無法變得比遮色片建立時更濃（但只要反轉遮色片，就可以變濃）。
羽化	一旦輸入設定值，圖層遮色片就會模糊。把建立遮色片的時點當作0 pixel的基準來設定數值。
〔遮色片邊緣〕按鈕	可利用與〔調整邊緣〕相同的方法來調整遮色片（P.110）。
〔顏色範圍〕按鈕	可利用與選取範圍的〔顏色範圍〕相同的方法來調整現在的遮色片（P.109）。
〔負片效果〕按鈕	反轉遮色片。

相關　圖層遮色片的建立：P.154　圖層遮色片的套用與刪除：P.155

{105} 切斷圖層與圖層遮色片的連結

在預設狀態中，圖層和圖層遮色片的連結呈現相連，不過一旦切斷連結，就可以進行個別的移動或是變形。

step 1

在存有選取範圍的狀態下，點擊〔增加圖層遮色片〕按鈕❶，新增圖層遮色片。一旦新增圖層遮色片，在圖層和圖層遮色片之間就會出現連結圖示❷。

step 2

點擊圖層和圖層遮色片之間的連結圖示，使圖示消失❸。

藉此，圖層和圖層遮色片的連結就會切斷。可以進行個別的移動或是變形。

step 3

在現在的狀態下，必須選取圖層或是圖層遮色片的任一個。在此先點擊圖層縮圖❹，使圖層呈現選取狀態。

圖層呈現選取狀態後，縮圖的四角會顯示出方框。藉此，就可以在不影響圖層遮色片的情況下，進行圖層的加工。

step 4

從選單選擇〔編輯〕→〔任意變形〕，顯示出邊界方框，並變形成任意尺寸。因為圖層和圖層遮色片的連結已經切斷，所以僅有圖層變形❺。如果在沒有切斷連結的情況下進行相同操作，圖層和圖層遮色片就會出現相同的變形。

106 讓圖層美麗發亮

一旦套用圖層樣式的〔外光暈〕，就可以在不透明部分的輪廓增加光芒閃耀般的效果。可是，這種方法僅可套用於有透明部分的圖層。

step 1

在此，要在配置了金魚的圖層上套用圖層樣式的〔外光暈〕。

在〔圖層〕面板中選取欲套用光暈效果的圖層❶，從〔增加圖層樣式〕按鈕選擇〔外光暈〕❷，顯示〔圖層樣式〕對話框。

選擇〔外光暈〕❸，設定為〔不透明度：100%〕，色彩設定為〔R：255〕、〔G：180〕、〔B：15〕、〔尺寸：120〕❹。設定完成後，點擊〔確定〕按鈕。

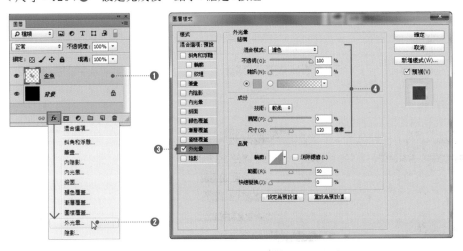

step 2

於是，圖層樣式就會被套用在影像上。

另外，要是在沒有形狀資訊的圖層上使用〔圖層樣式〕，請務必準備只畫有預備套用效果的圖樣之圖層。

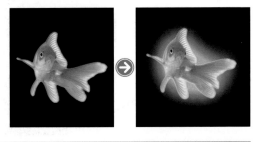

◎〔外光暈〕的設定項目

項目	內容
雜訊	調整光暈的粒狀度。大多情況都是使用0%。
技術	〔較柔〕是取圖層透明部分的概略邊緣，進行光暈的製作；〔精確〕則是反映圖層形狀的光暈。大多數的情況都是使用〔較柔〕。
展開	可調整光暈不透明度的最低範圍。數值越大，就會形成模糊程度較少的陰影。
輪廓	可從範例中選擇光暈的光以何種方式衰減。
範圍	與展開類似的效果，設定輪廓對象的光暈範圍。
快速變換	在光暈色彩中使用漸層時，使漸層的開始位置隨機變化。

相關　添加陰影在圖層上：P.160　圖層樣式的登錄：P.162　圖層樣式的縮放：P.164

159

{107} 利用〔陰影〕添加陰影

欲在裁切影像上添加陰影時，就要從〔圖層〕面板的〔增加圖層樣式〕按鈕來選擇〔陰影〕。

step 1

因為要在不透明部分和透明部分的邊界上建立陰影，所以要準備一張物件以外部分全部是透明的影像❶。

在〔圖層〕面板中選取欲添加陰影效果的圖層（這裡是〔火箭01〕）❷，點擊〔增加圖層樣式〕按鈕，選擇〔陰影〕❸，顯示〔圖層樣式〕對話框。

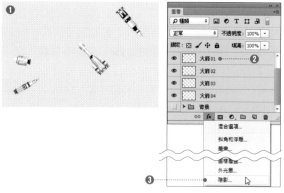

step 2

確定在左邊的〔樣式〕中已經選擇〔陰影〕後❹，在此採用如下列般的設定。

- ·〔混合模式：色彩增值〕❺
- ·〔不透明度：90〕
- ·〔角度：90〕
- ·〔間距：28〕
- ·〔圖層穿透陰影：勾選〕❻

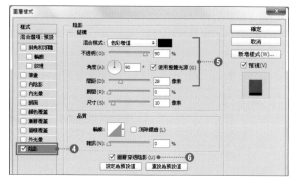

step 3

此次，〔火箭01〕圖層和〔火箭03〕圖層採用相同數值❼，〔火箭02〕圖層和〔火箭04〕圖層採用相同數值❽。像這樣藉由使用兩種不同的設定值，就可以如右圖般輕易地做出不同高度的表現。

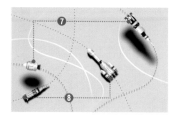

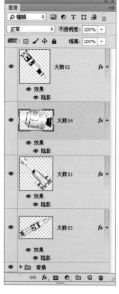

> **Tips**
> 關於〔火箭02〕圖層和〔火箭04〕圖層的〔陰影〕設定值，請參考範例檔案。

{108} 把圖層樣式套用在其他圖層

圖層樣式有很多設定值，所以希望重現相同效果或類似效果的時候，只要預先複製設定值，就可以讓作業更加便利。只要透過貼上，就可以把相同的樣式套用於其他圖層。

概要

右邊影像中的左右物件分別配置在不同圖層。
另外，左側的物件已經套用了圖層樣式❶。
在此，將解說複製左側物件的圖層樣式並套用
於右側物件的方法。

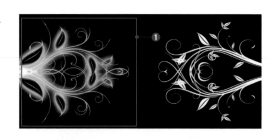

step 1

在〔圖層〕面板中以滑鼠右鍵點擊已經套用圖
層樣式的圖層，選擇〔拷貝圖層樣式〕❷。

step 2

接著，在希望貼上圖層樣式的圖層上按下滑鼠
右鍵，選擇〔貼上圖層樣式〕❸。
於是，圖層樣式就會被貼至該圖層並被套用
❹。
此外，也可以在同時選取多個圖層後，貼上圖
層樣式。

> **Tips**
> 藉由點擊〔圖層樣式〕對話框的〔新增樣式〕按
> 鈕，就可以把圖層樣式的設定值儲存在〔樣式〕面
> 板中，日後就可以再次利用（P.162）。

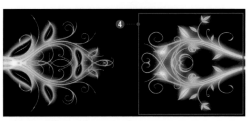

相關　圖層樣式的套用：P.159　圖層樣式的縮放：P.164　圖層樣式的登錄：P.162

{109} 把圖層樣式登錄在〔樣式〕面板

像圖層樣式那種具有許多設定項目的功能，只要預先登錄在〔樣式〕面板，即可輕易地再次利用，所以相當方便。

step 1

開啟影像，選取含有圖層樣式的圖層❶。

step 2

一旦把滑鼠移到〔樣式〕面板的空白部分，游標就會變成油漆桶的圖示，進行點選❷。

> **Tips**
> 〔樣式〕面板沒有顯示時，只要選擇〔視窗〕→〔樣式〕，就可以顯示〔樣式〕面板。另外，〔樣式〕面板明明有開啟，卻看不到的時候，只要再次選擇〔視窗〕→〔樣式〕，面板就會顯示在畫面上。

step 3

點擊後會顯示〔新增樣式〕對話框，於是就輸入樣式名稱❸，點擊〔確定〕按鈕。藉此，完成樣式的登錄。

使用已登錄的樣式時，就選擇希望套用樣式的圖層，再從〔樣式〕面板選擇樣式❹。

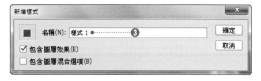

◎〔新增樣式〕對話框的設定項目

項目	內容
包含圖層效果	勾選後，就可以登錄圖層效果的設定。所謂的圖層效果是指圖層樣式中的〔斜角和浮雕〕和〔外光暈〕等效果。
包含圖層混合選項	勾選後，就可以登錄圖層的混合模式、不透明度和填滿等設定。

{110} 在保留圖層樣式下變更不透明度

一旦調降圖層的不透明度，圖層樣式的不透明度就會跟著降低。希望在保留圖層樣式下變更圖層的不透明度時，就變更〔填滿〕的不透明度。

step 1

右邊的影像是透過含有背景影像和心形圖案的圖層群組所構成的。希望在不變更圖層樣式的不透明度下僅變更圖層的不透明度時，就選取欲變更不透明度的圖層❶，變更〔填滿〕❷。

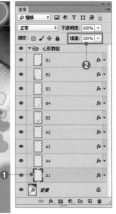

step 2

藉此，僅有對應圖層的不透明度會下降❸。一旦和已經變更了圖層的不透明度者相比❹，就可以清楚知道圖層樣式沒有任何變更。

第3章 圖層

Tips

〔不透明度〕或〔填滿〕的設定也有快速鍵。選擇〔矩形畫面選取〕工具等沒有不透明設定的工具，再利用鍵盤直接輸入數字，就可以設定當前選取圖層或圖層群組的不透明度。例如，如果輸入 1 鍵，〔不透明度〕就會被設定為〔10%〕；如果輸入 1→5 鍵，就會設定為〔15%〕。另外，只要輸入 Shift + 1 鍵，〔填滿〕就會被設定為〔10%〕。可是，變更〔填滿〕的快速鍵無法使用於圖層群組。

相關　圖層的不透明度：P.153　圖層樣式的縮放：P.164

{111} 縮放圖層樣式

欲利用〔任意變形〕等工具來縮放套用圖層樣式的圖層時，必須另外縮放圖層樣式。

概要

一旦利用〔任意變形〕（P.62）來縮放圖層，含在圖層中的文字或影像就會跟著一起縮放，不過圖層樣式並不會變更。

因此，一旦縮放含有圖層樣式的圖層，就會像右圖那樣破壞了影像的外觀❶。右圖縮小了含有圖層樣式的圖層，不過因為圖層樣式沒有縮小，所以文字的框線仍維持原本的粗細，導致整體失去協調性。

step 1

誠如上述，從選單選擇〔編輯〕→〔任意變形〕來進行圖層縮放時，要在變形時（確定變形前）透過〔資訊〕面板確認做了多少百分比的尺寸調整❷，然後再確定變形。

step 2

以滑鼠右鍵點擊要進行圖層樣式縮放的圖層之右側所顯示的圖層樣式圖示❸，選擇〔縮放效果〕❹。

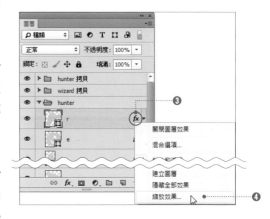

step 3

〔縮放圖層效果〕對話框顯示後，在〔縮放〕中輸入剛才確認過的比例❺。在此輸入的數值為〔縮放：36〕。

點擊〔確定〕按鈕後，就能夠利用與圖層相同的比例來縮小圖層樣式❻。

圖層的數量多且費工的時候，就要先縮小一個圖層樣式，然後再把該圖層樣式套用至其他圖層（P.161）。

{112} 把圖層樣式轉存成圖層

欲把圖層樣式轉存成圖層時，就要選擇〔建立圖層〕。藉由把圖層樣式轉存成圖層，可以製作新的圖像。

第 3 章 圖層

step 1

右邊的影像在一個圖層中使用了五個圖層樣式❶。在此，把這些圖層樣式轉存成圖層。
在〔圖層〕面板中選取含有圖層樣式的圖層❷，再從選單選擇〔圖層〕→〔圖層樣式〕→〔建立圖層〕❸。

Tips
有時會因圖層樣式的內容而出現警告，不過請直接點選〔確定〕按鈕。

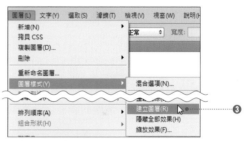

step 2

圖層的順序、混合模式和剪裁的狀態會被自動設定，在與原始狀態幾乎沒有變更的外觀中各個圖層樣式會被轉存成圖層。
一旦檢視〔圖層〕面板，即可發現必須比原始圖層來到上方的圖層是被配置在上方的階層❹，而必須來到下方的圖層則被配置在下方❺。原始圖層會返回到套用圖層樣式之前的狀態❻。

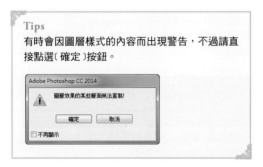
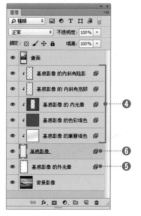

⬧ Variation ⬧

如果把圖層樣式變更成圖層，只要局部性地隱藏圖層，光靠圖層樣式就可以表現出無法表現的效果。

相關 把圖層樣式套用在其他圖層：P.161　圖層樣式的縮放：P.164

{113} 把形狀或文字轉換成一般圖層

形狀和文字不同於一般圖層，無法直接利用〔筆刷〕工具 ✎ 或濾鏡進行加工。欲加工時，必須事先進行點陣化、轉換成一般圖層才行。

step 1

欲點陣化文字圖層時，就要在〔圖層〕面板中選取文字圖層❶，再從選單選擇〔圖層〕→〔點陣化〕→〔文字〕。

藉此，文字圖層就會被點陣化。乍看之下，外觀上並沒有任何變化，不過一旦在〔圖層〕面板中觀看縮圖，就可以發現縮圖的顯示和點陣化之前有所不同❷。

進行過點陣化的圖層會被視為一般圖層，所以可以使用各種工具或濾鏡。

轉換前　　　　　　　　　轉換後

step 2

欲點陣化形狀圖層時，就要在〔圖層〕面板中選取形狀圖層❸，再從選單選擇〔圖層〕→〔點陣化〕→〔形狀〕。於是，選取的圖層就會被點陣化，變成一般圖層。

進行點陣化之後，路徑輪廓線的顯示會消失，〔圖層〕面板的縮圖顯示也會改變。藉此就會變成一般的圖層，所以能夠使用濾鏡等來加工影像❹。

> **Tips**
> 以右鍵點擊目標的形狀圖層或文字圖層，在顯示的右鍵選單中選擇〔點陣化圖層〕，也可以進行圖層的點陣化操作。

{114} 把圖層轉換成智慧型物件

只要在一般圖層上套用濾鏡或進行縮放，畫質就會劣化，不過對智慧型物件而言，就算執行了這些加工，畫質仍不會劣化。

step 1

在〔圖層〕面板中選取目標的圖層，再從選單選擇〔圖層〕→〔智慧型物件〕→〔轉換為智慧型物件〕❶。

step 2

一旦被轉換為智慧型物件，在顯示於〔圖層〕面板的縮圖之右下方，則會出現標示智慧型物件的圖示❷。

step 3

一旦把圖層轉換為智慧型物件，在進行變形時影像上方都會出現 × 符號❸。在這種狀態下，不論影像怎麼變形，也都不會破壞原始的檔案。

另外，一旦對智慧型物件套用濾鏡，濾鏡就會變成可重做的「智慧型濾鏡」❹。

智慧型濾鏡是可以像圖層那樣切換顯示或隱藏。另外，事後亦可以變更濾鏡的設定值，或是在已智慧型濾鏡化的圖層上使用遮色片，局部性地隱藏濾鏡效果。

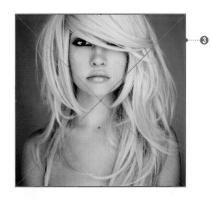

> **Tips**
> 智慧型物件具有的優點，就是無論變形多少次，其畫質都不會劣化；然而相對地，也有部分功能受到限制（有無法使用的濾鏡）的缺點。另外，變形和濾鏡組合時的結果也會和平時不同，所以必須多加注意！

相關 圖層遮色片的建立：P.154　〔挖剪圖案〕濾鏡：P.290　濾鏡收藏館：P.58

115　以一鍵切換多個設計方案

只要使用〔圖層構圖〕功能，就可以快速地切換在單一檔案內製作的多個設計方案。在檢討多個創意案時，這個功能相當方便。

概要

在切換欲顯示的圖層時，偶然會看見了不想要呈現的圖層組合。

例如，在切換顯示〔A案〕圖層和〔B案〕圖層時，偶爾會在中途看到雙方的圖層（下圖A ／ B案）。

圖層數量較少時，或許可以輕易地進行切換，不過當圖層數量較多、切換比較麻煩的時候，只要使用〔圖層構圖〕，就可以讓作業更加便利。

A案　　　　　　　　　　　A ／ B案　　　　　　　　　　B案

step 1

欲透過一鍵切換多個設計方案時，首先要點擊〔圖層〕面板的眼睛圖示，把欲展示的圖層（〔設計A案〕圖層）設為顯示❶，而不想展示的圖層（〔設計B方案〕圖層）設為隱藏❷。

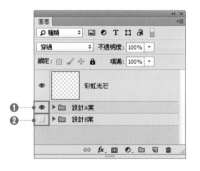

step 2

點擊〔圖層構圖〕面板的〔建立新增圖層構圖〕按鈕❸，顯示〔新增圖層構圖〕對話框。

Tips
〔圖層構圖〕面板沒有顯示的時候，就選擇〔視窗〕→〔圖層構圖〕。

在〔新增圖層構圖〕對話框中輸入圖層構圖名
稱❹，勾選〔可見度〕選項❺。
各項目設定完成後，點擊〔確定〕按鈕。

step 4

接著，透過相同的步驟把〔設計B案〕圖層設
為顯示，而〔設計A案〕圖層設為隱藏，然後
點擊〔圖層構圖〕面板的〔建立新增圖層構圖〕
按鈕。
在〔新增圖層構圖〕對話框中輸入圖層構圖名
稱❻，並在〔套用到圖層〕區段中勾選〔可見
度〕選項❼。
各項目設定完成後，點擊〔確定〕按鈕。

◎〔新增圖層構圖〕對話框的設定項目

項目	內容
可見度	勾選後，會登錄圖層的可見度。通常都是勾選。
位置	勾選後，會登錄圖層的位置。希望在移動圖層後進行比較時，就勾選此項。
外觀（圖層樣式）	勾選後，會登錄圖層的不透明度或圖層的混合模式等效果。可是，〔斜角和浮雕〕等圖層效果的顯示狀態不會被登錄。

step 5

藉此，光靠選擇位於〔圖層構圖〕面板的圖層構圖名稱之左側的按鈕，就可以切換圖層的可見度
（顯示或隱藏）❽❾。

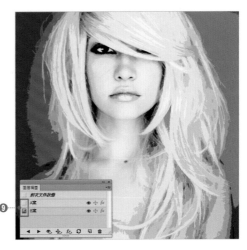

相關 刪除不要的圖層：P.135　圖層的群組化：P.142　選取多個圖層：P.137

第3章 圖層

 **Column** Photoshop 的學習方法

其實，我只使用一本Photoshop解說書來學習Photoshop的使用方法。剛開始我是先實際操作書中所介紹的功能，待自己可以確實理解內容，照書中的內容做出操作之後，接著再使用自己拍攝的照片去挑戰相同的功能。在重複這些作業的過程中，自己的操作速度也會隨之加快。然後，第1章節結束的時候，我還把所學到的功能加以重組，並照著自己的方式進行照片加工。

之後，第2、第3章的內容也是重複相同的做法。如此按部就班之下，我終於在讀完解說書的同時，學會如何更靈活地運用Photoshop。

❖ **Photoshop 的學習過程**

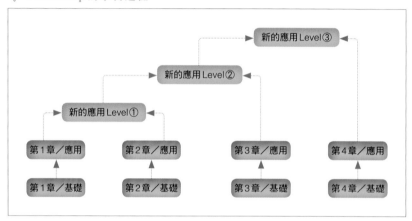

在學習Photoshop的時候，並不需要一次記下所有的功能。讓學到的功能成為自己真正的知識才是重點。只要實際親手操作，或者多下點巧思，自然就能夠讓學會的知識成為自己的所學。

本書中用來解說的影像，全部收錄在隨書光碟中。只要利用隨書光碟中的影像，就能夠照著本書的內容親自操作。請務必加以運用。

另外，在學習新知識的時候，我一定會購買在該領域長期暢銷的書籍。透過書籍學習的時候，也可以透過網路取得更多關鍵知識，讓自己吸收到更完善的知識，了解「為什麼會如此」或是「這種方法也可以應用在○○」等等。在經過一定程度的時間之後，這些知識就會不斷地累積、整合，最後成為真正可以加以運用的自身知識。為了讓大家學習到更多能夠加以應用的知識，本書中還準備了〔Tips〕和〔Variation〕，請大家務必加以閱讀。

第 **4** 章

潤飾與調整

{116} 理解調整的整體樣貌

欲進行調整時，在正確地掌握調整對象的照片、影像的特徵或問題點後，必須適當地執行各作業項目。胡亂進行作業，並不會有更好的進展。

 概要

所謂的調整是指藉由調整影像的「亮度和對比」、「色調」、「鮮豔度」等項目，使影像的狀態更加良好的作業。

調整當中包含各種不同的作業項目，基本上要仔細觀察影像，在偏重的反向加上修正，藉此調整影像。

例如，影像過於明亮的時候，就把影像調暗，讓影像恢復成一般的亮度。另外，影像色彩偏藍的時候，就讓色彩偏向可以去除藍色調的黃色，藉此消除藍色調，使影像恢復成一般的狀態。

所謂的調整，就是使用各種不同的方法或者是重疊上色，將影像修正成更加良好的狀態。

開始調整之前

進行調整的時候，必須事先決定好「希望做出什麼樣的形象」。毫無目的地胡亂進行作業，並不會得到良好的結果。請在確定好目標形象後，再進行作業。

另外，在調整當中，「還原成正確色彩」未必就是最良好的結果，所以請多加注意！調整分成「返回正確色彩」和「採用美麗色彩」兩種。請依照目的來決定好要採用哪一種。

實施調整的注意事項

調整作業會改變影像的色調，所以如果直接修改影像，有時會導致影像無法還原成原始狀態。因此，進行調整的時候，建議盡量使用不會直接修改影像的「調整圖層」（P.175）。

◎調整的基本步驟

1. 觀察影像

2. 決定要製作的目的形象

3. 決定「亮度和對比」、「色調」的修正方針

4. 修正「亮度和對比」

5. 修正「色調」

6. 修正「鮮豔度」

7. 觀察影像並進行微調

使影像返回到「正確色彩」

使影像採用「美麗的色彩」

step 1

在此使用右邊的影像，簡單介紹一下調整的步驟。這次的調整目的是「使影像更鮮豔且更美」。

另外，關於各步驟的具體作業方法，將在之後的各頁中加以介紹，所以在此請先掌握影像的問題點和各個修正步驟。

step 2

首先，修正「亮度和對比」。關於「亮度和對比」，列舉了以下三個問題點。

1.對比偏低
2.太明亮或太陰暗
3.強弱不足

✦ 對比偏低

陰影部和明亮部沒有像素存在時，就會引起對比不足❶。只要在陰影部設定較大的數值，就可以修正這個問題。

相關 修正對比較低的影像：P.184

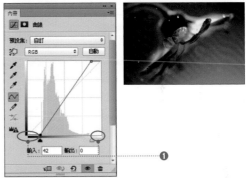

Tips

右圖的〔曲線〕的背面會顯示色階分布圖。所謂的色階分布圖，就是把存在於影像中的所有像素的「亮度資訊」狀況圖表化。橫軸代表亮度，縱軸則代表亮度像素的分布量。在RGB模式中，圖表的右側是明亮部，左側則代表陰影部。

✦ 太明亮或太陰暗

影像太明亮或太陰暗時，其原因分別位在影像的陰影部、中間部、明亮部，不過，儘管在哪個部分，都可以利用〔曲線〕進行修正❷。

相關 曲線的使用方法：P.178　修正明亮和陰影：P.193

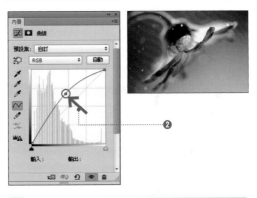

Tips

修正特定部分時，要如下般操作曲線。

・修正明亮部分時，從曲線的中央往右上上下移動。
・修正中間部分時，讓曲線的中央上下移動。
・修正陰暗部分時，從曲線的中央往左下上下移動。
・欲明亮化時，讓曲線往上方移動。
・欲陰暗化時，讓曲線往下方移動。

可是，陰暗部分完全變成黑的時候，或明亮部分完全變成白的時候，無法讓色調完全還原，所以必須多加注意。

❖ 強弱不足

強弱不足的影像（有對比，但色彩沉悶的影像）在乍看之下，似乎和對比不足的影像相同，但事實上卻不相同。沒有強弱的影像會造成模糊的印象，和影像的陰影部和明亮部有像素存在並無關聯。一般來說，強弱稍強的影像會形成銳利的印象，然而一旦強弱過強，卻會產生不夠調和的生硬印象。利用曲線增加強弱的時候，要多多注意這點❸。

相關　賦予強弱，使影像更加鮮明：P.186

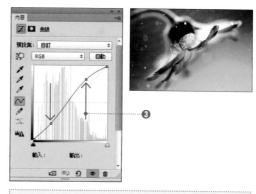
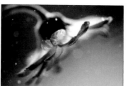

〔亮度／對比〕（P.185）亦可以修正這個問題。可是，使用〔亮度、對比〕時，請取消勾選〔使用舊版〕的選項。

step 3

調整當中最困難的部分就是「色調」的調整。因為要判斷哪個顏色是正確並不容易，而且被個人的喜好所左右。色調失真是RGB失衡的原因，所以修正的要素比亮度的調整增加更多。RGB的色彩失衡的時候，藉由修正失真的色彩或是其他的兩色，就可以調整整體的色彩平衡❹。

例如，色彩偏向紅色時，就要加強綠色和藍色，減弱紅色，不過藉由改變綠色和藍色的修正量，也能夠修正偏向洋紅或黃色的紅色。

相關　修正失真色彩：P.182

〔色彩平衡〕（P.194）亦可以修正這個問題。雖然沒辦法像〔曲線〕那樣，做出細微的調整，但仍可簡單修正明亮部、中間部、陰影部的各個部分。

step 4

最後是「鮮豔度」的調整。在此要使用〔色相／飽和度〕功能，控制色彩的鮮豔度。RGB的各色彩值相離越遠，色彩就越鮮豔❺。另外，影像的「鮮豔度」在修正對比、強弱時會得到改善，所以〔鮮豔度〕的調整作業務必在最後完工的階段實施。

相關　使被攝體的色彩更鮮豔：P.188

上面的影像就是調整完成後的影像。請和原始影像相比，確認影像調整的部分。

{117} 使用〔調整圖層〕進行可再編輯的調整

Photoshop當中有幾種被稱為「非破壞編輯」、可在不影響原始影像的情況下進行影像編輯的功能。在此介紹的〔調整圖層〕，就是其中最具代表性的一種功能。

·《概要》·············

正如其名，調整圖層也是圖層的一種，可說是「擁有某特定功能的圖層」。Photoshop當中備有16種調整圖層。因為調整圖層是圖層，所以可以將多種種類的調整圖層加以組合搭配，或者是變更不透明度。

欲使用調整圖層時，要選取欲調整的圖層，從〔圖層〕→〔新增調整圖層〕中選擇目標的調整❶。選擇任一種調整作業後，就會出現〔新增圖層〕對話框。

在此要使用〔亮度／對比〕來解說調整圖層的基本使用方法。

·《step 1》·············

〔新增圖層〕對話框中可設定與一般圖層相同的項目（P.132）。在此不做任何變更，直接點擊〔確定〕即可❷（在此的設定隨時都可以重新設定）。

·《step 2》·············

在step1中所選取的圖層上方建立〔亮度／對比1〕調整圖層❸。雙擊調整圖層的縮圖❹，開啟〔內容〕面板（CS5則是〔調整〕面板），設定為〔亮度：150〕、〔對比：－50〕❺。於是，針對在step1中所選取的影像❻，套用〔亮度／對比〕，完成影像的修正❼。

> **Tips**
> 調整圖層的效果會套用在調整圖層下方的所有圖層上。

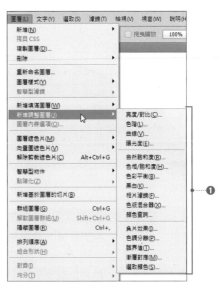

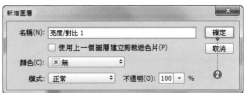

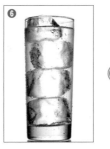

第4章　潤飾與調整

step 3

一般的調整（選單的〔影像〕→〔調整〕）會直接
編輯影像，所以每進行一次調整，影像就會劣
化。另一方面，在調整圖層中，因為影像完全
沒有被編輯（非破壞編輯），所以完全沒有畫質
劣化的問題。同時，可以不限次數的變更設定
值。

欲變更曾經設定過的數值時，就跟之前一樣，
雙擊調整圖層的縮圖，顯示〔內容〕面板（CS5
中則是〔調整〕面板）。在此再次設定為〔亮
度：－150〕、〔對比：100〕❽。

藉此，就可以在影像沒有劣化的情況下，再次
重新修改調整❾。

step 4

藉由把〔圖層〕面板的調整圖層設為隱藏（點擊
眼睛圖示），就可以暫時使調整圖層的效果無
效❿。

另外，藉由變更不透明度，就可以調整效果套
用的程度⓫。例如，效果過強的時候，只要把
調整圖層的不透明度設定為〔50%〕，效果就會
減半⓬。

❦ Variation ❦

在預設中，調整圖層的效果會套用在該調整圖層
下方的所有圖層。

希望只讓調整圖層的效果套用在下方的圖層時，
就先選取目標的調整圖層，然後在〔圖層〕面板
的面板選單中選擇〔建立剪裁遮色片〕⓭。於是，
調整圖層的左端就會顯示向下的箭頭⓮，如此一
來，就只有下方的圖層會套用上調整圖層的效果。
另外，除了上述之外，一邊按住 Alt（ Option ）鍵
一邊點擊調整圖層和下方圖層的中間，也可以針
對調整圖層設定剪裁遮色片。

相關 調整的整體樣貌：P.172　儲存和載入調整的設定內容：P.177　調整失真色彩：P.182

{118} 儲存和載入調整的設定內容

如果要儲存或載入調整圖層的設定內容，就要從各調整的對話框中進行操作。在此使用〔曲線〕調整圖層來說明操作方法。

step 1

從〔圖層〕面板雙擊已經設定完成的調整圖層之縮圖❶，顯示〔內容〕面板（CS5中則是〔調整〕面板）。

step 2

欲儲存預設集時，就在面板選項中選擇〔儲存〇〇預設集〕❷。

指定儲存位置的對話框顯示後，指定預設集名稱和儲存位置，點擊〔存檔〕按鈕。

藉此，預設集就會儲存下來，就可以隨時載入使用。

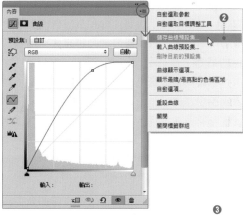

step 3

欲載入預設集時，就在面板選項中選擇〔載入〇〇預設集〕❸。

在顯示的〔載入〕對話框中指定任意的預設集檔案❹，點擊〔載入〕按鈕（Mac：〔開啟〕按鈕）❺。於是，就會透過預設集檔案的內容，重新設定曲線的內容。

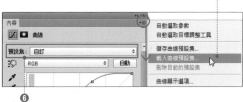

> **Tips**
> 儲存的預設集亦可從〔內容〕面板（CS5中則是〔調整〕面板）的〔預設集〕中指定❻。

相關 調整的整體樣貌：P.172　調整圖層的使用方法：P.175　曲線的使用方法：P.178

第4章　潤飾與調整

119 曲線的使用方法

曲線是可以透過簡單的操作來控制所有影像的濃度、層次或飽和度之優異工具。另外，應用範圍也相當廣泛，可說是運用Photoshop所必須的工具。

⬧ 概要

曲線是把管理底片等的影像品質時所使用的圖表置換成數位的功能。

曲線的功能只是調整「影像原始的亮度」和「修正後的亮度」的單純作用。可是，調整濃度就跟控制層次、飽和度、對比、調和等所有影像的大部分要素相同。所以，〔色階〕或〔色彩平衡〕等其他功能也能夠彌補不足，不過曲線功能卻無法靠其他功能來彌補。

在此使用右邊的影像來說明曲線的基本性使用方法。這張影像是由照片❶和無色彩的黑白橫條❷所構成。黑白橫條最適合用來觀察調整前後的狀態。確認之後的各圖時，除了照片之外，也請一併確認黑白橫條。應該就可以清楚看出箇中差異。

✥ 曲線的基本

在曲線對話框中，操控對話框內從左下角往右上角延伸的線條❸（之後稱為「曲線」）。

曲線下方的面積❹越多，影像就會越明亮；面積越少，影像則會越陰暗。

另外，曲線左側會對陰影部造成影響；右側則會影響亮部。

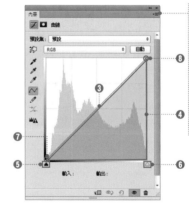

只要從選單選擇〔圖層〕→〔新增調整圖層〕→〔曲線〕，或是從選單選擇〔影像〕→〔調整〕→〔曲線〕，就可以開啟曲線。

◎〔曲線〕的構成要素

編號	項目	內容
❺	陰影輸入水平	只要把這個滑桿往右移動，影像整體就會變暗。對陰暗部分的影響大過於對明亮部分。
❻	亮部輸入水平	只要把這個滑桿往左移動，影像整體就會變明亮。對明亮部分的影響大過於對陰暗部分。
❼	陰影輸出水平	只要把曲線的下端往上拉，影像的陰影部分就會變亮，變成拘謹的影像。只有希望讓陰暗部分趨近灰色時使用。
❽	亮部輸出水平	只要把曲線的下端往下拉，影像的明亮部分就會變暗，變成混濁的影像。只有希望讓明亮部分趨近灰色時使用。

step 1

只要像右圖般把中心部分往上推❾，影像整體就會變明亮。

這個時候，中央部分的曲線會有較大的傾斜，同時，過了中央之後的曲線則會變得和緩。因此，明亮部分的飽和度會變低，同時，陰暗部分的飽和度則會變高。結果，整體就會呈現出明亮且柔的印象。

step 2

只要像右圖般把中心部分往下壓❿，影像整體就會變陰暗。這個時候，中央部分的曲線會比較和緩，過了中央之後的曲線弧度則會比較強烈。因此，明亮部分的飽和度會變高，而陰暗部分的飽和度則會變低。

結果，整體就會呈現出陰暗且生硬的印象。

step 3

只要像右圖般把中間以下的部分往下壓，中間以上的明亮部分往上推⓫，中間部分的傾斜就會變得比較陡，所以就能提高整體的飽和度，同時提高對比。

另外，陰影和明亮的傾斜變得較為和緩，所以在大多數的情況下，陰暗和明亮部分看起來會比較柔和，層次性會比較好。

從外觀來看，這個曲線被稱為「S字曲線」。在修正飽和度較低、昏暗的影像或過分柔和的影像時，經常會使用這種S字曲線。

可以在不犧牲陰影和明亮的情況下，展現出較高的對比。

Tips

曲線的最大優點是可以透過一個功能來執行所有的各種調整。就像上述所說明的，只要改變一個部位的濃度，層次就一定會改變。也就是說，就算只修改一個部分，仍會影響到整體的層次。在曲線以外的調整作業中，也會發生相同的現象，不過曲線的調整可以透過視覺來確認變化的程度，同時做出簡單的調整。

只要像右圖般把陰影的輸入往上推至正中央
⑫，陰影部分就會趨近於中央的明亮方向。結
果，不光是陰影，整體都會變淡。

這種表現被稱為「半調」，在把淡化影像配置在
背景時，就會使用這種曲線。

> **Tips**
> 人會在下意識間進行有意識的操作，同時辨識影
> 像。其中，對人的臉部更是會做出特別的判別，
> 所以可以輕易地分辨出些許的色彩平衡或層次的
> 偏離。
> 因此，比較影像的時候，只要以人臉作為辨識重
> 點，就可以簡單做出判別。
> 可是，臉部的面積如果太大，注意力就會偏向表
> 情，所以臉部的特寫不適合拿來進行影像比較。

❖ **Variation** ❖

使用曲線後，不光是濃度，飽和度也會產
生變化。在此使用右邊的影像⑬來說明飽
和度變化的形式。

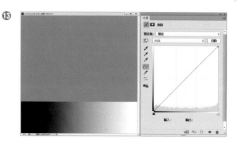

在曲線對話框中，基本上曲線下方的面積
越大，影像整體就會變得越明亮。在影像
⑭當中，因為曲線的中央部分垂直往上推，
所以曲線下方的面積就會變大，同時影像
會變明亮。

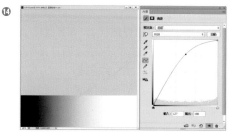

另一方面，影像⑮中雖調整了曲線，不過因
為曲線下方的面積沒有產生變化，所以就這
個影像的情況來說，其亮度並沒有改變，
但是可以明顯發現飽和度提升了許多。這
是因為曲線的角度急遽改變的關係，所以
在像素內的RGB各色中，明亮色彩和陰暗
色彩就會有非常明顯的差異。

一旦像這樣透過曲線來改變明亮度，在大
多數的情況下，飽和度也會跟著改變。

只要預先理解曲線的這個特性，就能夠更有
彈性的控制影像。使用如右圖般的簡單影
像，試著操作曲線，學習基本的操作吧！

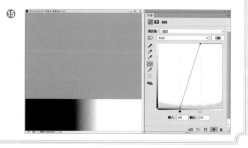

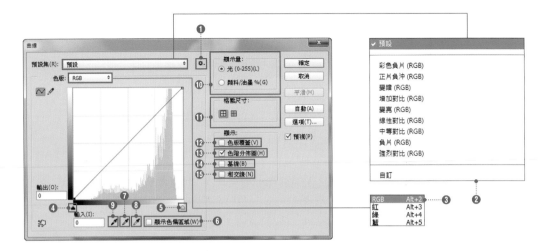

◎〔調整〕的各部名稱和作用

編號	項目	內容
❶	預設集選項	儲存或載入自己使用過的曲線設定值。
❷	預設集	從預設集選項儲存自己使用過的曲線設定值時，可從此處載入。也可套用現有的設定值。
❸	色版	可切換調整主版（RGB）、R、G、B或當前色彩模式的各色版。
❹	黑點	可調整影像中最陰暗的部分。只要把這裡往右挪動，通常就會變成對比看起來比較高的影像。
❺	白點	可調整影像中最明亮的部分。只要把這裡往左挪動，通常就會變成對比看起來比較低的影像。
❻	顯示色偏區域	可確認影像內完全白或完全黑的領域。
❼	設定灰點	可以把影像中特定濃度的點設定為任意濃度。 首先，雙擊〔設定灰點〕，利用色票設定任意顏色。之後，在選擇〔設定灰點〕的狀態下，點擊影像內的任意一點，影像內點擊點的顏色就會變更成所設定的值。影像會以灰點設定的數值產生變化。
❽	設定最亮點	影像的亮部，把希望調整顏色的點設定成255以下的任意值。之後，把影像內點擊點的濃度變更成設定值。 和〔設定灰點〕不同的地方是，設定為最亮點的點是可以調整明亮部分之色彩覆蓋的地方。
❾	設定最暗點	影像的陰暗部，把希望調整顏色的點設定成0以上的任意值。之後，把影像內點擊點的濃度變更成最暗點所設定的值。 和〔設定灰點〕不同的地方是，設定為最暗點的點是可以調整陰暗部分之色彩覆蓋的部分。
❿	顯示量	一旦選擇〔光〕，就會以0～255表現濃度。亮部會顯示在右側。通常都是使用這個設定。 一旦選擇〔顏料／油墨〕，就會以0～100%的方式來表現濃度。陰影部會顯示在右側。
⓫	格點的變更	切換曲線內的格點以4×4或10×10的顯示。
⓬	色版覆蓋	在主版（RGB）上顯示以其他色版變更的曲線。
⓭	色階分佈圖	顯示色階分佈圖。
⓮	基線	顯示原始的直線。
⓯	相交線	在輸入端與輸出端畫線，建立相交線。勾選這個項目後，比較容易確認輸入和輸出的值。

相關 調整的整體樣貌：P.172 修正失真色彩：P.182 利用隧道效果使主題更顯眼：P.200

{120} 修正失真色彩

在此使用〔曲線〕調整圖層，修正影像的失真色彩。只要了解基本的修正方法，無論如何的失真也都可以輕易地修正。

概要

仔細看右圖，就可以清楚發現，右圖的對比明顯不足，同時整體略偏紅色❶。另外，檢視色階分布圖就可知道，陰影部（最陰暗部分）和亮部（最明亮部分）並沒有像素存在❷。
在此要根據這些資料進行失真色彩的修正。

所謂的色階分佈圖，指的是把存在影像中所有像素的亮度資訊圖表化的資料。橫軸代表「亮度」，縱軸代表「該亮度的像素所分布的量」。

step 1

首先，修改對比。只要修改亮度和對比，就可以大幅改變色調。
從選單選擇〔圖層〕→〔新增調整圖層〕→〔曲線〕，顯示〔新增圖層〕對話框。在此不用做任何變更，直接點擊〔確定〕按鈕。
〔內容〕面板（CS5中則是〔調整〕面板）顯示後，進行調整作業。
以這個影像來說，因為亮部和陰影部不足，所以要先拖曳曲線左下和右上的點，讓點往內側移動❸。此時，就以顯示於背景的色階分佈圖的開端為基準。

step 2

為了讓影像增加一點強弱，就從曲線的中央稍微挪動左下和右上的部分❹。把左下部分往下移動，陰暗部分就會變得更陰暗；右上部分往上移動後，明亮部分就會變得更明亮。
另外，在此大幅挪動了右上的點，使影像整體變得更明亮。

182

· **step 3** ···

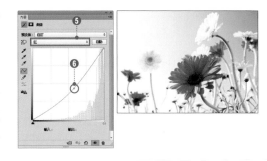

接著，進行色調的調整。

把代表色彩的下拉選單變更成〔紅〕**5**，讓中
心部分往下方移動**6**。

在此，為了抑制紅量，而把〔紅〕的中心往下
調降，不過紅量仍殘留在亮部的時候，就要讓
曲線的最右上移往下方；而紅量仍殘留在陰影
部的時候，則要讓曲線的最左下往右方移動。

· **step 4** ···

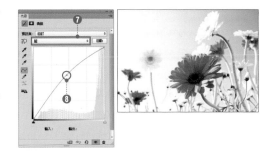

接著，因為整體偏黃，所以要進行修正。

把代表色彩的下拉選單變更成〔藍〕**7**，讓中
心部分往上方移動**8**。

在此之所以讓藍色往上方移動，乃是因為黃色
的補色是藍色（參考下表）。

· **step 5** ···

如此便大功告成了。比較修正前後的影像，就
可發現失真的色彩已經修正完成了。

原始影像

修正後

◎修補色差的組合

項目	內容
影像偏紅時	減弱紅色，或是同時增強綠和藍色
影像偏黃時	增強藍色，或是同時減弱綠和紅色
影像偏綠時	減弱綠色，或是同時增強藍和紅色
影像偏青時	增強紅色，或是同時減弱綠和藍色
影像偏藍時	減弱藍色，或是同時增強綠和紅色
影像偏洋紅時	減弱綠色，或是同時減弱藍和紅色

相關　調整的整體樣貌：P.172　曲線的使用方法：P.178　建立調整圖層：P.175

121 修正對比較低的影像

欲簡單地修正對比較低的影像時，就要先透過〔色階分佈圖〕面板確認影像的狀態，再透過〔亮度/對比〕調整圖層來進行修正。

概要

影像的對比也可以利用〔曲線〕來進行變更（P.178），不過在此要使用〔亮度/對比〕調整圖層來說明簡單地調整對比的方法。

雖說是「對比較低的影像」一句話，但實際狀態卻是各式各樣。因此，在修正影像之前，必須先確認〔色階分佈圖〕，確實掌握影像的狀態。

透過〔色階分佈圖〕確認右邊影像，可以發現從陰影至亮部並沒有濃度分布，最陰暗部分和最明亮部分沒有資料存在❶。也就是說，因為沒有白色和黑色的存在，所以必須調整影像的最高濃度和最低濃度。

因此，在此要使用〔亮度/對比〕調整圖層來變更最高濃度和最低濃度，提高整個影像的對比。

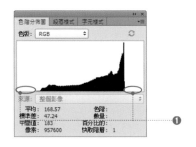

step 1

從選單選擇〔圖層〕→〔新增調整圖層〕→〔亮度/對比〕❷，顯示〔新增圖層〕對話框。

step 2

在此不用做任何變更，直接點擊〔確定〕按鈕❸。

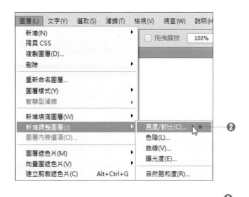

> **Tips**
> 希望僅修正正下方的圖層的時候，就要勾選〔使用上一個圖層建立剪裁遮色片〕❹。

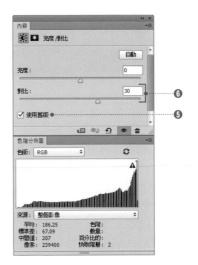

step 3

在〔內容〕面板（CS5 中則是〔調整〕面板）顯示
〔亮度/對比〕後，因為沒有顯示影像的色階分
佈圖，所以要像右圖般把〔內容〕面板（CS5 中
則是〔調整〕面板）和〔色階分佈圖〕面板排列
在一起，一邊確認色階分佈圖一邊進行作業。

step 4

首先，勾選〔內容〕面板（CS5 中則是〔調整〕面
板）的〔使用舊版〕**⑤**。
接著，把〔對比〕滑桿往右挪動，提高對比，
直到亮度和陰影的空白消失為止**⑥**，這次是鮮
豔且具有強弱的影像，所以要設定為「對比：
30」。

step 5

藉此，就可以擴大最高濃度和最低濃度，提高
影像整體的對比。和原始影像相比，可以看出
整體的對比提升，影像也更形飽滿。
另外，色階分佈圖的坡度傾斜和影像的對比並
沒有關係，所以請多加注意！

> **Tips**
> 這裡是在亮度和陰影達到足夠濃度之後，才為了
> 增加強弱而提高對比，所以會破壞到亮度和陰影
> 的色調。要進行更細微的調整時，請參考『增加
> 強弱，使影像更自然』（P.186），利用曲線進行
> 調整。

❖ **Variation** ❖

本書中有許多與對比相關的項目，而一般
被稱為對比的種類共有兩種。
第一種是「濃度最高部分和濃度最低部分的
亮度差異」；第二種則是「被攝體的亮度濃
淡變化程度」。
其實，所謂的「對比」是指前者，後者的正

式名稱則是「Gamma（伽瑪）」。對比一旦提
高，Gamma 就會隨著提升，不過就算提高
Gamma，對比仍舊不會提升。
本書所使用的「對比」，就是指上述所說的
前者。另外，為了讓大家更容易理解，本
書則是用「強弱」來表現上述的後者。

相關 調整的整體樣貌：P.172　使被攝體的色彩更鮮豔：P.178　僅調整特定的顏色：P.190

122 賦予強弱，使影像更加鮮明

欲使沉悶印象的影像更加鮮明時，就要把曲線的線條調整呈S字形。只要調整成S字形，就可以為影像賦予強弱。

step 1

右邊影像的色彩沒有強弱差異，給人沉悶的感覺。要為這種影像賦予強弱，就要使用曲線。在開啟影像的狀態下，顯示〔色階分佈圖〕面板，確認最陰暗部分和最明亮部分有沒有存在像素❶。如果有像素，就直接進行作業；另一方面，沒有像素的時候，請進行下一頁〔Variation〕中的作業。另外，色階分佈圖的形狀和影像的褪色或對比沒有關係，請多加注意！

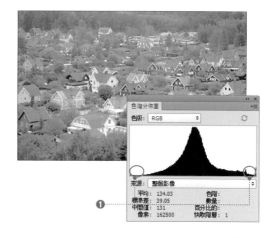

step 2

從選單選擇〔圖層〕→〔新增調整圖層〕→〔曲線〕，顯示〔新增圖層〕對話框。
在此不用做任何變更，直接點擊〔確定〕按鈕❷。

step 3

在〔內容〕面板（CS5中則是〔調整〕面板）中，於曲線中央偏暗的部分增加點，並且把點往下方拖曳，使陰暗的部分更陰暗❸。
於是，影像中的陰暗部分就會變得更陰暗，色彩會變得更濃❹。

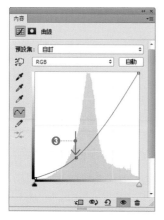

這次，中間偏明亮的部分也要增加點，把點往上方拖曳，讓明亮的部分變得更加明亮❺。曲線中央的傾斜也會變得比較陡。確認影像後，可以發現明亮的部分變得更明亮，飽和度和外觀的對比也增加了許多，顯得更加鮮明。

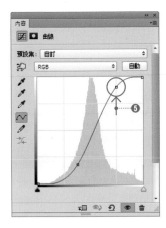

第4章　潤飾與調整

❖ Variation ❖

像右圖般，色階分佈圖的最陰暗部分和最明亮部分並沒有像素的時候❻，就從選單選擇〔影像〕→〔調整〕→〔曲線〕，顯示〔曲線〕對話框。

把曲線左右的最暗點滑桿和最亮點滑桿往內側拖曳，配合最暗部和最亮部，使中間的區域縮小❼。進行這個作業後，再利用與本項step2、step3相同的步驟，把曲線調整成S字形狀❽。

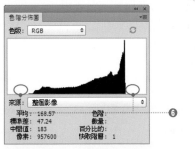

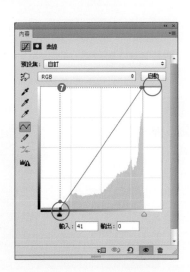

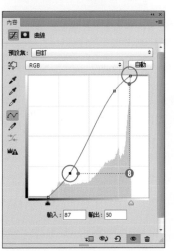

相關　曲線的使用方法：P.178　在不改變飽和度下提高對比：P.196

123　使被攝體的色彩更鮮豔

欲使影像的色彩更鮮豔時，就要使用〔色相/飽和度〕調整圖層。只要使用〔色相/飽和度〕，也可以只讓影像的局部變得鮮豔。

概要

右圖即便不修正，也還是張不錯的影像，不過這次要使用〔色相/飽和度〕調整圖層，讓汽車的色彩變得更加鮮豔，把影像加工成更加醒目。

step 1

從選單選擇〔圖層〕→〔新增調整圖層〕→〔色相/飽和度〕，顯示〔新增圖層〕對話框。在此不用做任何變更，直接點擊〔確定〕按鈕❶。

> **Tips**
> 希望只修正下方的圖層時，就要勾選〔使用上一個圖層建立剪裁遮色片〕❷。

step 2

從〔內容〕面板（CS5中則是〔調整〕面板）上方的下拉選單選擇〔紅〕❸，設定為〔飽和度：＋60〕❹。
像這樣藉由限定目標的飽和度，在不對柏油的顏色或天花板的顏色賦予影響下，可以僅變更特定的飽和度❺。

Tips

在沒有限定目標的顏色下，一旦設定為〔飽和度：＋60〕**⑥**，雖然汽車的顏色會變得十分鮮豔，不過在另一方面，柏油的部分卻會覆蓋上綠色。

另外，一旦把〔飽和度〕滑桿往右挪動，數值越接近＋100，影像整體的飽和度就會提升越多，不過一旦飽和度提升了太多，影像的顆粒就會混雜，導致畫質下降，或是過分高彩，而導致整體的色彩平衡崩解，所以必須適當調整數值才行。

❖ Variation ❖

只要點擊〔內容〕面板（CS5中則是〔調整〕面板）上方的〔影像上調整工具〕**⑦**，在點擊這個按鈕之後，把希望調整飽和度的色彩部分往左右拖曳**⑧**，就能夠以開始拖曳部分的色彩為標準，控制飽和度。

若使用這個方法，與從下拉選單選擇概略的色相進行調整時相比，可以更正確地調整顏色。

相關 修正失真色彩：P.182　僅調整特定的顏色：P.190　修正亮部和陰影：P.193

124　僅對特定的顏色進行修正

欲僅修正影像內的特定顏色時，要先利用〔顏色範圍〕功能，僅對該色建立選取範圍，然後再加以修正。

 概要

通常，一張照片中一定會有各式各樣的顏色。因此，就算針對整個影像，把某個顏色修正得非常漂亮，其他的顏色有時也會變得不自然。希望像這樣單獨針對整體中的特定顏色進行修正時，就要單獨把那個顏色製作成選取範圍，再進行修正。

希望單獨針對森林照片中所含的綠色樹木進行修正時，或是希望單獨針對遠景照片中所含的天空色彩進行修正時，這種技巧會很有效。

在此，僅針對右圖樹木的綠色來進行修正。

step 1

從選單選擇〔選取〕→〔顏色範圍〕，顯示〔顏色範圍〕對話框。

以1～5之間的數值設定〔朦朧〕。在此設定為〔朦朧：1〕❶。

另外，為了更容易了解選取範圍，在此要選擇〔選取範圍預視：快速遮色片〕❷。

step 2

點擊影像中希望變更顏色的部分（在此點擊的是樹木）❸。

於是，與該部分相同的顏色範圍就會從快速遮色片中被排除，變成不同的顏色。這個顏色改變的部分就會形成選取範圍。

step 3

選擇〔顏色範圍〕對話框的〔增加至樣本〕按鈕❹，點擊希望設定為選取範圍的部分，使選取範圍逐漸擴大。另外，選取範圍擴大太多的時候，就點擊〔從樣本中減去〕按鈕❺，刪除特定的選取範圍。製作出❻那樣的選取範圍後，就點擊〔確定〕按鈕❼。

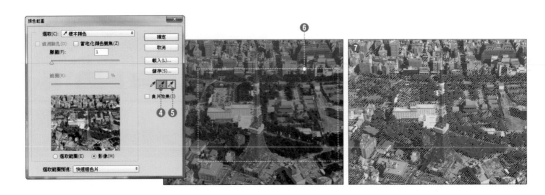

第４章　潤飾與調整

 step 4

進行選取範圍的調整。

從選單選擇〔圖層〕→〔新增調整圖層〕→〔色相／飽和度〕，顯示〔新增圖層〕對話框。在此不做任何變更，直接點擊〔確定〕按鈕❽。

 step 5

一邊檢視影像一邊在〔內容〕面板（CS5中則是〔調整〕面板）中輸入各數值。在此設定為〔色相：－2〕、〔飽和度：＋75〕、〔明亮：＋5〕❾。藉此，僅有樹木的綠色部分被限定修正。

相關　選擇特定的顏色範圍：P.109　使被攝體的色彩更鮮豔：P.188　僅變更影像內的特色顏色：P.192

{125} 變更影像內的特定顏色

欲單獨變更影像內的特定顏色時，就從選單選擇〔圖層〕→〔新增調整圖層〕→〔色相／飽和度〕。

概要

只要利用〔色相／飽和度〕指定主題的顏色系統，變更色相和飽和度，就可以單獨變更特定主題的顏色。

在此僅變更右圖汽車的顏色。

step 1

從選單選擇〔選取〕→〔新增調整圖層〕→〔色相/飽和度〕，顯示〔新增圖層〕對話框。在此不做任何變更，直接點擊〔確定〕按鈕❶。

step 2

在〔內容〕面板（CS5中則是〔調整〕面板）的〔編輯下拉選單〕中選擇〔青色〕❷。

一旦移動〔色相〕滑桿❸，在影像中僅以青色為主的色相會有變化。

變更色相時希望增加或刪除作為基準色的時候，就要點擊〔增加至樣本〕或是〔從樣本中減去〕按鈕❹，在影像內點擊希望增加或刪除的顏色部分。

Tips

只要從選單選擇〔選取〕→〔顏色範圍〕並預先製作出選取範圍（P.190），就可以指定更詳細變更的顏色。另外，只要使用〔色相/飽和度〕調整圖層的的〔影像上調整工具〕按鈕❺，就可以在畫面上拖曳，變更顏色（P.189）。

相關 使被攝體的色彩更鮮豔：P.188　僅調整特定的顏色：P.190　進行可再編輯的調整：P.175

{126} 修正亮部和陰影

欲局部修正明亮部分（亮部）和陰暗部分（陰影）時，就要使用〔陰影/亮部〕。

step 1

右邊的影像分別有亮部太過明亮，或陰影太過陰暗的部分❶。在此要使用〔陰影/亮部〕來調整這個影像的亮部和陰影。

從選單選擇〔影像〕→〔調整〕→〔陰影/亮部〕❷，顯示〔陰影/亮部〕對話框。

step 2

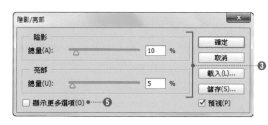

在〔陰影〕區段中設定為〔總量：10〕；〔亮部〕區段中設定為〔總量：5〕❸，點擊〔確定〕按鈕。

藉此，影像的亮部和陰影就會變成明暗更加協調的影像❹。

另外，只要勾選〔陰影/亮部〕對話框下方的〔顯示更多選項〕❺，就可以更詳細地設定下表的項目。

> **Tips**
> 就算變更各設定值，最陰暗部分和最明亮部分仍不會變化。
> 另外，〔陰影/亮部〕對話框所設定的值，會因為影像的色彩描述檔（P.336）等而有不同，所以請多加注意！

原始影像　　　　　　　　修正後

第4章　潤飾與調整

◎〔陰影/亮部〕對話框的進階選項

項目	內容
色調	分別以0～100%設定〔陰影〕、〔亮部〕區段的修正範圍。設定值越高，調整的範圍就越大。越接近100%，越會對畫質造成影響，陰影和亮部的邊界部分會出現不自然的邊緣。可是，擴大的程度最多只會達到中間調，例如，就算把〔陰影〕的值設定成100%，亮度的濃度仍不會改變。
強度	〔陰影〕、〔亮部〕都是調整修正領域內的陰影和亮部的邊緣輪廓。可設定0～2500pixel，數值越小，陰影和亮部的邊緣就越不明顯，數值如果太大，則會影響影像整體的濃度。

相關　調整的整體樣貌：P.172　修正對比較低的影像：P.184　對影像賦予強弱：P.186

{127} 轉換成符合形象的單色

把彩色影像轉換成單色影像的方法有好幾種，在此介紹的〔色版混合器〕是其中自由度較高且雜訊較少的優異功能。

step 1

使用〔色版混合器〕和〔色彩平衡〕，把右邊的影像轉換成單色。

從選單選擇〔圖層〕→〔新增調整圖層〕→〔色版混合器〕，顯示〔新增圖層〕對話框，不做任何變更，直接點擊〔確定〕按鈕即可❶。

step 2

在〔內容〕面板（CS5中則是〔調整〕面板）中勾選〔單色〕❷，設定為〔紅色：＋65〕、〔綠色：＋30〕、〔藍色：＋5〕❸（此處的值請調整成〔總數：100％〕、〔常數：0％〕）。

> **Tips**
> 希望讓拍攝體的紅色部分變成白色時，要增大〔紅色〕的比例；希望把拍攝體的綠色部分變成白色時，則要增大〔綠色〕的比例。一般來說，只要提高〔綠色〕的比例，影像就會變得比較自然；若是提高〔紅色〕的比例，就會變成強弱明顯的影像。

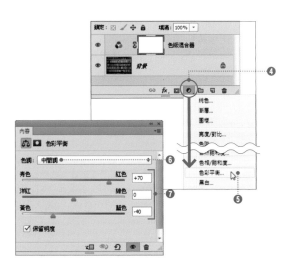

step 3

點擊〔圖層〕面板的〔建立新填色或調整圖層〕❹，選擇〔色彩平衡〕❺，〔內容〕面板（CS5中則是〔調整〕面板）就會顯示出〔色彩平衡〕。
選擇〔色調：中間調〕❻，設定為〔青色－紅色：＋70〕、〔洋紅－綠色：0〕、〔黃色－藍色：－40〕❼。在此為了做出深棕色調，所以要增加〔紅色〕和〔黃色〕。

step 4

藉此，影像就會被轉換成單色。只要選擇〔色調：中間調〕，最陰暗的部分和最明亮的部分就會維持黑色和白色，只有中間調會呈現出被上色的狀態，所以就會變成一般的單色影像。

❖ **Variation** ❖

在大多數的情況下，色版混合器的設定值必須取決於拍攝體的狀態。請參考下列的數值，試著做出各種設定。

〔新綠的綠〕要強調新綠的綠的時候，則以〔R：－10〕、〔G：120〕、〔B：－10〕為基準，配合影像，進行細微調整。

〔自然的風景〕藍天或綠色較多的自然風景，則以〔R：20〕、〔G：70〕、〔B：10〕為基準，配合影像，進行細微調整。要讓綠色較明亮時，請增加〔綠色〕色版。

〔肖像畫〕肖像畫等人體肌膚較多的影像，則以〔R：75〕、〔G：25〕、〔B：0〕為基準，配合影像，進行細微調整。〔藍色〕色版務必設定為0。

〔陰暗雜訊感的影像〕要營造出陰暗雜訊感的影像時，則以〔R：30〕、〔G：0〕、〔B：70〕為基準，配合影像，進行細微調整。多數情況都是把〔藍色〕色版設定為較高數值。

另外，不符合上述任何拍攝體的時候，則請以〔R：30〕、〔G：59〕、〔B：11〕為基準，試著進行調整。設定這個RGB值後，影像就會變成「標準且被視為最美的單色」。這個數值是NTSC（全美國家電視播映標準化委員會）研究且提倡的值，Photoshop也是以這個數值為準則。

第 4 章　潤飾與調整

相關　調整圖層的建立：P.175　修正背光的照片：P.198　為單色照片加上色彩：P.234

128 在不改變飽和度下提高對比

在不改變飽和度的情況下，欲單獨提高影像的對比時，把影像的色彩模式變更為〔Lab色彩〕，再利用曲線提高對比。

概要

利用色階分佈圖確認右邊的影像後，發現這是一張亮部和陰影都沒有像素❶，強弱鮮明的影像。

通常，這種影像都是利用〔曲線〕等進行賦予強弱的修正（P.178），然而一旦使用曲線，有時會有飽和度太高的情況。因此，在此將說明利用〔Lab 色彩〕並在不改變飽和度下提高影像對比的方法。

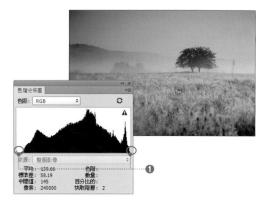

step 1

從選單選擇〔影像〕→〔模式〕→〔Lab色彩〕❷，變更影像的模式。一旦變更成Lab色彩模式，〔色版〕面板的顯示也會改變❸。

在Lab色彩模式中，影像並非像RGB模式那樣根據濃度來構成各色彩，而是由一個明亮色版和兩個色彩色版所構成。藉此，就可以在不改變飽和度的情況下，單獨提高對比。

step 2

從選單選擇〔圖層〕→〔新增調整圖層〕→〔曲線〕，顯示〔新增圖層〕對話框，不做任何變更，直接點擊〔確定〕按鈕。

在〔內容〕面板（CS5中則是〔調整〕面板）中，縮小曲線的最暗點滑桿和最亮點滑桿❹。另外，增加點之後，調整出如右圖般的曲線❺。藉此，飽和度不變，僅提高對比的影像就完成了。

相關　曲線的使用方法：P.178　賦予強弱，使影像更加鮮明：P.186　修正對比：P.184

{129} 修正色彩，強調夕陽的紅暈

藉由使用調整圖層的〔曲線〕進行調整，就可以在不變動原始影像的情況下，把夕陽的照片加工得更有夕陽的味道。

·〔概要〕·······

就算拍攝美麗夕陽的照片，有時仍可能因相機的色溫調整功能，而拍攝出如右圖般缺乏夕陽味道的照片。

這裡要使用可同時控制色調和影像對比的〔曲線〕來進行調整。

·〔step 1〕·······

從選單選擇〔圖層〕→〔新增調整圖層〕→〔曲線〕，顯示〔新增圖層〕對話框。在此不做任何變更，直接點擊〔確定〕按鈕❶。

·〔step 2〕·······

首先，調整影像的對比。

在〔內容〕面板（CS5中則是〔調整〕面板）中，把中央偏右的部分往上拉❷，同樣的，中央偏左的部分則要往下推❸。藉此，影像的飽和度就會增高，可明顯看出色彩偏差比較緊湊。另外，右圖般的曲線因為形狀的關係，被稱為「S字曲線」（P.178）。

·〔step 3〕·······

接著，為了讓影像更有夕陽的味道，要從下拉選單中選擇〔紅〕❹。

把曲線的最右上部分往左移動❺，讓最明亮部分變成紅色。

接著，把中央部分往上拉❻，讓影像整體變紅。藉此，調整過對比和色彩後的影像，就會變得更有夕陽的味道。

希望進一步調整對比或亮度的時候，就把〔紅〕下拉選單返回到〔RGB〕，再利用與step2相同步驟進行調整。

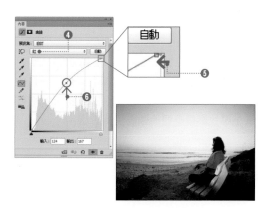

相關　調整的整體樣貌：P.172　進行可再編輯的調整：P.175　曲線的使用方法：P.178

197

第4章　潤飾與調整

130 淺灰色效果

一旦透過降低照片的飽和度來轉換成淺灰色照片,在大多數的情況下都會喪失強弱。在此,將解說在保有對比下完成美麗的淺灰色照片之方法。

step 1

一般的調整都是先調整亮度和對比,不過這次為了讓大家更容易理解,要先進行飽和度的調整。

開啟影像,選擇處理目標的圖層❶。

step 2

從選單選擇〔圖層〕→〔新增調整圖層〕→〔色相/飽和度〕,顯示〔新增圖層〕對話框。在此不做任何變更,直接點擊〔確定〕按鈕❷。

增加〔色相/飽和度1〕調整圖層,選取後,在〔內容〕面板(CS5中則是〔調整〕面板)中,調整飽和度。在此設定為〔飽和度:-65〕❸。設定值請配合照片的內容及個人喜好來調整。

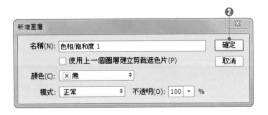

step 3

降低影像的飽和度,結果就如右圖❹。一旦檢視這個影像,即可得知因為飽和度大幅地降低,導致影像整體的強弱受到影響。

step 4

修正影像的強弱程度。

從選單選擇〔圖層〕→〔新增調整圖層〕→〔亮度／對比〕，顯示〔新增圖層〕對話框，並且設定為〔名稱：調整整體〕，點擊〔確定〕按鈕❺。〔調整整體〕調整圖層新增後會呈現選取狀態，所以要在〔內容〕面板（CS5則是〔調整〕面板）中調整對比。在此設定為〔對比：100〕❻。

❼

step 5

藉此，就可以在維持對比的情況下，完成美麗淺灰色的照片❼。

Tips
本項目使用了〔亮度／對比〕調整圖層，不過希望更仔細地調整對比的時候，則請使用〔曲線〕（P.178）。

━━ ❧ Variation ❧ ━━

希望不要使整體影像全部變亮，只希望讓人物部分增亮的時候，要把影像的周邊部分調暗。

右邊的案例在最上方增加〔亮度：－60〕、〔對比：0〕的〔亮度／對比〕調整圖層❽，並使用圖層遮色片，只把增加的調整圖層的效果單獨套用在影像周邊部分❾（P.154）。在右圖中，使用〔筆刷尺寸：600px〕、〔不透明度：50%〕的筆刷，用黑色填滿影像中心部分，藉此修正調整圖層的套用範圍❿、⓫。

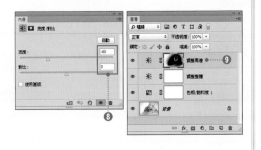

相關 曲線的使用方法：P.148　圖層遮色片：P.154　調整圖層：P.175

{131} 利用隧道效果使主題更顯眼

欲套用隧道效果於照片時，要選擇〔以快速遮色片模式編輯〕，模糊選取範圍，並利用〔曲線〕進行調整。

 概要 ・・

所謂的隧道效果是指利用人類會把視線放在更明亮部分的習性，而把其他部分的亮度調暗，使主要圖像更加顯眼的方法。一般來說，影像主題多半都是配置在影像的中央，所以藉由把周邊部分調暗，就可以讓影像更加鮮明。

右邊的影像是在左邊的影像上添加隧道效果而成的。比較兩者後可以清楚發現，套用上隧道效果的影像主題（女性）變得更加明顯，而且更令人印象深刻。

原始影像　　　　　　　　　　　　　　　　　加工後

---

 step 1 ・・・・・・・・・・・・・・・・・・・・・・・・・・・・・・

從工具面板選擇〔橢圓畫面選取〕工具 ❶，建立比起主題更大一圈的選取範圍 ❷。

step 2 ・・・・・・・・・・・・・・・・・・・・・・・・・・・・・・

接著，點擊工具面板最下方的〔以快速遮色片模式編輯〕按鈕 ❸，切換至快速遮色片模式（P.128）。

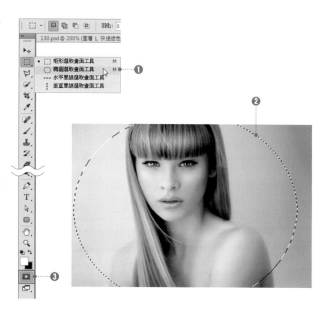

step 3

從選單選擇〔濾鏡〕→〔模糊〕→〔高斯模糊〕，
顯示〔高斯模糊〕對話框。

一邊確認顯示在畫面的遮色片模糊程度，一邊
調整〔強度〕❹。像右圖般，邊長為800pixel
的時候，就以60～100的數值進行設定。

這個作業事後仍舊可以重新調整，所以不知道
設定多少的時候，就請設定為〔強度：80〕。

step 4

點擊〔以標準模式編輯〕按鈕❺，返回到一般
的選取範圍。

之後，從選單選擇〔圖層〕→〔新增調整圖層〕
→〔曲線〕，顯示〔新增圖層〕對話框，在此不
做任何變更，直接點擊〔確定〕按鈕即可❻。

step 5

在〔內容〕面板（CS5則是〔調整〕面板）中，把
曲線設定為如右圖般的S字形狀❼。

在曲線當中，曲線下方的面積越多，就會變得
越明亮；曲線的角度越大，對比和飽和度就會
提高。一邊檢視畫面，一邊調整成提高主題的
對比❽。

對比和飽和度提高之後，檢視畫面時，視線自
然就會放在主題上頭。在此，若覺得飽和度
不充足的時候，就使用〔圖層〕→〔新增調整圖
層〕→〔色相/飽和度〕，進行調整。

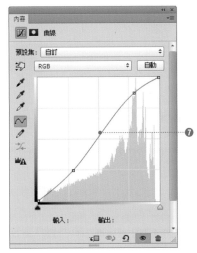

> **Tips**
> 曲線是唯一可以同時且詳細設定對比（飽和度）和
> 亮度的工具（P.178）。可說是運用Photosop時絕
> 對必用的工具。建議藉由套用曲線在各式各樣的
> 影像上，學習其操作方法或影像變化的狀態等。

step 6

從選單選擇〔選取〕→〔載入選取範圍〕，顯示〔載入選取範圍〕對話框。

〔文件〕指定現在的檔案名稱；〔色版〕則指定之前建立的曲線遮色片❾。另外，還要勾選〔反轉〕項目❿。點擊〔確定〕按鈕後，就會建立出相反的選取範圍。

step 7

從選單選擇〔圖層〕→〔新增調整圖層〕→〔曲線〕，顯示〔新增圖層〕對話框。

在此不做任何變更，直接點擊〔確定〕按鈕⓫。

step 8

這次在〔內容〕面板（CS5則是〔調整〕面板）中，把右上的亮點往下推⓬，盡量讓曲線整體呈現較低的角度。

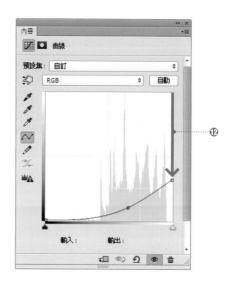

> **Tips**
> 曲線的角度越陡，周邊部分的飽和度就會提升，同時會讓主題變得比較不顯眼，所以請多加注意！

step 9

最後，只要利用曲線調整周邊就完成了。和加工前的影像相比，就可以發現，加工後的周邊亮度變得比較暗，同時飽和度也降低許多，另一方面，主題周邊的對比也提高了許多，所以就可以更進一步增加人物的存在感。

相關 曲線的基本操作：P.178　使被攝體的色彩更鮮豔：P.188　修正背光的照片：P.198

{132} 使過度染色的影像明亮化

過度染色的影像（相機的色溫設定偏移的影像）要利用「Camera Raw」一邊檢視色階分佈圖，一邊進行調整。

概要

攝影狀況的不同，有時會導致相機的色溫修正功能失常，出現像右圖般過度染色的情況。發生過度染色的時候，要使用「Camera Raw」來修正。可是，一旦使用這種方法，圖層會自動被合併，所以請多加注意！

step 1

從選單選擇〔檔案〕→〔開啟舊檔〕，顯示〔開啟舊檔〕對話框，先選擇欲編輯的檔案❶，再把〔格式〕設定為〔Camera Raw〕❷，點擊〔開啟舊檔〕按鈕。

step 2

控制〔白平衡〕區段的〔色溫〕和〔色調〕，去除過度染色的情況❸。在此設定為〔色溫：－35〕、〔色調：－37〕。

在這個方法中因為使用了去除色溫和色調專用的功能，所以比起使用曲線等更能簡單地進行色彩修正❹。

另外，如果是Raw影像，多半都可以在不使畫質劣化的狀態下進行調整。

> **Tips**
> 希望進行更詳細或局部性的調整時，請參考『僅對特定的顏色進行修正』（P.190）。
> 另外，CC版本的新功能〔Camera Raw濾鏡〕，也能夠實現相同的加工（P.291）。

第4章　潤飾與調整

{133} 清除不要的物件

只要使用〔仿製印章工具〕⬛，就可以清除印在影像上所不要的髒汙或汙點。在此要刪除照片左下方的日期標示。

step 1

從工具面板選單〔仿製印章〕工具⬛❶，在選項列中設定筆刷前端的形狀❷。適合修正的筆刷前端形狀，在檢視欲修正的部分後決定。這次選擇〔尺寸：15px〕❸的〔柔邊圓形〕筆刷❹，設定為〔硬度：70%〕。

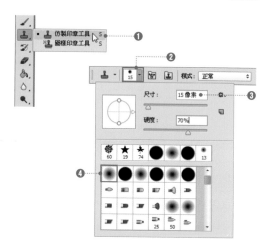

step 2

仔細觀察畫面上希望修正部分的周圍，找出似乎可當作複製來源使用、又與清除位置相似般的色彩與圖樣，一邊按住 Alt （ Option ）鍵一邊點擊❺。

藉此，點擊的部分就會變成取樣點。只要移動游標，剛才指定的取樣點就會顯示在筆刷內側。另外，取樣點可利用〔仿製來源〕面板進行設定。

step 3

透過直接點擊或拖曳的方式❻，利用取樣點所指定的影像填滿。

重覆進行取樣點的指定和仿製印章的操作，把日期部分完全清除❼。

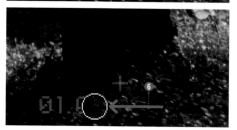

> **Tips**
> 使用一次仿製印章後，取樣點也會跟著游標的移動一起改變，因此修正範圍較廣的時候，就必須更勤勞地重新指定取樣點。

原始影像

修正後

相關 除掉細微刮痕或汙點：P.205　用修補工具清除皺紋：P.212　給予眼眸如玻璃般的光澤：P.220

{134} 除掉細微刮痕或汙點

欲除掉影像內散落的細微刮痕或汙點時，就使用〔汙點和刮痕〕濾鏡。這個濾鏡會尋找影像內有濃度變化的部分，同時利用周圍的像素填滿具有變化的部分。

概要

右圖的影像乍看之下似乎沒有什麼問題，但是仔細地放大觀察，即可發現影像中有許多細微的汙點❶。

在此要使用〔汙點和刮痕〕濾鏡來除掉這些汙點。

step 1

從選單選擇〔濾鏡〕→〔雜訊〕→〔汙點和刮痕〕❷，顯示〔汙點和刮痕〕對話框。

一邊檢視預視❸，一邊為了消除影像內的汙點，利用〔強度〕設定填滿的像素尺寸，並利用〔臨界值〕設定具有多少的濃度差異時應該填滿的像素❹。

這次設定為〔強度：1〕、〔臨界值：2〕。

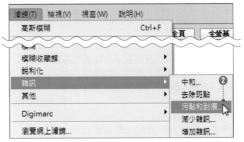

step 2

點擊〔確定〕後，就會套用上濾鏡，即可完美清除髒汙或刮痕❺。

另外，如果在〔汙點和刮痕〕濾鏡輸入太大的數值，有時就會破壞掉細微部分。必須用更強烈的〔汙點和刮痕〕濾鏡來清除細微部分時，就要選擇犧牲掉細微部分，或者是使用〔仿製印章〕工具逐一清除汙點。

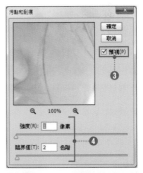

原始影像

修正後

第 4 章　潤飾與調整

相關　清除不要的物件：P.204　除掉邊緣的汙點：P.206　用修補工具清除皺紋：P.212

{135} 除掉邊緣的汙點

欲除掉殘留在邊緣的汙點時，就要從〔圖層〕→〔修邊〕中選擇〔移除白色邊緣調合〕、〔移除黑色邊緣調合〕，或者是〔修飾外緣〕。

 概 要

把剪裁的影像配置在背景的上方之後，有時影像的邊緣會有被稱為「外緣」的髒汙殘留❶。如果不理會這些髒汙，就會導致影像的品質下降，所以必須將其清除乾淨。

step 1

欲除掉外緣時，就在〔圖層〕面板中選擇人物的圖層❷，從選單選擇執行〔圖層〕→〔修邊〕→〔移除白色邊緣調合〕❸。

> **Tips**
> 所謂的「外緣色彩」是指在消除鋸齒的邊緣或半透明部分，作為基底的顏色。所謂的〔移除白色邊緣調合〕是指刪除白色的外緣色彩。

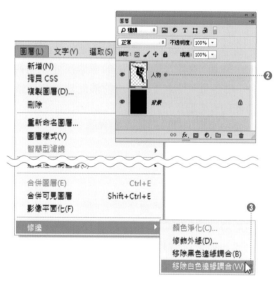

step 2

圖層的外緣上，原本有白色殘留的部分，執行〔移除白色邊緣調合〕後，白色部分就消失了，就算放大，影像也不會有半點不協調感❹。另外，因為此處的外緣是白色，所以就選擇了〔移除白色邊緣調合〕，但如果外緣是黑色，則要選擇〔移除黑色邊緣調合〕。

> **Tips**
> 在 CS5 以後版本中，可使用〔顏色淨化〕，在不受外緣色彩的情況下，刪除不需要的色彩。使用這項功能時，要先在影像的邊緣增加圖層遮色片，再選擇〔圖層〕→〔修邊〕→〔顏色淨化〕。〔顏色淨化〕對話框顯示後，再調整〔總量〕❺。

{136} 讓寶石閃閃發亮

欲讓寶石或金屬材質的物件閃閃發亮時，就要使用〔銳利化〕工具 △ 和〔加亮〕工具 ●、〔加深〕工具 ● 。

step 1

開啟影像，從工具面板選擇〔銳利化〕工具 △，**❶**，點擊〔筆刷〕揀選器**❷**，選擇〔柔邊圓形〕**❸**。在此設定為〔尺寸：30px〕**❹**。另外，設定為〔強度：50%〕**❺**。

另外，〔筆刷尺寸〕和〔強度〕，請配合影像內容進行適當的變更。

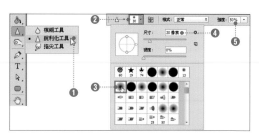

step 2

在寶石或金屬上方拖曳**❻**，試著做出效果。如果筆刷強度過大，雜訊就會增多，顏色也會改變。筆刷強度過強或過弱的時候，就變更〔強度〕。

寶石或金屬的朦朧感消除之後，直接以相同的〔強度〕拖曳寶石和金屬整體。

發生雜訊時，就把色彩模式設定為〔Lab色彩〕，僅操作〔明亮〕色版（P.196）。另外，勾選〔銳利化工具〕選項的〔保護細節〕。

step 3

選擇〔加深〕工具 ● **❼**，設定為〔範圍：中間調〕、〔曝光度：20%〕**❽**，在寶石和金屬較陰暗的部位拖曳，使色調更暗。

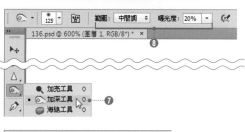

step 4

接著，選擇〔加亮〕工具 ● **❾**，拖曳較陰暗部分和較明亮部分的邊緣，或是比中間調略明亮的部分，增加影像的強弱。

反覆執行這些作業，做出符合個人要求的影像。

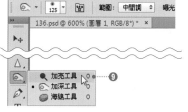

相關　〔Lab色彩〕：P.196

第4章　潤飾與調整

137　修正晃動的照片

在大多數的情況下，晃動的影像多半都是像素朝同一個方向移動。因此，只要朝著與晃動相同的方向來套用〔智慧型銳利化〕濾鏡的話，就可以輕易地修正晃動。

概要

如果是像右邊的影像那樣只是稍微晃動的影像，就可以利用〔智慧型銳利化〕濾鏡，讓晃動不那麼明顯。

step 1

從選單選擇〔濾鏡〕→〔銳利化〕→〔智慧型銳利化〕，顯示〔智慧型銳利化〕對話框。
因為要一邊檢視預視一邊調整設定值，所以要把放大倍率設定為100％以上❶。固定成〔總量：100〕❷，在〔強度〕輸入適當的數值❸。
選擇〔移除：動態模糊〕❹，一邊檢視預視一邊〔角度〕也要輸入看起來晃動程度較小的數值❺。
最後，調整〔強度〕，設定出晃動程度較小的數值。在此分別設定為〔總量：100〕、〔強度：5〕、〔角度：－23〕。

step 2

點擊〔確定〕按鈕，套用濾鏡效果後，就可以降低晃動，讓外觀變得更好❻。

◎〔智慧型銳利化〕對話框的設定項目

項目	內容
總量	可指定銳利化的強度。通常是從〔總量：150％〕左右開始逐步調升數值。可設定範圍是1～500％，不過，大部分都是設定150～250％。
強度	指定套用銳利化的半徑（邊緣寬度）。通常都是根據解析度進行設定（P.57）。
移除	檢測出影像的輪廓，製作出較小的輪廓。這個時候，可選擇篩選輪廓的方法。通常都是使用〔高斯模糊〕或是〔動態模糊〕。這次的晃動情況則是選擇〔動態模糊〕。
角度	〔動態模糊〕專用的選項。在此可指定抑制晃動的方向。
精確 （CS6以前版本）	進行更詳細運算的選取方塊。因為多數情況都可以發揮出不錯的效果，所以通常都是採用勾選的狀態。

{138} 讓影像的局部滲透

一旦使用可以讓影像局部扭曲的〔指尖〕工具 🖐，就可以在影像上添加宛如搓揉顏料般的滲透效果。

step 1

說明利用〔指尖〕工具來使右邊的影像扭曲，營造出水面晃動的方法。

從工具面板選擇〔指尖〕工具❶，設定〔強度〕和筆刷尺寸❷。

這次在50～80%之間設定〔強度〕，一邊增加強弱一邊進行作業。另外，筆刷的尺寸則設定為25～80。

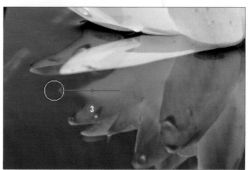

step 2

為了讓水面整體產生漣漪效果，用〔指尖〕工具在欲扭曲的部分拖曳❸。在此設定為〔筆刷尺寸：35〕、〔強度：50%〕。

在近處把筆刷尺寸增大，並且隨著遠景的變化，把筆刷尺寸逐漸縮小，藉此就可以自然地展現出遠近感。

step 3

在選項列勾選〔手指塗畫〕❹，把〔前景色〕所指定的顏色增加在〔指尖〕工具的效果上。

左邊的影像❺是用一般的指尖工具扭曲的範例，右邊的影像❻則是勾選了〔手指塗畫〕的範例。在此設定了〔前景色：白色〕，所以當勾選〔手指塗畫〕時，扭曲的部分就會增加白色。

只要勾選〔手指塗畫〕功能，就可以在讓影像扭曲的同時，加上前景色，所以就可增強滲透的效果。

另外，希望賦予更自然的效果時，請把開始拖曳的場所顏色設定為前景色。

相關 利用〔液化〕濾鏡使影像變形：P.214　利用〔模糊〕工具使影像平滑：P.218

第4章　潤飾與調整

139 模糊背景，強調遠近感

只要使用〔鏡頭模糊〕濾鏡，讓背景的焦點模糊，就可以進一步強調遠近感。拍攝後希望增加遠近感的時候，就可以利用這個功能。

概要

右邊的影像從近處的人物到遠處的鐵塔都是處於合焦的狀態。

雖然這已經是張非常漂亮的照片，不過卻給人缺乏遠近感、單調的印象。因此，要單獨模糊背景的焦點，強調背景和被攝體的距離感，把影像加工得更有遠近感。

step 1

沿著人物的周圍建立選取範圍❶，從選單選擇〔選取〕→〔修改〕→〔羽化〕，顯示〔羽化選取範圍〕對話框。

step 2

設定為〔羽化強度：1〕❷，點擊〔確定〕按鈕。

step 3

一邊按住 Alt（ Option ）鍵，一邊點擊〔色版〕面板下方的〔儲存選取範圍為色版〕按鈕❸，顯示〔新增色版〕對話框。

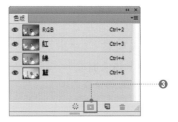

step 4

在〔名稱〕區段輸入「人物」❹，點擊〔確定〕按鈕。

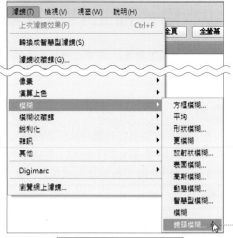

step 5 ·····················

從選單選擇〔選取〕→〔取消選取〕，解除當前影像的選取範圍後，從選單選擇〔濾鏡〕→〔模糊〕→〔鏡頭模糊〕**⑤**，顯示〔鏡頭模糊〕對話框。

step 6 ·····················

在〔來源〕下拉選單中，指定剛才所儲存的〔人物〕色版**⑥**，勾選〔反轉〕核取方塊**⑦**。另外，設定為〔強度：25〕**⑧**後，點擊〔確定〕按鈕。

◎〔鏡頭模糊〕對話框的設定項目

項目	內容
〔景深對應〕區段	把〔來源〕所指定的色版和〔模糊焦距〕組合，設定不進行模糊的範圍。
〔光圈〕區段	設定影像的模糊情況。可利用〔強度〕設定模糊程度；利用〔形狀〕下拉選單和〔葉片凹度〕、〔旋轉〕設定光圈模糊的差異。
〔反射的亮部〕區段	設定讓模糊部分發亮的效果。〔亮度〕可以設定模糊部分的亮度；〔臨界值〕可指定亮光範圍。
〔雜訊〕區段	在模糊部分增加雜訊。設定方法請參考 P.53。

step 7 ·····················

套用濾鏡後，人物以外的部分就會套用上模糊效果，強調出遠近感。就這種影像的情況來說，模糊部分和非模糊部分的邊界會非常明顯，如果希望製作出逐漸模糊般的效果時，就要在〔景深對應〕區段的〔來源〕下拉選單中，指定具有色階的 Alpha 色版。

相關 透過光圈的散景使影像更耀眼：P.294　添加模糊在影像上：P.52　模糊收藏館：P.54

{140} 用修補工具清除皺紋

只要使用〔修補〕工具 ，就可以簡單無不協調地修正皺紋。另外，在CS6以後版本中，也可以指定〔內容感知〕。

step 1

在此要把右圖用紅圈框起的皺紋部分清除❶。
從工具面板選擇〔修補〕工具 ❷，在選項列選擇〔來源〕❸，CS6以後版本則選擇〔修補：正常〕❹。

> **Tips**
> 在CS6以後版本中，可以在選項列的〔修補〕中選擇〔內容感知〕。
> 選擇〔內容感知〕後，就可以進行智慧型的修補。
> 可是，修正變化較少的部分時，就要選擇〔正常〕。修正面積較大且複雜的部分時，請試試〔內容感知〕。

step 2

拖曳框起修正範圍❺，建立選取範圍後，把選取範圍移動至沒有皺紋的部分❻。拖曳之後，到達地的選取範圍之影像就會顯示在原先的位置。

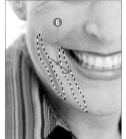

step 3

放開滑鼠，結束拖曳之後，取樣領域就會確定，並且取樣部分的影像和修正位置的影像會自動調和，使皺紋不會那麼明顯❼。
從選單選擇〔選取〕→〔取消選取〕，只要取消選取範圍，作業就完成了。
在此也要針對其他在意的皺紋進行修正❽。

{141} 找出最理想的臉部形狀

加工人物照片的時候，只要根據「人臉看起來更美麗的法則」進行照片加工，就可以實現五官更端正的美麗表情。可是，如果調整過度的話，就會變成缺乏個性的臉，所以必須多加注意！

 step 1

臉部五官的概略位置就如右圖。這個時候，只要讓五官更接近以下的比例，就可以實現更端正的表情。

❶：髮際、眉頭下緣、鼻尖、下巴前端的等分
❷：眼睛間隔為一個眼睛的寬度
❸：眼睛位置落在髮際至下巴前端約4：6的位置（4：6為黃金比例的近似值）
❹：嘴唇中央落在鼻尖至下巴前端約4：6的位置
❺：兩眼兩側的寬度為臉部寬度的60%
❻：眉頭、眼頭、鼻翼的外側位在一直線上

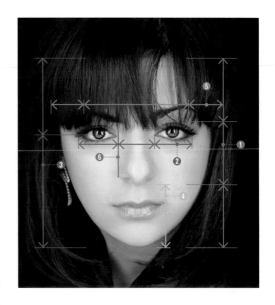

可是，如果調整過度，就會變成缺乏個性的臉，所以這終究只是作為參考之用，適當調整才是最重要的事情。

 step 2

右圖是依照條件❶所拉出的參考線。從參考線的位置，可以清楚了解鼻子的位置和作為基準的線條不同。就這張照片的情況來說，較長的臉看起來比較有成熟個性，所以要把五官位置調整至標準參考線，同時避免調整過度。如此，就可以呈現出比較自然的臉。

> **Tips**
>
> 人物的照片未必全都是從正面拍攝的照片。有時也會有從側面、上面或下面拍攝的照片。不過，上述的比例仍舊可以應用在各種情況。試著注意此處所介紹的比例，一邊進行照片的加工吧！
> 可是，並不是只要採用此處所介紹的比例，就可以製作出美麗的五官。調整臉部的時候，還是要先以概略為基準，試著使用上述的比例，再藉由事後的細微調整，修正出可以孕生出人物個性的照片。
> 另外，美麗的臉並不光只取決於五官的配置。美麗的肌膚、色調和眼眸的光輝等，也十分重要。這一點也請謹記在心。

相關　利用〔液化〕濾鏡使影像變形：P.214　讓眼眸綻放耀眼光芒：P.220　利用筆刷美化肌膚：P.216

第4章　潤飾與調整

{142} 利用〔液化〕濾鏡使影像變形

只要使用〔液化〕濾鏡，就可以把影像變形成自由的形狀。在此要變形人物照片，不過，除了人物照片之外，這種功能也可以活用在各式各樣的影像上。

step 1

開啟影像，建立名為「參考線」的圖層❶，描繪出變形後的輪廓線條❷。

另外，拷貝要加工的影像，把圖層名稱變更為「加工用」❸。

step 2

選取〔加工用〕圖層，從選單選擇〔濾鏡〕→〔液化〕，顯示〔液化〕對話框。在CS6以後版本中，要先勾選〔進階模式〕❹（CS5版本則不需要這個步驟）。

選擇〔液化〕對話框左上的〔向前彎曲〕工具 ❺，設定為〔尺寸：200〕、〔濃度：70〕、〔壓力：50〕❻。

另外，選擇〔使用：參考線〕、〔模式：前面〕，設定〔不透明：50〕❼。

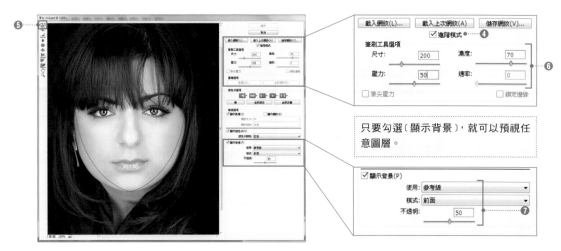

只要勾選〔顯示背景〕，就可以預視任意圖層。

◎〔液化〕對話框的按鈕

項目	內容
載入網紋 儲存網紋	可以儲存或載入利用〔液化〕濾鏡所執行過的作業內容。就算影像尺寸不同，只要影像比例相同，仍然可以得到相同的結果。
載入上次網紋	重現在最後利用〔液化〕濾鏡所執行過的作業內容。

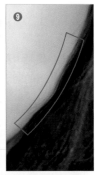

step 3

使用〔向前彎曲〕工具 ，讓游標沿著〔參考線〕圖層逐一點擊 ⑧。此時，請一邊改變筆刷尺寸一邊小心逐步點擊，以避免在整體上出現不自然。

在進行變形的過程中，當輪廓線條產生凹凸時，就請把〔向前彎曲〕工具 的筆刷尺寸縮小，仔細拖曳或慢慢點擊，進行修正 ⑨。

step 4

變形作業完成後，點擊對話框的〔確定〕按鈕。藉此便完成了。從右圖中可發現，臉部輪廓已經在簡單的操作之下，變形成自然的形狀 ⑩。

〔向前彎曲〕工具 的操作必須要有一定的熟悉程度，不過在事前先準備好適當的參考線的話，就可以讓影像變形的作業更簡單。

原始影像　　　　　　　加工後

> **Tips**
> 當嘴巴、鼻子或微笑線變形時，請使用〔向前彎曲〕工具、〔縮攏〕工具或〔膨脹〕工具等進行調整。

◎〔液化〕對話框的各工具

項目	內容
向前彎曲工具	宛如指尖工具那樣，把點擊或拖曳的位置往外推。
重建工具	重建點擊或拖曳的位置，返回加工前的狀態。效果範圍會依照工具選項的重建選項。
順時針扭轉工具	讓點擊或拖曳的位置往右旋轉，使其歪斜。一旦按住 Alt （ Option ）鍵，則會往左旋轉。
縮攏工具	讓點擊或拖曳的位置，朝筆刷中央縮小。
膨脹工具	讓點擊或拖曳的位置，朝筆刷中央擴張。
左推工具	向上拖曳，讓像素往左移動；向下拖曳，讓像素往右移動；向右拖曳，讓像素往上移動；向左拖曳，讓像素往下移動。
鏡像工具	一邊透過向上拖曳使筆刷內的像素往右移動，一邊把左側像素往筆刷中心集中。同樣地，透過向下拖曳使像素往左移動、透過向右拖曳使像素往下移動、透過向左拖曳使像素往上移動。
平滑工具	配合筆刷的動作，讓像素平滑混合。
凍結遮色片工具	描繪遮色片。被遮色的部分無法變形。
解凍遮色片工具	消除遮色片。若要清除所有的遮色片，就點擊遮色片選項的〔無〕。
手形工具	拖曳移動畫面。

相關 找出最理想的臉部形狀：P.213　清除皺紋：P.212　美化肌膚：P.216　給予眼眸光澤：P.220

{143} 利用筆刷簡單美化肌膚

欲美化肌膚時，就要利用〔滴管〕工具 ✐，一邊摘取肌膚的顏色，一邊用〔筆刷〕✐ 進行修正。只要配合肌膚的明暗或顏色，調整不透明度，就可以加工出自然的肌膚。

step 1

在此要修正右圖的人物肌膚。
首先，點擊〔圖層〕面板右下的〔建立新圖層〕按鈕❶，建立修正用的圖層。

step 2

從工具面板選擇〔筆刷〕工具 ✐ ❷。
開啟〔筆刷〕面板，選擇〔筆尖形狀〕區段❸，選擇〔柔邊圓形〕的筆刷❹。
在此選擇〔柔邊圓形30〕。另外，再確認其他的設定是〔硬度：0%〕、〔間距：25%〕❺。設定如果不一樣，就設定為〔硬度：0%〕、〔間距：25%〕。

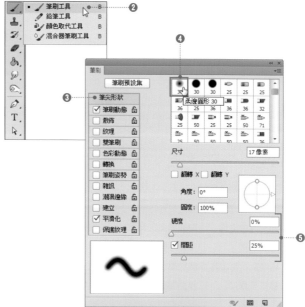

step 3

一旦在影像上按住 Alt（Option）鍵，〔筆刷〕工具 ✐ 就會暫時切換成〔滴管〕工具 ✐，所以要在直接按住 Alt（Option）鍵的情況下，在影像上點擊，摘取肌膚的顏色❻。用〔滴管〕工具 ✐ 摘取的顏色，可以隨時透過工具面板下方的〔前景色〕圖示進行確認❼。

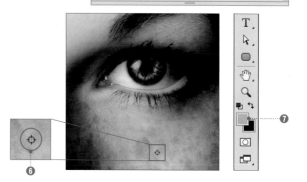

8

step 4

設定為〔筆刷尺寸：200〕、〔不透明度：20%〕
8，在剛才建立的圖層上進行塗抹**9**。另外，
進行修正的時候，請一邊檢視塗抹位置的顏色
和塗抹的情況，一邊修正適當設定值。為了使
黑斑變淡，在相同地方重複4~10次的塗抹。
這個時候，一邊頻繁地變更筆刷的前景色，一
邊使用筆刷做出完美的修正。

> **Tips**
> 請在修正途中，一邊按住 Alt（ Option ）鍵，一邊
> 點擊，把工具切換成〔滴管〕工具 ，一邊變更
> 前景色，一邊進行修正。

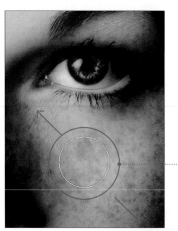

step 5

用筆刷塗抹臉頰等面積較廣的部分**10**。一邊改
變筆刷尺寸和前景色，一邊稍微增強明亮的部
分。筆刷的不透明度請設定為5 ～ 20%。

step 6

只要仔細塗抹陰影加深的部分和細微明亮的部
分，就大功告成了。

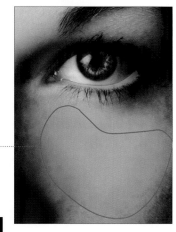

原始影像

加工後

相關　使影像平滑：P.218　給予眼眸光澤：P.220　為肌膚附加自然的立體感：P.222

〔144〕利用〔模糊〕工具使影像平滑

希望模糊局部影像時，就從工具面板選擇〔模糊〕工具，在畫面上拖曳起來。拖曳的位置就會變得平滑。

在此要使用銳利化較強烈的肖像畫，在頭髮部分等保留銳利感的情況下，利用〔模糊〕工具，單獨把肌膚部分變得平滑。

檢視右邊的影像後即可發現，整體的銳利度極高，頭髮的部分優良，可是肌膚毛孔粗大，看起來並不美觀。

step 1 ・・・・・・・・・・・・・・・・・・・・・・・・

從工具面板選擇〔模糊〕工具❶，設定筆刷尺寸和〔強度〕❷。這次要在〔筆刷尺寸：20～300〕、〔強度：30～100%〕的範圍之間進行作業。另外，還要勾選〔取樣全部圖層〕❸。接著，點擊〔圖層〕面板右下的〔建立新圖層〕按鈕❹，建立出全新的圖層❺。

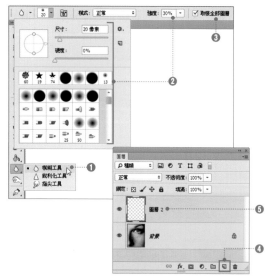

step 2 ・・・・・・・・・・・・・・・・・・・・・・・・

在肌膚部分加上模糊效果。確認全新建立的圖層為選取狀態後，在畫面上進行拖曳❻。

一邊避開眉毛或頭髮等不希望變模糊的部分，一邊在面積較大的部分進行拖曳。只要放大影像，同時把筆刷尺寸縮小，藉由仔細地拖曳，就可以模糊細微的部分。

step 3

因為一開始勾選了〔取樣全部圖層〕，所以只有模糊部分會被拷貝在全新建立的圖層上。只要把〔背景〕圖層設為隱藏❼，就可以確認如右圖般的模糊部分。

> **Tips**
> 在沒有勾選〔取樣全部圖層〕下使用工具的時候，工具的效果只會套用在選取的圖層上。

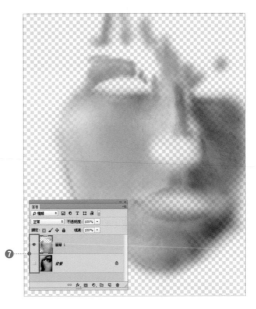

step 4

只要一邊改變筆刷的尺寸或強度一邊進行全體的調整❽，毛孔粗大的部分就會變得模糊，視覺上就會變得比較漂亮❾。

原始影像

加工後

相關 消除皺紋：P.212　美化肌膚：P.216　給予眼眸光澤：P.220　為肌膚附加立體感：P.222

{145} 給予眼眸如玻璃般的光澤

只要使用〔加深〕工具，加深虹膜外圍的顏色，再用〔加亮〕工具，加亮虹膜內圍，使虹膜更加明顯，就可以給予眼眸如玻璃般的光澤。

step 1

從工具面板選擇〔加深〕工具 **❶**，從選項列選擇〔柔邊圓形〕**❷**，在此把筆刷尺寸設定為〔尺寸：9px〕**❸**。

另外，設定為〔範圍：中間調〕、〔曝光度：20%〕**❹**（〔曝光度〕要在 10 ～ 30% 之間進行適當的設定）。

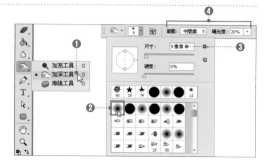

step 2

在虹膜內側的外圍部分拖曳，加深顏色 **❺**。此時，就算內圍部分有些許變暗也無妨。請依照情況的必要，適當變更筆刷尺寸。

另外，和上眼瞼重疊的虹膜部分、瞳孔輪廓和黑眼球的中心，同樣也要進行拖曳，加深顏色。

瞳孔加深後，結果就會呈現 **❻** 的狀態。

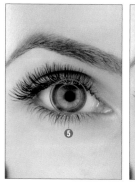

step 3

從工具面板選擇〔加亮〕工具 **❼**。選項列的設定就跟 step1 相同。以右圖的紅框部分為中心 **❽**，使用大約加深時一半尺寸的筆刷來進行加亮的操作。

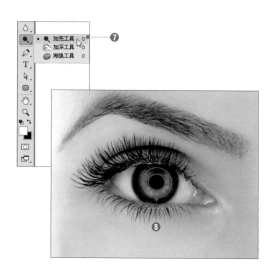

· **step 4** ·

在橫跨虹膜和眼白的兩點❾，和與該兩點呈對
角時的90度位置❿，共計三個位置，進行加
亮的操作。剛開始先進行兩點的加亮，那兩個
點要配置在對角線上。

另外，如果擴大下方加亮的範圍，看起來就會
比較耀眼。

加亮之後，就會變成⓫這樣的效果。

· **step 5** ·

下眼瞼內側變紅的時候⓬，就選擇〔筆刷〕工
具✏，設定〔不透明度：20%〕，用白色進行
塗抹，增加亮度。

藉由把這個部分加亮，眼睛看起來就會更加健
康⓭。

· **step 6** ·

只要如上述般，分別運用〔加深〕工具🔍、〔加
亮〕工具🔍、〔筆刷〕工具✏進行加工，就可
以給予眼眸如玻璃般的光澤。

> **Tips**
> 給予眼眸光澤的方法有各式各樣，不管採用哪種
> 方法進行作業，一定要採用像在此所介紹的方
> 法，先製作出陰暗的部分後，再用較小的筆刷製
> 作出明亮的部分。只要利用這個步驟進行作業，
> 就可以把眼睛中的亮光加得更加醒目。
> 另外，明亮部分和陰暗部分的邊緣，除了中央甜
> 圈圈的部分之外，請盡量不要讓邊緣變得模糊。
> 除此之外，只要像這個影像，在右上加上對角線
> 狀的亮光，眼睛整體看起來就會變得更加炯炯有
> 神。

第4章 潤飾與調整

相關 找出最理想的臉部形狀：P.213　美化肌膚：P.216　賦予影像閃耀般的效果：P.257

221

〔146〕 為肌膚附加自然的立體感

只要在臉部加上亮部，該部分看起來就會比較高，不過如果隨便加上亮部，就會變成不自然的臉部。在此將解說利用原有臉部的立體感來製作亮部的方法。

step 1

把〔色版〕面板的〔紅〕色版拖曳至面板下方的〔建立新色版〕按鈕❶，全新拷貝〔紅〕色版。
色版拷貝後，拷貝的〔紅〕色版就會顯示在影像視窗中❷。

> **Tips**
> 使用色版修正人物肌膚時，只要使用〔紅〕色版，就可以做出更美麗的效果。這是因為〔紅〕色版的雜訊最少，可以做出平滑的效果（人物肌膚的情況）。
> 相反地，雜訊最多的則是〔藍〕色版。

step 2

從選單選擇〔影像〕→〔調整〕→〔曲線〕，顯示〔曲線〕對話框。

把左下的點往右邊大幅移動❸，把右上的點稍微往左移動❹。此時，肌膚的立體部分明顯變白，變得比較醒目❺。做出如右圖般的效果後，點擊〔確定〕按鈕，把變更套用至色版。

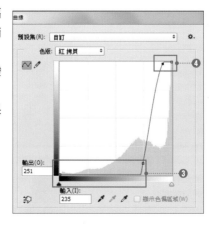

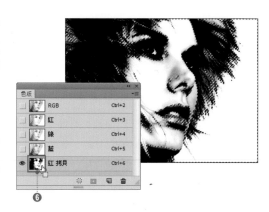

step 3

一邊按住 Ctrl（⌘）鍵，一邊顯示〔色版〕面板上的〔紅 拷貝〕色版（拷貝的〔紅〕色版）之縮圖 ❻，把色版載入成選取範圍（P.118）。

step 4

在〔色版〕面板中點擊〔RGB〕色板 ❼，以彩色顯示影像。

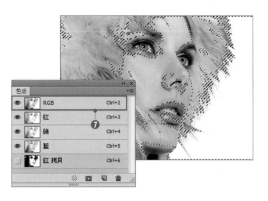

step 5

在保留選取範圍的情況下，從選單選擇〔圖層〕→〔新增〕→〔拷貝的圖層〕❽，建立拷貝的圖層，在〔圖層〕面板中把混合模式變更為〔濾色〕❾。

step 6

從選單選擇〔濾鏡〕→〔模糊〕→〔高斯模糊〕，顯示〔高斯模糊〕對話框。

一邊透過預視檢視模糊的強度，一邊設定〔強度〕的數值 ❿。為了增加立體感，要讓肌膚最明亮的部分看起來變得柔軟。在此把數值設定為〔強度：5.0〕。

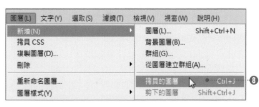

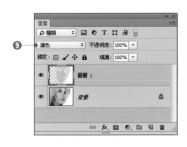

step 7

點擊〔圖層〕下方的〔增加圖層遮色片〕按鈕 ⓫，增加圖層遮色片 ⓬。

接著，從工具面板選擇〔筆刷〕工具 ✏ ⓭，把〔前景色〕設定為黑色 ⓮。

另外，從選項列的預設集選擇〔柔邊圓形筆刷〕 ⓯，把尺寸設定為臉頰的 1/4 ～ 1/2。在此設定為〔尺寸：100 ～ 300 px〕⓰。另外，筆刷的不透明度設定為〔10 ～ 30%〕⓱。

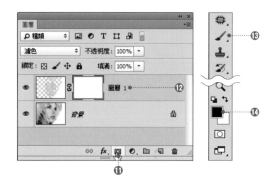

step 8

透過〔筆刷〕工具 ✏ 稍微塗抹用下圖的紅框包圍起來的以外部分，並且隱藏變得過度明亮的圖層 ⓲。

藉由進行這個作業，僅留下紅框部分的亮部，而明亮部分和遮色片部分的濃度差異會形成自然的立體而保留。

藉此，就會增加出柔和的漸層亮部，肌膚就會呈現出自然的立體感 ⓳。只要和加工前的照片相比，就可以明顯看出肌膚的立體感。

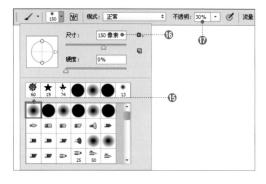

> **Tips**
>
> 下圖的紅框是表現臉部立體感的重要部分。在其中臉頰的部分是大大左右臉部形狀的部分。另外，藉由把臉頰形狀變長或變寬的方式，也可以改變臉部的形象。
>
> 例如，只要把亮部往水平方向延伸，就會營造出溫柔優雅的形象；相反地，只要往垂直方向增加亮部，就會呈現出纖細的臉部輪廓。

加工後

原始影像

{147} 加工成柔焦風格

使用〔擴散光暈〕濾鏡，使畫面的明亮部分更加明亮，並且藉由加工成往外側模糊化，使亮部部分散發光澤，實踐柔焦風格的表現。

step 1

點擊〔預設的前景和背景色〕按鈕❶，把背景色設定為白色。另外，從〔圖層〕面板選擇目標圖層❷。

step 2

從選單選擇〔濾鏡〕→〔濾鏡收藏館〕，顯示〔濾鏡收藏館〕對話框，從〔扭曲〕類別中選擇〔擴散光暈〕❸。

在此設定為〔粒子大小：0〕、〔光暈量：5〕、〔清除量：15〕❹，然後點擊〔確定〕按鈕。把濾鏡效果套用在影像上之後，影像就會產生柔焦般的效果❺。

> **Tips**
> 在此採用上述般的設定，基本上仍舊要依照影像，自行調整數值。可是，如果要製作出平滑質感的話，就務必設定為〔粒子大小：0〕。

原始影像

❺

濾鏡套用後

◎〔擴散光暈〕對話框的設定項目

項目	內容
粒子大小	指定雜訊量。數值越大，就會呈現出具有粒狀感的光暈。大部分的情況都是設定為「0」。
光暈量	指定明亮的程度在此必須根據指定的背景色來變更數值。數值越大，覆蓋背景色的亮光就會越多。
清除量	設定變明亮的部分。〔清除量〕的數值越大，就會在限定的明亮部分套用效果。一旦數值設得太小，陰暗部分也會受到背景色的影響，所以多數的情況都要指定〔15〕以上。

相關　模擬柔焦鏡頭：P.226　混合模式：P.148

{148} 模擬柔焦鏡頭

欲模擬柔焦鏡頭時，就是以特定色版的資訊為基礎，進行圖層的拷貝，然後執行〔高斯模糊〕。

・ **step 1** ・・・・・・・・・・・・・・・・・・・・・・・・・・・・

在〔色版〕面板中，選取希望套用柔焦的部分是拍得更加明亮的色版，拖曳至〔建立新色版〕按鈕❶，進行拷貝。

在此，拷貝〔紅〕色版。

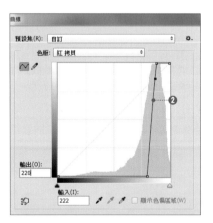

> **Tips**
>
> 在這個step中，要選擇「希望發亮的部分」呈現白色的色版。因此，在此要拷貝人物肌膚較明亮的〔紅〕色版。如果不知道該拷貝哪一個色版時，就請拷貝〔綠〕色版。

・ **step 2** ・・・・・・・・・・・・・・・・・・・・・・・・・・・・

從選單選擇〔影像〕→〔調整〕→〔曲線〕，顯示出曲線，並且為了讓散發光澤的亮部部分變白，一邊觀察影像一邊調整曲線❷、❸。

另外，一旦進行這個作業，Alpha色版的影像會大幅地變化，所以或許會令人有點猶豫。可是，這個作業隨時都可以重做，所以就算影像大崩壞，也請不要在意，持續進行作業。如果不滿意結果，就從這個step開始重做。

> **Tips**
>
> 〔影像〕→〔調整〕→〔亮度/對比〕，同樣地也可以做出與曲線類似的作業，不過，如果使用曲線，則可以做出更細微的調整。

step 3

一邊按住 Ctrl（⌘）鍵一邊點擊加工的 Alpha 色版〔紅 拷貝〕❹，把 Alpha 色版的內容載入為選取範圍（P.118）。

step 4

接著，點擊〔RGB〕色版❺，選取原始的圖層，並且從選單選擇〔圖層〕→〔新增〕→〔拷貝的圖層〕，建立拷貝了選取範圍的圖層❻。

step 5

在〔圖層〕面板選取拷貝的圖層❼，把混合模式變更為〔濾色〕❽。

設定為〔濾色〕之後，重疊的影像就會變亮。因為之前做過拷貝亮部部分的作業，所以就會成為強調亮部部分的影像。

step 6

從選單選擇〔濾鏡〕→〔模糊〕→〔高斯模糊〕，顯示〔高斯模糊〕對話框，並且在〔強度〕輸入數值❾。

輸入的數值，請一邊觀察預視和視窗一邊找出最適合影像的數值。

在此設定為〔強度：10〕之後，點擊〔確定〕按鈕。

> **Tips**
> 影像太過明亮的時候，調整〔圖層的不透明度〕（P.153），調整效果的強弱。
> 另外，局部太過明亮的時候，就使用圖層遮色片（P.154），局部性地套用濾鏡，進行調整。

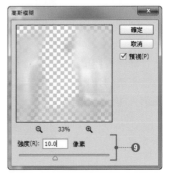

點擊〔確定〕按鈕，把效果套用至影像後，就完成了。套用上〔高斯模糊〕濾鏡之後，就可以模擬出柔焦鏡頭❿。

原始影像

加工後

Tips

柔焦鏡頭的模擬，除了可以讓在此所介紹的影像產生明亮閃耀的效果之外，還能給予陰影部混濁的形象，或是給予平滑的色階。

所以在 step2 之前，要從選單選擇〔影像〕→〔調整〕→〔負片效果〕。之後，不要使用 step5 所使用的〔濾色〕模式，而要使用〔色彩增值〕模式。只要像這樣把色階反轉，並使用〔色彩增值〕模式，就可以做出完全相反的效果。

❖ Variation ❖

使用〔色版〕和〔高斯模糊〕的柔焦鏡頭模擬，在乍看之下，效果似乎和前面所介紹的『柔焦風格的加工』（P.225）類似，不過在此所介紹的方法可以更詳細且彈性地設定各種項目，

所以可說是應用範圍比較廣泛的技巧。

在此所製作的影像比較柔和，不過，如果幾乎不套用〔高斯模糊〕，還是可以像右邊的影像那樣，只讓明亮部分閃耀，製作出較銳利的影像。

像這樣僅變更各步驟的設定值或順序，就能有各種表現的技巧，所以請務必找出個人獨有的使用方法。

原始影像

加工後

{149} 調整透視（遠近感）

一旦使用〔鏡頭校正〕濾鏡，就可以修正攝影時的透視扭曲。當手邊照片有扭曲的情況時，就使用這個功能進行修正吧！

step 1

當檢視右邊的影像時，可發現建築物呈現扭曲的情況❶。

欲修正這種透視扭曲時，就要從選單選擇〔濾鏡〕→〔鏡頭校正〕，顯示〔鏡頭校正〕對話框。

step 2

〔鏡頭校正〕對話框開啟後，先勾選〔自動縮放影像〕❷，再點擊〔自訂〕標籤❸。

> **Tips**
> 使用〔裁切〕工具 ✄ 也可以做出類似的操作。關於影像的裁切，請參考『裁切影像』（P.35）。

step 3

接著，使用〔變形〕區段內的功能，修正扭曲的畫面。

在此設定為〔垂直透視：－94〕、〔角度：2.70〕❹。

只要點擊〔確定〕按鈕，影像就會套用上濾鏡。

第4章　潤飾與調整

229

套用上濾鏡之後，大廈的傾斜就會被修正成筆直狀態❺。

原始影像 　　　　　　　　　　濾鏡套用後

◎〔鏡頭校正〕對話框的設定項目

項目	內容
幾何扭曲	只要把選項數值設定為負數，影像就會像魚眼鏡頭那樣扭曲。
〔色差〕區段	模擬鏡頭的色差。所謂的色差是指因光波長度不同而產生的滲色。只要挪動滑桿，影像的邊緣部分就會宛如滲色那樣，產生彩色條紋。
〔暈映〕區段	利用〔總量〕和〔中點〕調整畫面的周邊光量。〔總量〕可以讓周邊光量變亮或變暗。〔中點〕則可以設定由中心開始要調整多少範圍的光量。
〔變形〕區段	〔垂直透視〕是針對垂直方向的扭曲，控制仰角。如同這次的影像般在修正仰望的構圖影像時，就要把滑桿往負數方向拖曳。〔角度〕則是修正畫面的傾斜。

❖ Variation ❖

顯示在預視裡的格線粗細和顏色，可以利用對話框下方的〔尺寸〕和〔顏色〕進行設定。配合影像的色彩，設定比較容易確認的格點吧！

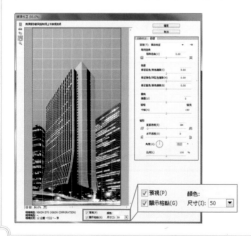

　相關　裁切影像：P.35　修正傾斜的影像：P.38　依照影像的內容來縮放影像：P.63

第 5 章

影像合成

{150} 了解影像合成的整體樣貌

Photshop可以利用各種不同的方法來合成影像。在此將為大家解說其中幾個特別重要的技巧。

概要

影像合成看起來像是相當複雜的作業，然而只要了解必要的工程，就不會那麼複雜了。最重要的事情是了解各工程，並選擇符合影像特性的方法。只要這麼做，大部分的合成都可以輕鬆實現。

合成影像的工程可大略分成「合成工程」和「匹配工程」兩種。

合成的方法有各式各樣，不管是哪一種方法，都是由這兩種工程所構成。在此將特別針對上述的工程類別來說明具體的方法和影像合成的概要。

step 1

合成工程是把兩張以上的影像合併成一張影像。具體的方法有「混合模式的合成」、「圖層遮色片的合成」和「裁切合成」三種。

混合模式的合成

右邊的影像是把填滿色彩的影像❷重疊在單色影像❶上方，利用把填色影像的混合模式轉換成〔顏色〕的方式來進行合成。

只要利用這種方法，就可以簡單地合成影像，不需要困難的技術。這種方法最重要的關鍵是圖層的挑選。

關於「混合模式的合成」，在P.234中有詳細的解說。

圖層遮色片的合成

右邊的影像是把基本的❸❹重疊，並利用圖層遮色片來隱藏影像的銜接邊緣，藉此進行合成。在這種方法中，合成的品質取決於圖層遮色片的製作。與裁切相同，也必須製作出正確的遮色片。

關於「圖層遮色片的合成」，在P.237中有詳細的解說。

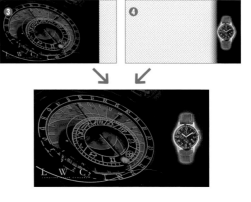

✥ 裁切合成

右邊的影像是把裁切後的人物影像❻重疊在背景影像❺上的合成影像。

這是最單純的合成方法，只要把漂亮裁切下來的影像重疊即可，不過裁切本身就是個很困難的作業，所以多數的情況都會一邊配合「圖層遮色片的合成」一邊進行作業。

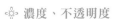

匹配工程就是把合成影像加工得看起來更加自然。這個工程的好壞會關係到影像的品質。具體的方法有「邊緣處理」、「濃度、不透明度」、「位置、形狀」等。

✥ 邊緣處理

邊緣處理就是配合合成影像的背景來修正裁切影像的邊緣部分，做出自然的影像。例如，一旦裁切背景明亮的影像並直接進行合成，邊緣就會顯得突兀、不自然❼，所以要單獨把邊緣部分調暗❽。關於「邊緣處理」，P.238中有詳細的解說。

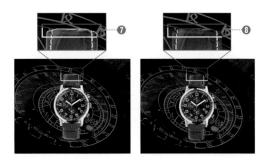

✥ 濃度、不透明度

右邊的影像是，利用〔濾色〕模式（P.148），把草原照片❾和雲的影像❿加以合成的影像，為了更自然地合成雲朵，在此要把不透明度調降至60%。

合成照片感覺不協調的時候，要先把調整的重點放在色調和濃度上。關於「濃度、不透明」，P.240中有詳細的解說。

✥ 位置、形狀

單純只是張貼合成用插圖，就看不出和布合為一體的感覺⓫。這個時候，必須使用〔移置〕濾鏡，根據原始影像的起伏資訊，讓合成用插圖變形⓬。只要把圖層的混合模式和不透明的變更加以組合，就可以產生更好的結果。關於「位置、形狀」，P.242中有詳細的解說。

相關　混合模式：P.148　圖層的不透明度：P.153　把蒸氣合成在料理照片上：P.244　為照片加上背光：P.254

{151} 為黑白照片加上色彩

只要在〔色彩填色〕圖層或一般圖層填滿色彩，再改變混合模式，就可以為黑白影像加上色彩。

黑白影像的上色方法有兩種，分別是使用〔色彩填色〕圖層的方法和使用一般〔圖層〕的方法。不管是哪一種方法，只要選擇〔顏色〕或〔色彩增值〕、〔濾色〕等混合模式，就可以為黑白影像添加色彩。

使用〔色彩填色〕圖層後，只要利用檢色器選擇顏色，圖層就會自動填上色彩，所以無法做出複雜的上色，不過希望快速上色的時候，這種方式會比較便利。

另一方面，一旦使用一般的〔圖層〕，就可以進一步在圖層中分開塗色，所以就可以進行較複雜的上色。

step 1

這次要為右邊風景照片的天空加上色彩。

首先，使用〔多邊形套索〕工具 ，在天空建立選取範圍❶。

接著，在存有選取範圍的狀態中，從選單選擇〔圖層〕→〔新增填滿圖層〕→〔純色〕❷，顯示〔新增圖層〕對話框，在此不做任何變更，直接點擊〔確定〕按鈕。

step 2

在〔檢色器〕對話框中，選擇適當的顏色❸。因為顏色事後仍舊可以變更，所以選用任何顏色都沒有關係。

點擊〔確定〕按鈕後，選取範圍框起的天空就會上色❹。

step 3

在〔圖層〕面板中選取〔色彩填色〕圖層,把混合模式變更為〔顏色〕**5**。

變更混合模式後,請仔細觀察上色部分的邊緣。一旦檢視放大的影像,就可以發現不需要再做修正**6**。

需要修正的時候,請調整圖層遮色片(P.154)。

Tips

混合模式有各種不同的模式,所以就一邊嘗試一邊選出最符合影像的最佳混合模式吧!

在影像上進行上色時,最常使用的模式除了〔顏色〕之外,還有〔覆蓋〕、〔色彩增值〕、〔濾色〕等模式(P.148)。

6

step 4

調整 step2 中暫時選用的色彩。

雙擊〔圖層〕面板內〔色彩填色〕圖層的縮圖**7**,再次顯示〔檢色器〕對話框,一邊確認影像一邊選擇任意顏色**8**。

Tips

使用〔色彩填色〕圖層後,在此所選擇的色彩就會直接反映出來,所以可以一邊檢視上色的情況,一邊進行色彩的調整,相當便利。

可是,在另一方面,因為無法顯示層次或多個顏色,所以必須視情況和一般的圖層加以組合。

第 5 章　影像合成

235

step 5

接著，進行岩石和海水的上色。這次要採用與天空不同的方法進行上色。

點擊〔圖層〕面板的〔建立新圖層〕按鈕❾，建立新圖層之後❿，這次在水平線的外側部分（岩石和海的位置）建立選取範圍。

step 6

在選取新圖層的狀態中，從選單選擇〔編輯〕→〔填滿〕，顯示〔填滿〕對話框，選擇〔使用：顏色〕⓫。

〔檢色器〕對話框顯示後，選擇茶色系的色彩，點擊〔確定〕按鈕。在此設定了〔R：118〕、〔G：104〕、〔B：79〕。

step 7

利用與 step3 相同的步驟，把填滿圖層的混合模式變更成〔顏色〕後，選擇的顏色就會上色在畫面中⓬。

step 8

就現在的情況來說，海水也會塗上與岩石相同的色彩，所以要參考前面解說過的順序，也對海水上色⓭，再把混合模式設定為〔顏色〕⓮。藉此，就完成了。

{152} 利用圖層遮色片和漸層進行合成

只要使用圖層遮色片和漸層，就可以簡單且漂亮地合成兩張以上的影像。這是相當簡單的技巧，可以應用在各種不同的情況。

step 1

在工具面板中選擇〔移動〕工具 ❶，把合成的影像拖曳到基礎的影像上，並調整位置 ❷。藉此，兩個影像就會彙整成一個檔案，同時變成兩個圖層。

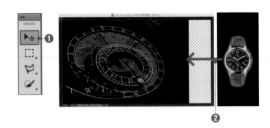

step 2

選取要合成的影像圖層 ❸，點擊〔增加圖層遮色片〕按鈕 ❹，增加圖層遮色片。

增加圖層遮色片之後，〔圖層遮色片縮圖〕的周圍就會出現白框，同時圖層遮色片呈現選取狀態 ❺。

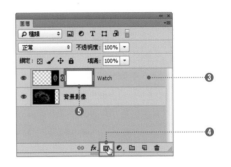

第５章　影像合成

step 3

在工具面板中選擇〔漸層〕工具 ❻，從〔漸層揀選器〕選擇〔黑、白〕漸層 ❼。

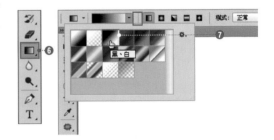

step 4

利用〔漸層〕工具 拖曳圖層重疊的部分 ❽。藉此，圖層遮色片就會以漸層方式填滿，同時完美合成兩個圖層。

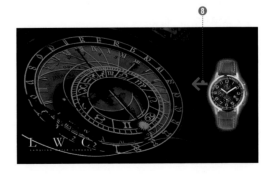

相關　圖層遮色片：P.154　利用漸層填滿：P.70　圖層的移動：P.138

{153} 漂亮地修整合成後的不自然邊緣

欲漂亮地修整合成後的不自然邊緣時，就要先進行〔修飾外緣〕，擴張邊界，建立模糊的〔剪裁遮色片〕圖層，再填滿黑色。

概要

右邊的影像是把〔手錶〕圖層合成在〔背景〕圖層的上方，不過只是單純配置裁切的影像而已，所以邊緣部分會殘留下些許的白色部分，顯得狀態有點不自然❶。

step 1

選取〔手錶〕圖層，從選單選擇〔圖層〕→〔修邊〕→〔修飾外緣〕，顯示〔修飾外緣〕對話框。設定為〔寬度：1〕❷，點擊〔確定〕按鈕。

step 2

接著在手錶的輪廓增加黑色邊緣，減少不自然的情況。

從選單選擇〔選取〕→〔載入選取範圍〕，顯示〔載入選取範圍〕對話框。在〔來源〕區段的〔色版〕下拉選單中，指定合成的影像，勾選〔反轉〕選項❸。

step 3

從選單選擇〔選取〕→〔修改〕→〔擴張〕，顯示〔擴張選取範圍〕對話框，並設定〔擴張：2〕❹，點擊〔確定〕按鈕。

step 4

接著，從選單選擇〔選取〕→〔修改〕→〔羽化〕，顯示〔羽化選取範圍〕對話框，並設定為〔羽化強度：1〕❺，點擊〔確定〕按鈕。

step 5

從選單選擇〔圖層〕→〔新增〕→〔圖層〕，顯示
〔新增圖層〕對話框。勾選〔使用上一個圖層建
立剪裁遮色片〕**6**，點擊〔確定〕按鈕，並建立
新的圖層。

step 6

從選單選擇〔編輯〕→〔填滿〕，顯示〔填滿〕對
話框。
選擇〔使用：黑色〕**7**，點擊〔確定〕按鈕，並
套用填滿。
另外，再從選單選擇〔選取〕→〔取消選取〕，
取消選取範圍。

step 7

藉此，手錶的邊緣就會出現黑色邊緣**8**。一旦
檢視建立的填滿圖層，可以發現手錶以外的部
分都填滿了黑色，不過在建立圖層時，勾選了
〔使用上一個圖層建立剪裁遮色片〕，所以手錶
外側的填滿並不會顯示。

step 8

最後，一邊觀察影像，一邊降低〔圖層〕面板
右上〔不透明度〕的數值，進行細微的調整**9**。
藉此，手錶邊緣的不自然度就會被清除**10**。

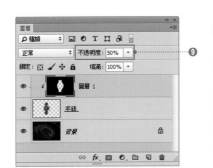

第5章　影像合成

相關　除掉邊緣的汙點：P.206　　圖層的不透明度：P.153　　調整邊緣：P.110

154 合成萬里晴空和白雲

欲合成萬里晴空和白雲時，就要利用〔濾色〕模式建立新圖層，套用〔雲狀效果〕濾鏡。

 概要

把〔雲狀效果〕濾鏡套用在右邊的影像，藉此合成白雲。

step 1

首先，建立描繪白雲用的圖層。從選單選擇〔圖層〕→〔新增〕→〔圖層〕，顯示〔新增圖層〕對話框。

〔名稱〕輸入「白雲」❶，並設定為〔模式：濾色〕❷，勾選〔以網屏-中間調顏色填滿（黑色）〕❸，點擊〔確定〕按鈕。

step 2

一旦檢視在〔圖層〕面板中所建立的圖層縮圖，即可發現圖層填滿了黑色❹。可是，在剛才的對話框中把混合模式設定為〔濾色〕，所以畫面上並沒有變化。這是因為〔濾色〕模式只會顯示比黑色更明亮的顏色（P.149）。

step 3

點擊位在工具面板下方的〔預設的前景和背景色〕按鈕❺，把前景色和背景色返回到預設狀態。

接著，從選單選擇〔濾鏡〕→〔演算上色〕→〔雲狀效果〕❻。

於是，白雲圖樣就會出現在剛才建立的圖層上。其實，〔雲狀效果〕濾鏡所描繪的白雲模樣，包含了白色至黑色的色彩，不過因為混合模式設定為〔濾色〕，所以只有白色部分會被描繪在畫面上❼。

step 4

從選單選擇〔編輯〕→〔任意變形〕，拖曳邊界方框中央下方和中央上方的控點，縮短高度，使其變形成如右圖般的橫長方形❽。

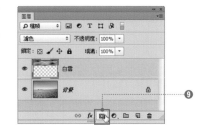

step 5

接著，點擊〔圖層〕面板下方的〔增加圖層遮色片〕按鈕❾，增加圖層遮色片。藉此，就會自動增加圖層遮色片。

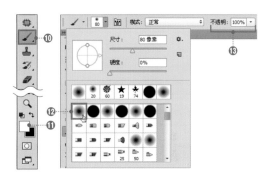

step 6

從工具面板選擇〔筆刷〕工具✎❿，把〔前景色〕設定為黑色⓫。

筆刷前端的形狀使用〔柔邊圓形〕，並設定為〔尺寸：80px〕左右⓬。另外，還要視其需要，也把筆刷的不透明度變更為〔30～100%〕⓭。

step 7

因為把〔前景色〕設定為黑色的關係，一旦利用〔筆刷〕工具✎塗抹〔白雲〕圖層，該部分的白雲就會消失⓮。局部塗抹圖層遮色片，調整白雲的形狀。

視其需要來增加白雲或是調降圖層的不透明度，製作出自然的效果後，就完成了⓯。

Tips
利用〔前景色〕設定為白色的〔筆刷〕工具✎塗抹〔白雲〕圖層，就可以讓白雲恢復成原始狀態。

第5章　影像合成

相關　圖層遮色片：P.154　〔筆刷〕工具：P.66　圖層的不透明度：P.153　混合模式：P.148

241

155 把插畫合成在隨風飄揚的旗幟上

欲沿著布的形狀來合成插畫等影像時，就要使用〔移置〕濾鏡。一旦使用〔移置〕濾鏡，就可以讓配置在前面的影像依照背面的影像來變形。

step 1

準備張貼的影像素材。影像含有多個圖層時，請先合併所有圖層（P.143）。在此要把右圖的插畫標識合成在白色的旗幟上。

另外，因為要使用這些影像作為套用〔移置〕濾鏡所需的「移置對應」，所以在合成作業完成之前，請不要進行影像的儲存。儲存的時候要儲存影像的拷貝。

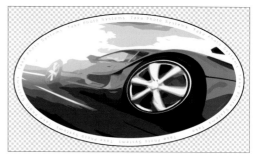

step 2

使用〔移動〕工具 ，把素材的標識移放到旗幟上方❶。
之後，從選單選擇〔編輯〕→〔任意變形〕（P.62），把標識依照旗幟的形狀來變形，並調整位置❷。把標識配置在旗幟上面時，要預先設置出某程度的空白。

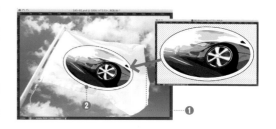

step 3

在〔圖層〕面板中選取素材圖層❸，把圖層的混合模式變更成〔色彩增值〕❹。

> **Tips**
> 根據影像的色彩等，也嘗試〔色彩增值〕以外的其他混合模式（P.148），如果這麼做仍舊無法完美合成，就請試著調整插畫的濃度。

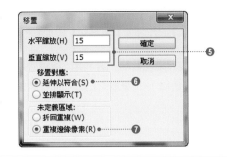

step 4

從選單選擇〔濾鏡〕→〔扭曲〕→〔移置〕，顯示〔移置〕對話框。在此採用下列設定，〔水平縮放：15〕、〔垂直縮放：15〕❺、〔移置對應：延伸以符合〕❻、〔未定義區域：重複邊緣像素〕❼。

各項目設定完成後，點擊〔確定〕按鈕。

◎〔移置〕對話框的設定項目

項目	內容
水平縮放 垂直縮放	根據移置對應的濃度來設定變形的量。最大可進行128像素的移置。根據影像的大小來改變設定。
移置對應	如果選擇〔延伸以符合〕，移置對應的尺寸就會依照影像來重設；如果選擇〔並排顯示〕，對應的尺寸就不會變更，並重複填滿。
未定義區域	如果選擇〔折回重複〕，當影像的尺寸不符合時，就會以影像的相反邊緣重複顯示；如果選擇〔重複邊緣像素〕，當影像的尺寸不符合時，就會直接延伸邊緣的像素色彩。

step 5

點擊〔確定〕按鈕後，選取移置對應的對話框就會開啟，所以就指定現在進行作業的旗幟檔案❽，點擊〔開啟舊檔〕按鈕。

step 6

藉此，素材的影像就會與旗幟自然合成。仔細檢視旗幟產生皺摺的部分，可以明顯發現，插畫的標識隨著旗幟的形狀產生出自然的變形❾。

第 5 章　影像合成

相關 影像合成的整體樣貌：P.232　混合模式：P.148　任意變形：P.62

〔156〕 把蒸氣合成在料理照片上

欲把蒸氣合成在料理照片時，要利用〔旋轉效果〕和〔波形效果〕把〔雲狀效果〕建立的圖樣做成煙霧狀，並利用〔色階〕和〔筆刷〕工具🖌進行調整。

概要

在此，將解說使用〔雲狀效果〕濾鏡等建立蒸氣並進一步與右邊影像合成的方法。一旦把蒸氣添加在暖烘烘的料理照片上，就能有更好的視覺效果。另一方面，完美拍攝蒸氣本來就是很困難的事情，另外也有在攝影時無法冒出蒸氣的情形發生。只要利用這個技巧，就可以在事後加上蒸氣。

step 1

從選單選擇〔圖層〕→〔新增〕→〔圖層〕，顯示〔新增圖層〕對話框。〔名稱〕輸入「蒸氣」❶，設定為〔模式：濾色〕、〔不透明度：100〕，並且勾選〔以網屏 - 中間調顏色填滿（黑色）〕❷。設定完成後，點擊〔確定〕按鈕，建立新圖層。

step 2

點擊工具面板的〔預設的前景和背景色〕按鈕❸，從選單選擇〔濾鏡〕→〔演算上色〕→〔雲狀效果〕。於是，畫面上就會描繪出隨機的雲霧圖樣❹。

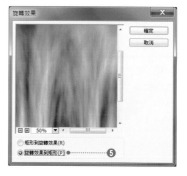

step 3

從選單選擇〔濾鏡〕→〔扭曲〕→〔旋轉效果〕，顯示〔旋轉效果〕對話框。

勾選〔旋轉效果到矩形〕❺，點擊〔確定〕按鈕。

接著，從選單選擇〔濾鏡〕→〔扭曲〕→〔波形效果〕，顯示〔波形效果〕對話框。
進行下列設定後，點擊〔確定〕按鈕。

- 〔產生器數目：5〕
- 〔波長：最小50、最大700〕
- 〔振幅：最小10、最大100〕
- 〔縮放：水平100、垂直100〕
- 〔類型：正弦〕
- 〔未定義區域：重複邊緣像素〕

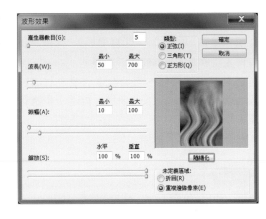

◎〔波形效果〕對話框的設定項目

項目	內容
產生器數目	設定產生的波數。
波長	設定波和波之間的間隔。可隨機設定最小值和最大值的範圍。
振幅	設定波幅（高度）。可隨機設定最小值和最大值的範圍。
縮放	各別設定在縱向和橫向所產生的波量。
類型	設定波的形狀。〔正弦〕是一般的波狀。〔三角形〕是波的頂端和底部呈現尖角。〔正方形〕則是以非曲線90°直角所製作出的波形。
未定義區域	設定變形的結果、移動至畫面外側的像素的處理方法。通常是指定〔重複邊緣像素〕。在這個方法中，在畫面外面變形的像素不會重複顯示，而會延伸顯示。

step 5

套用〔旋轉效果〕濾鏡和〔波形效果〕濾鏡之後，雲霧圖樣就會像右圖般變化。

step 6

從選單選擇〔影像〕→〔調整〕→〔色階〕，顯示〔色階〕對話框。
移動位在色階分佈圖下方的兩個滑桿來調整。以這個影像的情況來說，要利用〔中間調〕滑桿調整蒸氣的濃度，並利用〔陰影〕滑桿調整蒸氣的明亮部分。在此設定為〔陰影：12〕、〔中間調：0.34〕❻，點擊〔確定〕按鈕。

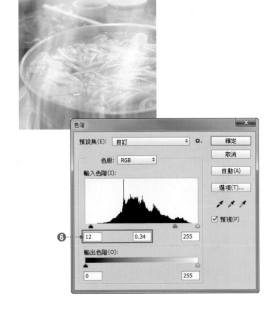

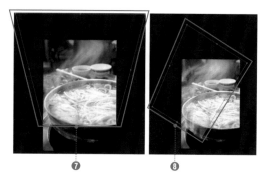

⑦　⑧

step 7

從選單選擇〔編輯〕→〔任意變形〕，操控邊界
方框並變形成如右圖般的形狀⑦。

蒸氣量較少的時候，或是希望改變形狀的時
候，就請先拷貝〔蒸氣〕圖層，再進一步進行
變形⑧。

step 8

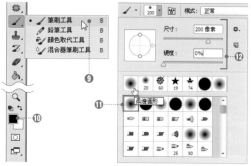

最後，使用〔筆刷〕工具✎來調整蒸氣的形狀。
從工具面板選擇〔筆刷〕工具✎⑨，設定為〔前
景色：黑色〕⑩。

另外，開啟筆刷揀選器，設定為〔筆刷前端形
狀：柔邊圓形〕⑪、〔尺寸：200px〕、〔硬度：
0%〕⑫。另外，請一邊適當變更筆刷形狀或尺
寸，一邊進行作業。

step 9

利用〔筆刷〕工具✎在畫面上拖曳，消除局部
的蒸氣⑬。

⑬

〔蒸氣〕圖層的混合模式設定為〔濾色〕，所以
只會顯示出明亮部分。因此，只要用黑色的筆
刷塗抹，蒸氣就會消失或變透明。

step 10

清除多餘的蒸氣，調整好整體畫面之後，便大
功告成了。和合成前的影像相比，有蒸氣的影
像看起來的確比較美味⑭。

原始影像

⑭

合成後

{157} 添加浮雕在商品上

欲添加浮雕在商品上時，就要使用〔拷貝的圖層〕並在拷貝的圖層上套用〔圖層樣式〕。

step 1

使用〔移動〕工具 ，把浮雕用的影像拖曳到希望添加浮雕的影像檔案上，放入原始影像❶。

step 2

在〔圖層〕面板中，選取剛才放入的浮雕原始影像之圖層，從選單選擇〔編輯〕→〔任意變形〕。

操作被顯示的邊界方框（P.62），如右圖般，將插畫變形以便於和商品重疊，並調整位置❷。

> **Tips**
>
> 浮雕用的原始影像，除了物件之外，其他部分必須是透明的。如果沒有那種影像的時候，請建立希望做成浮雕形狀的選取範圍。

step 3

從選單選擇〔選取〕→〔載入選取範圍〕，顯示〔載入選取範圍〕對話框。

〔文件〕設定為現在的文件名稱；〔色版〕則設定為浮雕原始影像的圖層名稱❸。

另外，選擇〔新增選取範圍〕❹，點擊〔確定〕按鈕。

藉此，物件部分會被當成選取範圍載入。

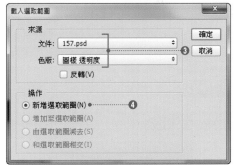

step 4

從〔圖層〕面板刪除浮雕原始影像的圖層❺。

就算點擊縮圖左邊的〔指示圖層可見度〕按鈕❻，把圖層設定為隱藏也沒關係。

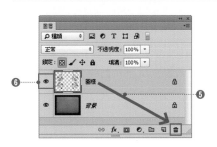

step 5 ∙∙∙

選取〔背景〕圖層，從選單選擇〔圖層〕→〔新增〕→〔拷貝的圖層〕。藉此，就會建立出拷貝選取範圍的圖層。

圖層建立之後，為了加以區隔圖層，變更圖層的名稱。在此命名為〔圖樣〕❼。接著，點擊〔圖層〕面板下方的〔增加圖層樣式〕按鈕，從清單中選擇〔陰影〕❽，顯示〔圖層樣式〕對話框。

step 6 ∙∙∙

在左側的〔樣式〕區段中選擇〔陰影〕❾，設定為〔混合模式：濾色〕、〔不透明度：25〕、〔間距：1〕、〔尺寸：1〕❿。

另外，在此對陰影的色彩指定商品較明亮部分的顏色⓫。指定明亮的顏色後，就不會是陰影

效果，而是在浮雕凹陷部分的邊緣產生亮部的效果。

其他設定值則維持預設。另外，在此暫時不要點擊〔確定〕按鈕。

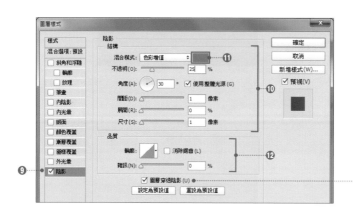

當設有〔填色〕不透明度時，就要利用〔圖層穿透陰影〕來設定，是否讓圖層的某部分顯示陰影。只要勾選這個項目，在沒有顯示的圖層中，陰影就會穿透。通常這個選項都要勾選。

Tips

在〔陰影〕的〔品質〕區段中，可以設定陰影的形狀⓬。只要點擊〔輪廓〕，〔輪廓編輯器〕對話框就會開啟。

利用陰影製作出的陰影，會朝遠離圖層的方向逐漸變淡，而這條曲線就代表右上的陰影比較濃，左下的陰影比較淡。通常都是使用預設的設定。另外，除了右圖的預設之外，還有各種不同的預設集可選擇。

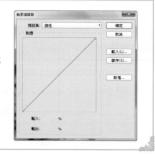

step 7

接著，在左側的〔樣式〕區段中選擇〔斜角和浮雕〕⑬，變更設定值。

在〔結構〕區段中設定為〔深度：100〕、〔尺寸：1〕⑭。

另外，在〔陰影〕區段的〔亮部模式〕設定出與〔陰影〕效果相同的顏色⑮，把〔陰影模式〕的色彩，設定為商品較暗部分的色彩⑯。

其他的設定值就維持預設。

所有的設定完成後，點擊〔確定〕按鈕，關閉〔圖層樣式〕對話框。

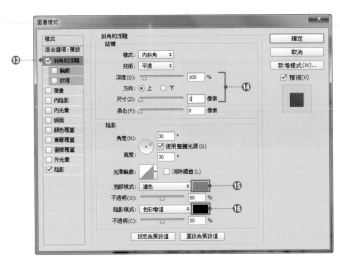

第 5 章　影像合成

step 8

最後，在〔圖層〕面板中把圖層的混合模式變更為〔色彩增值〕⑰，變更為〔填滿：60%〕⑱。此時，請注意不要搞錯〔不透明度〕和〔填滿〕。藉此，就完成了。

❖ Variation ❖

藉由變更圖層的〔填滿〕或圖層樣式的設定，就可以簡單製作出各種不同的效果。

在右邊的範例中，藉由把圖層的〔填滿〕設定為〔0%〕，將原始的浮雕設定為隱藏，再變更圖層樣式的設定，就可以呈現出線條般的雕花效果。詳細請確認範例檔案。

相關　圖層樣式：P.159　混合模式：P.148　任意變形：P.62　〔不透明度〕和〔填滿〕：P.163

158 利用〔自動對齊〕功能，合成需要的部分

欲透過自動對齊使多張影像的必要部分進行合成時，要先以圖層形式來把多張影像彙整成一張影像，再利用〔自動對齊圖層〕功能，增加圖層遮色片。

概要

合成下面的三張影像，製作出沒有手的影像。

這些影像的拍攝位置各有些許差異，物件的拍攝方法各有不同。

step 1

把三張影像配置在同一檔案中，再從〔圖層〕面板中選取三個圖層❶。

> **Tips**
> 只要一邊按住Ctrl（⌘）鍵一邊點擊圖層，就可以同時選取多個圖層。

step 2

從選單選擇〔編輯〕→〔自動對齊圖層〕，顯示〔自動對齊圖層〕對話框。

選擇〔投射：自動〕❷，點擊〔確定〕按鈕。於是，在版面尺寸變更的同時，圖層也會跟著變形，三個圖層的內容自動地一致化❸。

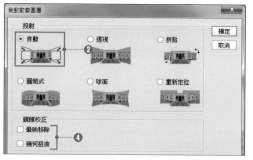

> **Tips**
> 〔鏡頭校正〕區段的〔暈映移除〕和〔幾何扭曲〕❹，除了合成多張照片來製作全景照片之外，其他情況很少使用。這次同樣也不勾選這兩個選項。

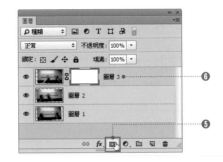

step 3

在〔圖層〕面板中選取最上層的圖層，點擊面板下方的〔增加圖層遮色片〕按鈕❺，將圖層製作成圖層遮色片❻。

step 4

從工具面板選擇〔筆刷〕工具 ✏️❼，設定為〔前景色：黑色〕❽。

拖曳最上層圖層中欲清除的部分，讓下層重疊的圖層穿透❾。

只要利用圖層遮色片塗抹不需要的部分，讓該部分消失，就會看到下方圖層的不需要部分，但是，在此先暫時不要理會，持續進行作業。

> **Tips**
> 在圖層遮色片中，以黑色塗抹的部分會變成透明；以白色塗抹的部分則會變成不透明（P.154）。

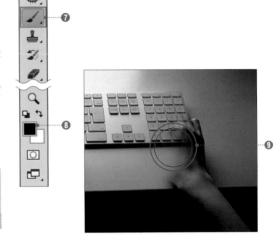

第5章 影像合成

step 5

最上層圖層的不需要部分全都清除完畢後，同樣在下一層的圖層建立圖層遮色片，利用〔筆刷〕工具 ✏️，清除不需要的部分❿。

不需要的部分全都清除完畢後，只要裁切掉影像外圍所形成的透明部分，就完成了。

相關 圖層的基本操作：P.132　圖層遮色片的建立：P.154　圖層遮色片的編輯：P.155

{159} 建立地板的倒映

複製圖層，使其翻轉並配置在正下方之後，套用平滑的漸層，藉此就可以表現出影像倒映在地板上的效果。

概要

像右邊的影像那樣，針對地板上沒有任何倒映的影像，進行地板倒映的合成。

step 1

在〔圖層〕面板中選取欲拷貝的圖層，從選單選擇〔圖層〕→〔複製圖層〕，顯示〔複製圖層〕對話框。

在〔名稱〕輸入任意的名稱❶，點擊〔確定〕按鈕。

step 2

在〔圖層〕面板中選取複製的圖層❷，從選單選擇〔編輯〕→〔變形〕→〔垂直翻轉〕，使圖層翻轉。

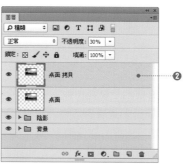

step 3

在工具面板中選擇〔移動〕工具 ❸，把複製的圖層移動至原始圖層的底部❹。這個時候，只要一邊按住 Shift 鍵一邊進行拖曳，水平方向的移動會被固定，就可以更容易地移動圖層。

step 4

就現狀來說，下方的影像因太過清晰而無法看出像是反射的樣子，所以要在〔倒映圖層〕上套用平滑的漸層。

點擊〔圖層〕面板下方的〔增加圖層遮色片〕按鈕❺，增加圖層遮色片❻。

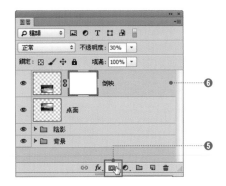

step 5

在工具面板中選擇〔漸層〕工具 ❼，在選項列中選擇〔線性漸層〕❽。

接著，點擊〔漸層預設集〕❾，開啟〔漸層編輯器〕。

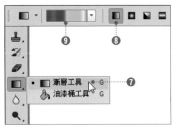

step 6

在此選擇單純黑白漸層所建立的〔黑、白〕❿，點擊〔確定〕按鈕。

step 7

一邊按住 Shift 鍵一邊由下往上筆直拖曳⓫。只要做出宛如倒映在地板上的效果，就成功了。此時，就算失敗無法建立出完美的漸層也沒有關係，因為事後還是可以重新套用，所以請多試幾次，直到成功為止。

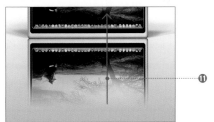

step 8

最後，為了營造出反射的氛圍，在〔圖層〕面板中把複製的圖層設定為〔不透明度：30%〕⓬。藉此，就可以製作出更顯自然的倒映了。

第5章　影像合成

相關　圖層的不透明度：P.153　圖層的翻轉：P.139　漸層的使用方法：P.70

{160} 為照片加上背光

利用〔筆刷〕工具 ✏ 製作光源並透過〔指尖〕工具 👆 加上光線，藉此在影像中加上宛如陽光投射般的表現。

---

step 1

點擊〔圖層〕面板的〔建立新圖層〕按鈕❶，建立描繪背光用的圖層。

step 2

從選單選擇〔編輯〕→〔填滿〕，顯示〔填滿〕對話框。

在〔內容〕區段中選擇〔使用：黑色〕❷，點擊〔確定〕按鈕。

step 3

在〔圖層〕面板中把填滿圖層的混合模式變更為〔濾色〕❸。

設定為〔濾色〕模式後，黑色就不會反映在畫面上（P.149），所以就算像❹那樣，把填滿的圖層配置在背景影像的上方，該顏色也不會顯示出來。

> **Tips**
> 一連串的處理都是描繪在其他的圖層，所以就算超過步驟記錄的最大筆數，仍舊可以重做每個圖層的作業。

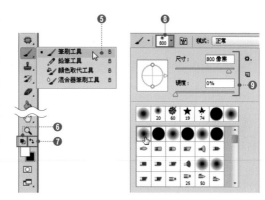

step 4

繪製光源。

在工具面板中選擇〔筆刷〕工具 ✐**⑤**，點擊
工具面板下方的〔預設的前景和背景色〕按鈕
⑥，點擊〔切換前景和背景色〕按鈕**⑦**。經過
這兩個步驟後，前景色就會變成白色。

接著，顯示選項列的〔筆刷〕下拉選單**⑧**，選
擇〔柔邊圓形〕，設定為〔尺寸：800px〕、〔硬
度：0%〕**⑨**。

step 5

確認新建立的圖層為選取狀態後，點擊希望置
入光源的部分**⑩**。

光源不夠的時候，在不移動滑鼠的情況下，數
次點擊。另外，無法製作出適當大小的光源
時，請變更筆刷尺寸。

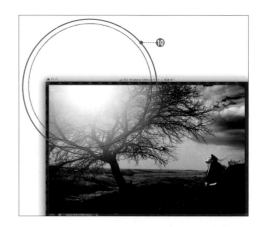

step 6

從工具面板選擇〔指尖〕工具 ✐**⑪**，在選項列
中把筆刷尺寸設定為〔尺寸：100px〕、〔硬度：
0%〕**⑫**。另外，設定〔強度：100%〕**⑬**。

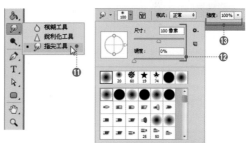

step 7

利用〔指尖〕工具 ✐從光源中心往外拖曳，筆
刷繪製的部分就會延伸，形成光的線條**⑭**。
希望像鏡頭的反射那樣呈現出更自然的時候，
請改變〔指尖〕工具 ✐的筆刷尺寸，進行多次
相同的拖曳，逐步增加光芒的線條。

第5章　影像合成

{161} 製作帶有色彩的光源

欲製作帶有色彩的光源時，就要把〔圖層〕→〔新增調整圖層〕→〔色彩平衡〕當成剪裁圖層來使用。

·〔概要〕·

利用混合模式〔濾色〕，把右圖**❶**和**❷**合成之後，則會形成**❸**的狀態。這種合成就跟『為照片加上背光』（P.254）的作業相同。

在這張影像中，因為混合模式是選用〔濾色〕，所以只有明亮部分會被顯示並反映在影像上，不過事實上，光源圖層是由黑至白的灰階所構成。這次則要為灰色部分加上色彩。

·〔step 1〕·

選取光源的圖層，從選單選擇〔圖層〕→〔新增調整圖層〕→〔色彩平衡〕，顯示〔新增圖層〕對話框。

勾選〔使用上一個圖層建立剪裁遮色片〕**❹**，點擊〔確定〕按鈕。

·〔step 2〕·

在〔內容〕面板中（CS5則是〔調整〕面板）設定為〔色調：中間調〕**❺**，把三個色彩滑桿設定如下**❻**。

- 〔青色／紅色：＋55〕
- 〔洋紅／綠色：0〕
- 〔黃色／藍色：－40〕

·〔step 3〕·

一旦調整色彩，光源就會如右圖般套上色彩。

另外，這次是使用色彩平衡來為光源加上色彩，不過如果希望設定更細微的色彩，則要使用曲線。

{162} 賦予影像閃耀般的效果

欲賦予影像閃耀般的效果時，就要對〔筆刷〕工具 設定隨機塗抹，並塗抹亮部。

step 1

為了在影像上深入描繪出閃耀般的效果，首先要先設定筆刷。

在工具面板中選擇〔筆刷〕工具 ☑**❶**，設定為〔前景色：白色〕**❷**。

開啟〔筆刷〕面板，選擇左側的〔筆尖形狀〕**❸**，從筆刷預設集中選擇〔Star 14 pixels〕**❹**。

另外，從筆刷選項把〔間距〕設定為〔50%〕**❺**。

> **Tips**
> 〔筆刷〕面板沒有顯示時，從選單選擇〔視窗〕→〔筆刷〕，就可以顯示〔筆刷〕面板。另外，筆刷形狀也可以在〔筆刷預設集〕面板中進行選擇（CS6以後版本）。

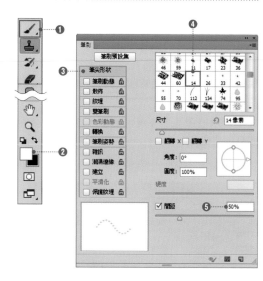

第 5 章　影像合成

step 2

勾選〔散佈〕選項**❻**，勾選〔兩軸〕，並設定為〔400%〕**❼**。

另外，設定為〔數量：4〕、〔數量快速變換：20%〕**❽**。兩個〔控制〕的設定全都維持預設的〔關〕狀態**❾**。

◎〔散佈〕的設定項目

項目	內容
散佈	設定散佈的範圍和隨機的程度。
數量	設定散佈的數量。
數量快速變換	設定筆刷濃密的隨機程度。
控制	設定散佈和數量快速變換的隨機程度，或是根據什麼來決定數量。〔關〕則代表完全隨機。

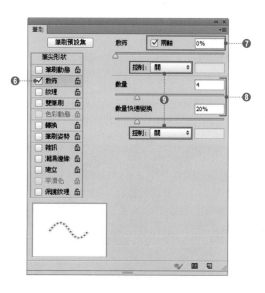

step 3

點擊〔圖層〕面板右下的〔建立新圖層〕按鈕❿，建立新圖層。

step 4

使用筆刷，在新建立的圖層深入描繪出閃耀般的效果。

把筆刷尺寸設定為 4～12px，在影像的亮光部分拖曳⓫。

首先，筆刷的前景色設定為白色，在此同樣也

不改變前景色，直接使用白色。

以輕柔擴散般的形像塗抹亮部。此時，不要理會亮部的塗抹是否太多，或是超出太多，持續進行作業。左圖是加工前，右圖則是加工後。

加工前

加工後

step 5

對於大面積的亮部，就使用尺寸較大的筆刷，宛如把光鑲嵌上一般的方式塗抹⓬。在製作範例中使用的是45px以上的筆刷尺寸。

另外，此時也同樣地不用在意塗抹過多或是超出範圍。左圖是加工前，右圖則是加工後。

加工前

加工後

從工具面板選擇〔橡皮擦〕工具 ⓭，在塗抹過多或是超出的部分輕輕拖曳⓮。

如果先對新圖層建立圖層遮色片（P.154），再

利用〔筆刷〕工具塗上黑色，也可以得到相同的效果。完成〔橡皮擦〕工具或圖層遮色片的修正，就大功告成了。

✦ Variation ✦

使用這種給予影像閃耀效果的作法，同樣地也可以製作出葉縫陽光般的效果。

建立新圖層，在希望加上葉縫陽光的位置繪製出亮光部分，再進行下列操作即可。

1. 從選單選擇〔濾鏡〕→〔模糊〕→〔高斯模糊〕，設定為〔強度：3.5〕⓯。

2. 從選單選擇〔濾鏡〕→〔模糊〕→〔動態模糊〕，設定為〔角度：35〕、〔間距：120〕⓰。

於是，葉縫陽光的亮部便完成了。下圖是顯示在黑色圖層上的亮部，從這張圖就可以清楚看出亮部的繪製方法。

{163} 把影像黏貼在立體物件

在立體物件上黏貼平面影像的時候，要選擇〔消失點〕濾鏡。〔消失點〕濾鏡是能夠讀取影像中的遠近感和立體物的形狀，並自動地調整遠近感的濾鏡。

概要

在此要使用〔消失點〕濾鏡，把三張平面影像黏貼在右邊的白色紙盒上。

為了黏貼影像，一開始要先建立新圖層，然後再進行下列步驟。

step 1

開啟黏貼的影像（在此是帶狀的影像），建立選取範圍後 ❶，按住 Ctrl（⌘）＋ C 鍵，拷貝到剪貼簿。

step 2

接著，開啟被黏貼的影像（在此是白色的紙盒），從選單選擇〔濾鏡〕→〔消失點〕，顯示〔消失點〕對話框。

選取先前建立的新圖層。

點擊〔建立平面〕工具 的圖示 ❷，依序點擊立體物件的四角 ❸。於是，符合該平面，建立出網格。

網格不符合立體物件的平面時，就選擇〔編輯平面〕工具 ❹，拖曳四角的控點，進行修正。〔編輯平面〕工具 的操作方法，就跟讓選取範圍或圖層任意變形的時候一樣。

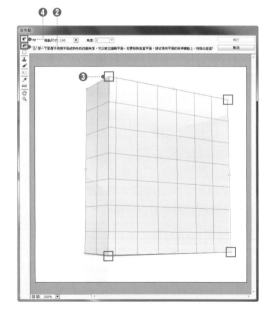

step 3

一邊按住 Ctrl（⌘）鍵一邊拖曳側邊控點❺，建立出側面的網格。

另外，當側面有所偏移時，就利用〔編輯平面〕工具🖑修正各面。

step 4

按下 Ctrl（⌘）＋ Ｖ 鍵，把 step1 中拷貝在剪貼簿中的影像貼上，然後選取〔變形〕工具⊞❻。

把黏貼的影像配置在任意位置後，只要點擊〔確定〕按鈕，影像的黏貼便完成了。

> **Tips**
> 〔變形〕工具⊞的操作方法，就跟讓選取範圍或圖層任意變形的時候一樣（P.62）。也可以進行影像的縮放、旋轉或變形、移動。

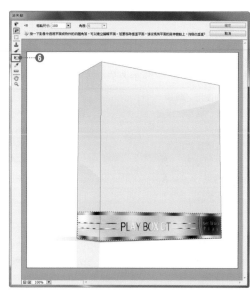

step 5

利用相同的要領重複影像的黏貼，並持續作業，就可以完成如右圖般的影像。

> **Tips**
> 只要選擇〔消失點〕對話框的〔選取畫面〕工具❼，就可以從對話框上方的〔修復〕下拉選單設定黏貼影像的調和方法，或是設定〔不透明度〕、〔羽化〕等項目❽。

相關　任意變形：P.62　圖層的複製：P.134

便利的快速鍵列表

功能	Windows	MacOSX
開啟檔案	Ctrl + O	⌘ + O
開啟 Adobe Bridge	Ctrl + Shift + O	⌘ + Shift + O
儲存檔案	Ctrl + S	⌘ + S
另存新檔	Ctrl + Shift + S	⌘ + Shift + S
儲存備份	Ctrl + Alt + S	⌘ + Option + S
建立新檔	Ctrl + N	⌘ + N
顏色設定	Ctrl + Shift + K	⌘ + Shift + K
靠齊的使用／解除	Ctrl + Shift + ：	⌘ + Shift + ：
參考線的顯示／隱藏	Ctrl + ：	⌘ + ：
任意變形	Ctrl + T	⌘ + T
清除或圖層的刪除	Delete	Delete
內容感知縮放	Ctrl + Alt + Shift + C	⌘ + Option + Shift + C
前次濾鏡	Ctrl + F	⌘ + F
負片效果	Ctrl + Shift + I	⌘ + Shift + I
羽化	Ctrl + Alt + D	⌘ + Option + D
拷貝的圖層	Ctrl + J	⌘ + J
取消選取	Ctrl + D	⌘ + D
建立新圖層	Ctrl + Shift + N	⌘ + Shift + N
合併圖層	Ctrl + E	⌘ + E
圖層群組化	Ctrl + G	⌘ + G
解除圖層群組	Ctrl + Shift + G	⌘ + Shift + G
曲線	Ctrl + M	⌘ + M
色相/飽和度	Ctrl + U	⌘ + U
變更鍵盤快速鍵	Ctrl + Alt + Shift + K	⌘ + Option + Shift + K
偏好設定	Ctrl + K	⌘ + K
列印	Ctrl + P	⌘ + P
頁面設定(僅限於CS4以前版本)	Ctrl + Shift + P	⌘ + Shift + P
檔案資訊	Ctrl + Alt + Shift + I	⌘ + Option + Shift + I
色階	Ctrl + L	⌘ + L
以前景色填滿	Alt + Delete	Option + Delete
以背景色填滿	Ctrl + Delete	⌘ + Delete
填滿	Shift + F5	Shift + F5
隱藏工具面板以外的面板	Shift + Tab	Shift + Tab
隱藏所有面板	Tab	Tab
縮小筆刷尺寸	[	[
放大筆刷尺寸	]	]
減少筆刷的硬度	Shift + [	Shift + [
增加筆刷的硬度	Shift +]	Shift +]
放大顯示	Ctrl + +	⌘ + +
縮小顯示	Ctrl + -	⌘ + -
顯示全頁	Ctrl + 0	⌘ + 0

第 6 章

藝術插畫

{164} 快速地套用彩色濾鏡效果

只要從〔樣式〕面板的面板選單選擇〔相片效果〕，置換圖層樣式並點擊目標圖層樣式的縮圖，就可以快速地套用彩色濾鏡效果。

·〔概 要〕·······

在此要使用圖層樣式，快速且簡單地把彩色濾鏡套用在右邊的影像。

再者，圖層樣式無法使用在〔背景〕圖層上，所以請事先確認目標圖層為一般圖層。當圖層為〔背景〕圖層時，就要在〔圖層〕面板中雙擊〔背景〕圖層的縮圖，把它轉換成一般圖層。另外，也無法套用多個圖層樣式在單一圖層上。也請事先確認在目標圖層上沒有套用其他的圖層樣式。

·〔step 1〕·······

點擊〔樣式〕面板右上的面板選單，從選單中選擇〔相片效果〕❶。

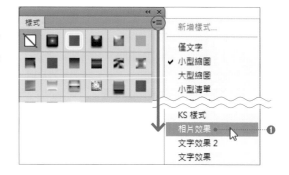

·〔step 2〕·······

出現是否使用相片效果中的樣式來取代目前樣式的對話框後，點擊〔確定〕按鈕❷。

再者，一旦在此點擊〔加入〕按鈕，相片效果的樣式就會被新增至現有的樣式中。

·〔step 3〕·······

藉此，〔樣式〕面板中所顯示的樣式一覽表就會置換成〔相片效果〕的。從一覽表中選擇〔以金色覆蓋〕❸。

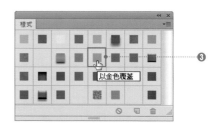

step 4

藉此，就會如右圖般在影像上添加色彩濾鏡的
效果。

另外，色彩濾鏡效果是透過圖層樣式被套用在
影像上，所以也可以藉由加工圖層樣式的效果
來變更彩色濾鏡的顏色（參考 Variation）。

❖ Variation ❖

欲變更彩色濾鏡的顏色時，重新設定圖層
樣式的〔顏色覆蓋〕。

step 1

首先，雙擊〔圖層〕面板上所顯示的〔顏色覆
蓋〕❹，顯示〔圖層樣式〕對話框。

step 2

設定〔顏色覆蓋〕區段的〔混合模式〕、〔顏
色〕和〔不透明〕❺，變更色彩效果。

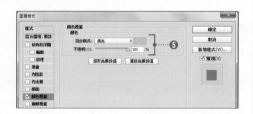

step 3

於是，彩色濾鏡的顏色被變更，並被套用
在影像上。

在此藉由變更成〔混合模式：柔光〕來減弱
色彩效果。利用〔混合模式：顏色覆蓋〕，
把〔圖層樣式〕對話框的〔顏色覆蓋〕項目所
設定的顏色填滿圖層，重疊在原始影像的
上方，也可以得到相同的效果。

相關　圖層樣式：P.159　轉換成單色：P.194

第6章　藝術插畫

{165} 利用彎曲變形和陰影合成影像

欲自然地合成影像時，就要使用〔移動〕工具 ⊕、〔任意變形〕、〔彎曲〕、〔填滿〕、〔亮度/對比〕。

概要

在此，將解說使用彎曲變形和〔亮度/對比〕，以自然的形式把右邊拍立得風格的照片合成在左邊的書桌上的方法。

再者，製作範例的影像只有〔背景〕圖層。當合成影像中有數個圖層時，請事先從〔圖層〕面板選項中選擇〔影像平面化〕，全部整合成〔背景〕圖層。

step 1

從工具面板選擇〔移動〕工具 ⊕❶，把合成素材的影像拖曳到作為基礎的影像上，新增成圖層❷。

step 2

圖層增加後，〔圖層〕面板的結構就會如圖❸所示。

在這種狀態下，從選單選擇〔編輯〕→〔任意變形〕❹，顯示邊界方框，並配合背景影像，將素材變形並加以配置。

Short Cut 任意變形
Mac ⌘＋T　Win Ctrl＋T

Tips
關於利用〔任意變形〕使影像變形的方法，請參考 P.62。

step 3

在〔圖層〕面板中，把素材圖層拖曳到〔建立新圖層〕按鈕上❺，複製圖層。

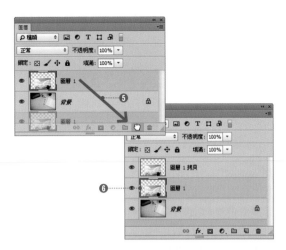

step 4

一旦進行圖層的複製，其複製出來的圖層就會自動地呈現選取的狀態，所以在此要點擊選取下方的複製來源圖層❻。用黑色填滿這個圖層，將影像製作成陰影的部分。

step 5

從選單選擇〔編輯〕→〔填滿〕，顯示〔填滿〕對話框。
設定為〔內容：黑色〕❼，勾選〔保留透明〕❽，點擊〔確定〕按鈕。

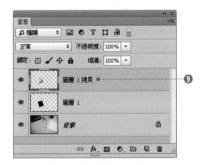

step 6

在〔圖層〕面板中選取剛才全新複製的圖層❾。

step 7

從選單選擇〔編輯〕→〔變形〕→〔彎曲〕❿，顯示邊界方框。

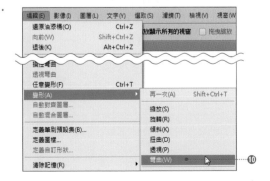

step 8

如右圖般操作邊界方框，讓照片的右下部分往內側移動⑪。

因為這個圖層的下方重疊著剛才以黑色填滿的圖層，所以一邊把原始的形狀設為標記一邊進行變形。

step 9

為了讓照片更顯自然，在此把對比降低。

從選單選擇〔影像〕→〔調整〕→〔亮度/對比〕，顯示〔亮度/對比〕對話框。

一邊確認畫面一邊降低〔對比〕，減少素材圖層的不協調感⑫。在此設定為〔對比：－9〕。

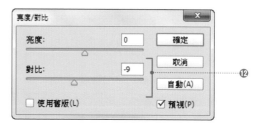

> **Tips**
>
> 這次使用〔亮度/對比〕來進行調整，然而如果使用曲線（P.178），並為亮部做出附加色彩那樣的修正，就可以更真實的完成。

step 10

接著，在〔圖層〕面板中選取下一層的圖層⑬，從選單選擇〔濾鏡〕→〔模糊〕→〔高斯模糊〕，顯示〔高斯模糊〕對話框。

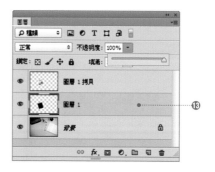

step 11

一邊觀看影像視窗和對話框的預視一邊輸入適當的值來套用模糊。在此設定為〔強度：4.0〕⑭，點擊〔確定〕按鈕。

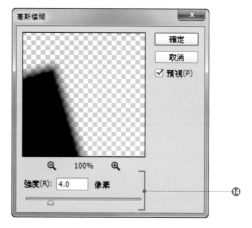

step 12

一旦套用〔高斯模糊〕濾鏡，陰影就會變模糊，並與影像調和，更趨近於真實表現⑮。

step 13

把〔圖層〕面板右上的〔不透明度〕調降至〔30%〕左右⑯。

step 14

從工具面板選擇〔移動〕工具 ⑰，在畫面上拖曳陰影的圖層，僅稍微進行移動⑱。此時，要觀察周邊物件的陰影，並調整陰影的方向，以免產生有半點的不協調感。

step 15

適當調整陰影位置後，就大功告成了。配置在前面的影像與背景影像調和，形成沒有不協調感的合成影像。

{166} 製作柔和、溫馨的自然風照片

對一般的照片套用〔擴散光暈〕濾鏡之後，再利用〔色相/飽和度〕和〔曲線〕的調整圖層進行調整，就可以把照片加工成柔和、溫馨的自然風照片。

・概　要・

對右邊的照片添加如同讓寬廣範圍變得平坦且明亮般的效果，接著提升佔有寬廣面積的色彩飽和度，並且使曲線提高至趨近平緩的傾斜，如此一來，就可以製作出整體柔和且溫馨的自然風照片。

step 1

此次要使用〔擴散光暈〕濾鏡，所以要先做事前準備，點擊工具面板下方的〔預設的前景和背景色〕按鈕❶，把前景色和背景色恢復成預設。
接著，從選單選擇〔濾鏡〕→〔濾鏡收藏館〕，顯示〔扭曲〕類別的〔擴散光暈〕。

把〔光暈量〕設定為最小值，對亮部賦予最小限度的光暈，同時調降〔清除量〕，以便讓寬廣範圍變得平坦且明亮。在此設定為〔粒子大小：0〕、〔光暈量：2〕、〔清除量：12〕❷。在設定完成後點擊〔確定〕按鈕，套用濾鏡效果在影像上。

step 2

從選單選擇〔圖層〕→〔新增調整圖層〕→〔色相/飽和度〕，顯示〔新增圖層〕對話框。
在此不做任何變更，直接點擊〔確定〕按鈕即可❸。

step 3

在〔內容〕面板（CS5則是〔調整〕面板）中，把影像內佔有較大面積的飽和度提升至最大程度。

在此要把天空的飽和度提升，所以把〔黃色〕的飽和度設定為〔＋50〕❹、〔藍色〕的飽和度設定為〔＋60〕❺。

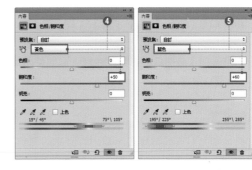

step 4

從選單選擇〔圖層〕→〔新增調整圖層〕→〔曲線〕，顯示〔新增圖層〕對話框。

在此不做任何變更，直接點擊〔確定〕按鈕即可❻。

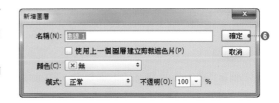

step 5

在〔內容〕面板（CS5則是〔調整〕面板）中，把曲線整體向上提高，增加錨點，以便調整成趨近平坦的傾斜曲線❼。

藉由把曲線調整成如右圖般，完成低對比的高色調影像。

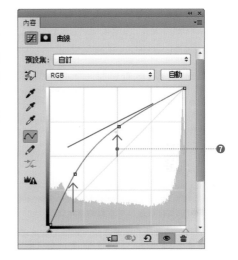

第6章 藝術插畫

step 6

藉此，便完成了。如果覺得因曲線的使用而讓飽和度降低的話，就請提高〔色相/飽和度〕調整圖層的〔主檔案〕之飽和度。

{167} 加工成褪色的彩色照片

欲把影像加工成褪色的彩色照片時，則要使用〔增加雜訊〕濾鏡和〔色相/飽和度〕調整圖層、〔色彩平衡〕調整圖層。

◆概要◆

在此，如同右邊的照片般，藉由對漂亮的彩色照片使用〔增加雜訊〕濾鏡或〔色彩平衡〕調整圖層，製作成具有褪色氛圍的照片。

◆step 1◆

在〔圖層〕面板中選取目標的圖層❶，從選單選擇〔濾鏡〕→〔雜訊〕→〔增加雜訊〕，顯示〔增加雜訊〕對話框。

◆step 2◆

一邊檢視預視一邊進行各種設定。在此設定為〔總量：3〕❷，選擇〔一致〕❸。另外，勾選〔單色的〕❹。
各項目設定完成後，點擊〔確定〕按鈕。

◎〔增加雜訊〕對話框的設定項目

項目	內容
總量	以百分比指定占據影像整體的雜訊比例。
分佈	雜訊的分佈方法。就算是相同數值，一旦選擇〔一致〕，雜訊就會變得不明顯；一旦選擇〔高斯〕，就會形成自然的雜訊。
單色的	勾選此項目後，就會變成單色的雜訊。

◆step 3◆

從選單選擇〔圖層〕→〔新增調整圖層〕→〔色相/飽和度〕，顯示〔新增圖層〕對話框。在此不做任何變更，直接點擊〔確定〕按鈕❺。

step 4

在〔內容〕面板（CS5則是〔調整〕面板）中調降〔飽和度〕和〔明亮〕，比較容易調整出懷舊的色彩。在此設定為〔飽和度：－40〕、〔明亮：－15〕❻。

step 5

從選單選擇〔圖層〕→〔新增調整圖層〕→〔色彩平衡〕，顯示〔新增圖層〕對話框。在此也同樣地不做任何變更，直接點擊〔確定〕按鈕❼。

step 6

在〔內容〕面板（CS5則是〔調整〕面板）中選擇〔色調：中間調〕❽，取消勾選〔保留明度〕❾，設定三個滑桿的值。三個滑桿中的數值總和要設定為負值。

首先，把〔黃色/藍色〕的數值調降至自然程度，接著，操作〔洋紅/綠色〕和〔青色/紅色〕，讓畫面整體稍微帶點紅暈。在〔洋紅/綠色〕輸入負值；而在〔青色/紅色〕輸入正值。

這次輸入〔黃色/藍色：－100〕、〔洋紅/綠色：－25〕、〔青色/紅色：25〕❿。

〔洋紅/綠色〕和〔青色/紅色〕請輸入只有正負值差異的相近數值。

step 7

藉此，就可以重現因經年變化而褪色的照片。因為step4調降了明亮，所以只要控制〔中間調〕，影像中的最白色部分就會變成紅黃色，營造出因經年變化而泛黃般的氛圍。

相關 調整圖層：P.175　〔色相/飽和度〕：P.188　做成玩具相機效果的照片：P.274

{168} 做成玩具相機效果的照片

欲把影像加工成玩具相機效果的照片時，則使用〔色相/飽和度〕、〔擴散光量〕、〔鏡頭校正〕、〔鏡頭模糊〕等。

概要

所謂的玩具相機是指以俄羅斯製相機「LOMO」等為代表的廉價相機。由於這些產品的構成簡單，隨著相機的個體差異，可以拍攝出出乎意料之外的有趣照片，而在近年來大受歡迎。

這次要對右邊的影像重現以玩具相機所拍攝出的「鮮豔的色調」、「鏡頭內反射所造成的柔焦特寫」和「周邊光量的削減」等效果。

step 1

從選單選擇〔影像〕→〔調整〕→〔色相/飽和度〕，顯示〔色相/飽和度〕對話框。

盡量在〔飽和度〕輸入較高的數值❶。此處設定為〔飽和度：45〕，點擊〔確定〕按鈕。

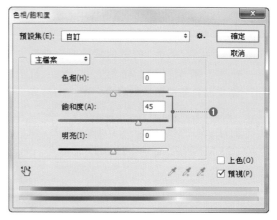

> **Tips**
>
> 〔飽和度〕一旦調整過高，反而會失去色調，所以請特別注意。在此，要在不使色調變得奇怪的範圍內輸入較大的數值。

step 2

點擊工具面板的〔設定背景色〕圖示❷，顯示對話框，並且把背景色設定為〔R：230、G：240、B：255〕。這個背景色會成為使用〔擴散光量〕濾鏡所做成的亮部之色彩。

另外，這個色彩請配合影像來設定任意色彩。

step 3

從選單選擇〔濾鏡〕→〔濾鏡收藏館〕，顯示
〔扭曲〕類別的〔擴散光量〕。

一邊觀看預視一邊調整出較大的數值。在
此是設定為〔粒子大小：0〕、〔光量量：
4〕、〔清除量：15〕❸。

點擊〔確定〕按鈕，把濾鏡套用在影像上。

step 4

接著，從選單選擇〔濾鏡〕→〔鏡頭校正〕，
顯示〔鏡頭校正〕對話框。

選擇〔自訂〕標籤❹，設定為〔總量：-
100〕，重現玩具相機周邊光量不足的特性
❺。點擊〔確定〕按鈕，套用在影像上。

另外，在此所使用的方法是〔鏡頭校正〕濾
鏡，不過使用選取範圍和曲線的方法，則
能夠更有彈性地控制效果（P.318）。

step 5

最後，還要套用〔鏡頭模糊〕，以便重現柔
焦的效果。

從選單選擇〔濾鏡〕→〔模糊〕→〔鏡頭模
糊〕，顯示〔鏡頭模糊〕對話框。

設定〔光圈〕區段的〔強度〕和〔反射的亮
部〕區段的〔亮度〕，使影像模糊。在此設
定為〔強度：4〕、〔亮度：3〕❻，點擊〔確
定〕按鈕。

step 6

藉此，就可以重現出玩具相機特有的拍攝
方式。再者，各設定值終究只是參考值。
實際作業的時候，請一邊透過濾鏡收藏館
的預試來確認效果一邊決定套用。

相關　提高飽和度：P.188　　柔焦風的加工：P.225　　隧道效果：P.200　　〔鏡頭校正〕：P.229　　**275**

{169} 加工成素淨、優雅的氛圍

藉由使用〔曲線〕來控制陰影部，控制影像的濃度，並且營造出素淨、優雅的氛圍。

〔概要〕

在此，藉由利用〔曲線〕來控制右邊影像的陰影部，整體營造出素淨、優雅的氛圍。這種技巧的通用性很高，可以應用在各種照片上。

另外，即便是照片的對比過高或過暗，也可以透過最後的步驟進行調整。

step 1

在〔圖層〕面板中選取加工對象的圖層之後，從選單選擇〔圖層〕→〔新增調整圖層〕→〔曲線〕，顯示〔新增圖層〕對話框。在此，不做任何變更下直接點擊〔確定〕按鈕❶。

step 2

在〔內容〕面板（CS5則是〔調整〕面板）中變更曲線。

首先，藉由把影像最陰暗的部分設為青綠色，製作出稍微混濁的形象。

選擇〔色版：紅〕❷，讓曲線中央的點向下移動❸。此時，就算點擊中央的點之後，直接在面板下方的輸入區中輸入〔輸入：140〕、〔輸出：125〕也沒關係❹。

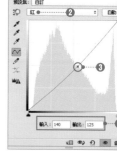

step 3

接著，選擇〔色版：綠〕❺，把曲線中央的點往上移動，並設定為〔輸入：130、輸出：145〕❻。

同樣地，為了完成影像，選擇〔色版：藍〕❼，把曲線左下的點往上移動，設定為〔輸入：0〕、〔輸出：75〕❽。

step 4 ···

藉此，就會形成以暗部為中心、影像整體
變淡且偏藍綠色的照片❾。

完成飽和度的調整，選擇〔色版：RGB〕
❿，調整亮度和對比。

就這個影像的情況來說，因為希望製作
出低對比且明亮的形象，所以要先把曲
線左下的點往上移動，再把中央部分往
上拉高⓫。在此，把左下的點設定為〔輸
入：0〕、〔輸 出：
45〕，中央點設定
為〔輸入：140〕、
〔輸出：195〕⓬。
只要依照影像來變
更最後的曲線，就
可以製作出各種不
同的形象。

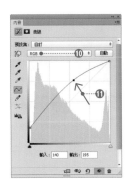

第6章　藝術插畫

Tips

在最後完稿時，曲線形成了拋物線，所以呈現出低　　　就可以製作出高對比且鮮豔的形象。詳細請參考下
對比且明亮的形象。希望提高對比時，就要在此把　　　載的檔案。
曲線調整成S字形（P.179）。一旦調整成S字形後，

❖ **Variation** ❖

在此解說了可按照影像調整完稿的〔曲線〕使用方法，不過同樣的加工也可以藉由使用〔填
滿〕圖層來實現。在本文step1，建立〔曲線〕調整圖層的地方，從選單選擇〔圖層〕→〔新增
填滿圖層〕→〔純色〕，建立〔填滿圖層〕。

之後，把填滿的色彩設定為〔R：40、G：
55、B：125〕。然後，把〔填滿圖層〕的混
合模式設定為〔線性加亮（增加）〕。於是，
就可以製作出與本文類似的影像（利用這個
方法也可以在最明亮的部分套用色彩）。
另外，此時藉由把圖層的混合模式設為〔變
亮〕或〔加亮顏色〕，也可以營造出大不相同
的氛圍。

相關　曲線的使用方法：P.178　〔填滿〕圖層：P.234　做成玩具相機效果的照片：P.274

{170} 描繪美麗、滑順的頭髮

在此要使用〔油畫〕濾鏡，把影像加工得更加滑順、流暢般的表現。這個製作範例的重點在於分開使用〔油畫〕濾鏡，活用細節。

概要

〔油畫〕濾鏡可以讓具有方向性的像素，產生宛如用筆刷朝同一方向描繪般的效果。

在此要對右圖套用〔油畫〕濾鏡，描繪出美麗、滑順的頭髮。

另外，眼睛和嘴巴、鼻子等的細部和整體所需的細節各不相同，所以必須對每個部分分別使用濾鏡。

原始影像

step 1

因為之後的步驟也要使用原始影像的圖層，所以要先把〔背景〕圖層拖曳到〔圖層〕面板的〔建立新圖層〕按鈕❶，拷貝圖層。

之後，選取拷貝後的圖層，從選單選擇〔濾鏡〕→〔油畫〕❷，顯示〔油畫〕對話框。

step 2

〔筆觸樣式（CS6：風格化）〕和〔筆觸清潔度（CS6：清潔度）〕以外的值設為最小值❸，設定為〔筆觸清潔度：1〕❹。

接著，一邊檢視影像一邊調整〔筆觸樣式〕的值，在眼睛、嘴巴和鼻子等細部形狀沒有不協調感的範圍內，盡可能設定較大的值。在此，

設定為〔筆觸樣式：5.5〕❺。設定值會因影像而有所不同，只要先設定〔筆觸清潔度〕，再調整〔筆觸樣式〕，就比較容易找出符合目標的設定值。

藉此，雖然整體的形象會比較弱，但是眼睛等細部則會成為充分套用〔油畫〕濾鏡的影像。

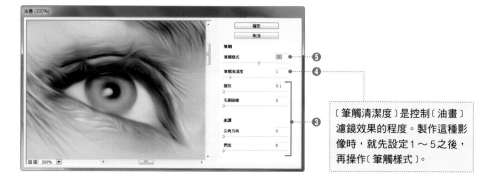

〔筆觸清潔度〕是控制〔油畫〕濾鏡效果的程度。製作這種影像時，就先設定1～5之後，再操作〔筆觸樣式〕。

step 3

接著，把〔油畫〕濾鏡確實套用在影像的整體上。

和剛才一樣，先拷貝〔背景〕圖層，把拷貝後的圖層移動至〔圖層〕面板的最上方❻。之後，從選單選擇〔濾鏡〕→〔油畫〕，顯示〔油畫〕對話框。

這次把〔筆觸樣式〕和〔筆觸清潔度〕設為最大值❼，其他的項目設定為最小值。如此一來，就會失去細節，不過卻可以讓〔油畫〕濾鏡的「筆畫描繪效果」發揮到最大極限。

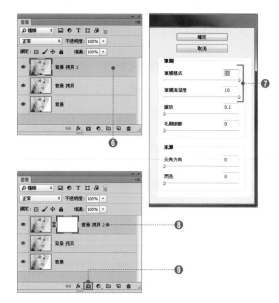

step 4

在現況下，影像的細節會喪失，影像無法成立，所以要讓眼睛、嘴巴和鼻子等細部還原。首先，選取最上方的圖層❽，點擊〔增加圖層遮色片〕按鈕❾，增加圖層遮色片（P.154）。

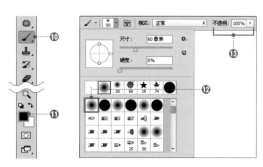

step 5

局部顯示位於當前圖層的下方殘留細節的圖層。

在工具面板中選擇〔筆刷〕工具❿，設定為〔前景色：黑色〕⓫。

筆刷的設定選擇〔柔邊圓形〕的筆刷⓬，設定為〔不透明度：80～100%〕⓭。在此把不透明度設定為〔100%〕，筆刷尺寸則配合影像尺寸設為〔60px〕。

step 6

完成筆刷設定之後，拖曳眼睛、嘴巴和鼻子等細節較不自然的部分。只要用黑色塗抹圖層遮色片，就會局部顯示位於下方的圖層影像。

只要重複這個動作，就可以製作出宛如用筆刷描繪般的平滑影像⓮。從結果中可清楚看出，只要靈活運用〔油畫〕濾鏡，就可以發揮出影像的特性。

再者，一旦使用〔油畫〕濾鏡，對比就會下降，所以請多加注意！在此要利用〔曲線〕調整圖層（P.178）來提高對比，完成整個影像。

相關　圖層遮色片的使用方法：P.154　曲線的使用方法：P.178

171 讓夜景閃爍著霓虹色彩

在此要把影像暫時轉換成黑白，其後追加色彩資訊到其他的圖層上，藉此任意地控制夜景亮光的色彩，展現出耀眼的氛圍。

概要

在此要讓右邊的夜景照片閃爍著霓虹色彩。如右圖般欲把以各種不同色彩閃爍的影像亮光變更成自己喜歡的色彩時，就要暫時轉換成黑白影像，然後追加色彩資訊到其他的圖層上，並且變更該圖層的混合模式。通常，為影像上色時，都是使用〔顏色〕或〔色彩增值〕，不過，這次要使用〔覆蓋〕混合模式來強調亮光。

step 1

開啟加工的影像，從選單選擇〔圖層〕→〔複製圖層〕，並且以「濾鏡」這個名稱來拷貝圖層❶。

step 2

從選單選擇〔濾鏡〕→〔其他〕→〔最大〕，顯示〔最大〕對話框。

擴張影像的明亮部分。設定為〔強度：18〕、〔保留：方型〕❷，點擊〔確定〕按鈕。

如果指定〔保留：方型〕，明亮的像素就會擴張成正方形。另一方面，如果指定〔保留：圓度〕，則會擴張成正圓形。這次要在後面的步驟，讓影像朝上下方向模糊，所以就選擇了能夠在水平、垂直方向產生濾鏡效果的〔方型〕。

step 3

從選單選擇〔濾鏡〕→〔模糊〕→〔動態模糊〕，
顯示〔動態模糊〕對話框，並且設定為〔角度：
90〕、〔間距：140〕❸，點擊〔確定〕按鈕。

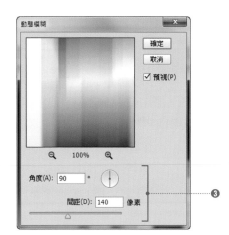

step 4

如果直接使用，亮光部分的邊緣會顯得過強，
所以為了讓邊緣的亮度更圓滑些，要從選單選
擇〔濾鏡〕→〔模糊〕→〔高斯模糊〕，顯示〔高
斯模糊〕對話框，並且設定為〔強度：7〕❹，
點擊〔確定〕按鈕。藉此，亮光的邊緣就不會
那麼突兀❺。

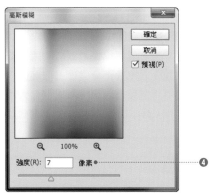

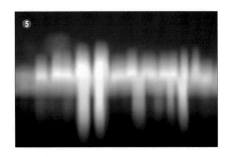

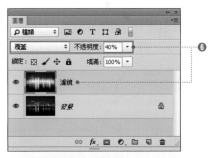

step 5

降低前面所製作的亮光效果，和原始的影像加
以組合。
選取〔濾鏡〕圖層，設定為〔混合模式：覆
蓋〕、〔不透明度：40%〕❻。
利用截至目前的步驟，夜景照片就變成如右圖
般的樣子❼。

Tips
〔覆蓋〕是把〔濾色〕和〔色彩增值〕加以組合的混
合模式。〔覆蓋〕模式會依照基本色彩（下方圖層
的色彩），進行色彩增值或濾色。因此，色彩比
起50%灰色更明亮的部分就會變得更明亮，陰暗
部分就會變得更陰暗。透過這個效果，這次的影
像就會變得更有強弱差異。

step 6

使用〔選取範圍〕和〔填滿〕，製作水面上的亮光部分。

追加新圖層（〔亮光〕圖層）❽，在工具面板選擇〔多邊形套索〕工具☑，並且在選項面板中設定為〔羽化：5 px〕❾。

step 7

從海岸到近處，建立出較大範圍的選取範圍❿。

接著，這次變更為〔羽化：30 px〕，一邊按著 Ctrl + Alt（⌘ + Option）鍵一邊如同包圍著大廈群那樣建立出選取範圍⓫。

一旦執行這個步驟，就可以僅把既有的選取範圍和新的選取範圍之重疊部分當作選取範圍來殘留，同時在海岸側和近處側會形成羽化大小相異的選取範圍（海岸側設定5 px、近處側設定30 px）。

step 8

從選單選擇〔編輯〕→〔填滿〕，顯示〔填滿〕對話框，並且以〔內容：白色〕填滿⓬。

之後，把〔亮光〕圖層變更為〔不透明度：70%〕。

step 9

把影像設為黑白。

從選單選擇〔圖層〕→〔新增調整圖層〕→〔色版混合器〕，顯示〔新增圖層〕對話框，不做任何變更，直接點擊〔確定〕按鈕。

在〔內容〕面板（CS5則是〔調整〕面板）中勾選〔單色〕⓭，設定為〔紅色：＋30〕、〔綠色：59〕、〔藍色：11〕⓮。

藉此，圖層以下的影像就會以黑白顯示。

> 設定為〔紅色：＋30〕、〔綠色：59〕、〔藍色：11〕之後，就只會顯示Photoshop的明度資訊。這是最基本的黑白影像。

step 10

新增一個名為「色彩」的上色用圖層，變更為
〔混合模式：覆蓋〕⑮。接著，在工具面板中選
擇〔筆刷〕工具✏⑯，點擊〔前景色〕，開啟檢
色器⑰。

step 11

這次試著以HSB設定色彩。
設定為〔H：300〕、〔S：75〕、〔B：50〕之後，
點擊〔確定〕按鈕⑱。

> **Tips**
> HSB就是以H（色相）、S（彩度）、B（明度）來指
> 定色彩。H是以0〜359°（360）來設定色調。紅
> 是0°、綠是120°、青則是240°。

step 12

利用〔柔邊圓形〕、〔尺寸：200 px〕的筆刷
⑲，在畫面上拖曳，填滿設定的色彩⑳。筆刷
的尺寸請配合影像來進行適當的調整。

step 13

利用相同的步驟變更色彩，在畫面上分別填
色，最後再利用〔曲線〕調整圖層，調整整個
影像，如此便大功告成了㉑。

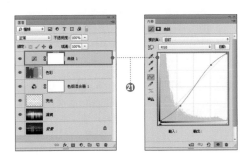

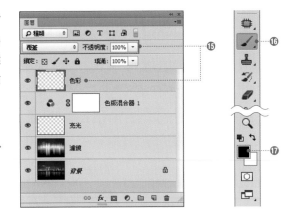

第6章　藝術插畫

172 把照片加工成 HDR 影像風格

欲從一般的影像製作成HDR影像（High Dynamic Range Image）風格時，則要使用〔HDR色調〕
功能。一旦使用這種功能，就能夠透過簡單的操作從單張影像製作成HDR的那種影像。

・概要・

所謂的HDR影像（高動態範圍影像：High Dynamic Range
Image）是指藉由組合亮度相異的數張影像，並在該區域內
做成對比達到最大的影像。

通常，欲製作HDR影像時，必須準備數張改變亮度後所拍
攝的照片。但是，只要使用〔HDR色調〕功能，就可以把單
張照片製作成HDR風格的影像。在此要使用右邊的影像來
製作HDR影像風格的影像。

・step 1・

欲使用〔HDR 色調〕時，就要從選單選擇〔影
像〕→〔調整〕→〔HDR色調〕，顯示〔HDR色
調〕對話框。

在〔邊緣光量〕區段中設定為〔強度：2〕，並且
勾選〔平滑邊緣〕❶。只要勾選〔平滑邊緣〕，
影像外觀上的對比就會提高，同時變成宛如
HDR的高對比影像。

另外，在〔色調和細部〕區段中設定為〔細部：
＋300〕❷。透過這項設定，就可以更加強調
細節的邊緣，表現出HDR般的細節。接著，
一邊確認影像一邊調整〔邊緣光量〕區段的〔半
徑〕❸。在此，要設定較大的值，盡量避免影
像的明亮部分和陰暗部分不夠鮮明。這次設定
了〔半徑：38〕。

Tips
顯示〔HDR色調〕對話框時，當選擇
的影像不是〔背景〕圖層或有多張圖
層時，就會顯示出如右圖般的對話
框，此時點擊〔是〕按鈕❹。

點擊〔是〕按鈕之後，圖層
就會平面化（P.143）。依情
況需要，事先把影像檔案
拷貝起來吧！

項目	內容
方法	要表現攝影時的所有濃度，就要使用〔亮部壓縮〕；如果要製作HDR影像，就要選擇〔局部適應〕。
〔邊緣光量〕區段	〔局部適應〕是讓有濃淡的影像組合，所以可以指定要如何處理濃淡差異。〔半徑〕是指定明亮部分和陰暗部分的調合範圍半徑。〔強度〕是指定在影像濃度達多少時，產生邊緣光暈。
〔色調和細部〕區段	指定亮度和清晰度。
〔進階〕區段	調整陰影和亮部的亮度以及飽和度。調整飽和度時，要先從〔自然飽和度〕開始設定。

step 2

就現狀來看，影像邊緣部分的模糊太過強烈，呈現略顯不自然的狀態，所以要調整模糊程度，完成整個影像。

一邊確認影像一邊調降〔邊緣光量〕區段的值。在此設定為〔強度：1.5〕**❺**。為了增強HDR的風格，要在〔進階〕區段中提高〔飽和度〕。在此設定了〔飽和度：70〕**❻**。可是，關於這個設定，為了避免影像的細部變得不自然，必須一邊確認影像一邊進行調整。藉由像這樣地提高飽和度，邊緣部分和影像會自然地調合，製作出高對比的動態影像。

第6章 藝術插畫

◈ Variation ◈

一旦把在此所介紹的利用HDR色調所做成的影像設定為黑白影像（P.194），就可以重現出高品質的黑白照片。此時，要調降〔邊緣光量〕區段的設定。把影像設為黑白的方法有許多種，在此是利用色版混合器設定為〔R：30、G：59、B：11〕，並且勾選〔單色〕。使用上述的色版混合器的方法，就參考單元編號127『轉換成符合形象的單色調』的Variation。

製作 HDR 影像

把以各種不同的濃度所拍攝的照片進行合成,製作HDR影像,並做出一般照片所無法表現的濃度
域影像。

概要

HDR影像(High Dynamic Range Image)有各種不同的表現方法,然而在此要使用五張濃度相
異的影像,製作奇幻式影像。

step 1

在開啟所有影像的狀態下,從選單選擇〔檔
案〕→〔自動〕→〔合併為HDR Pro〕,顯示〔合
併為HDR Pro〕對話框。選擇〔增加開啟的檔

案〕❶。於是,剛才開啟的影像就會增加至清
單中❷。照片增加完畢後,點擊〔確定〕按鈕。

step 2

〔合併為HDR Pro〕的設定畫面顯示後,在〔模
式〕選擇〔16位元〕、〔局部適應〕❸。
接著,如下列般進行設定。

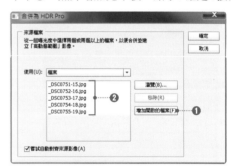

- 〔半徑:300 px〕
- 〔強度:1.6〕 ❹

- 〔Gamma:1.5〕
- 〔曝光度:0〕 ❺
- 〔細部:140%〕

- 〔陰影:0%〕
- 〔亮部:-30%〕
- 〔自然飽和度:0%〕 ❻
- 〔飽和度:20%〕

設定完成後,點擊〔確定〕按鈕。於是,HDR
影像便會自動地建立,同時以新的影像顯示。

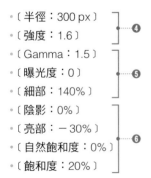

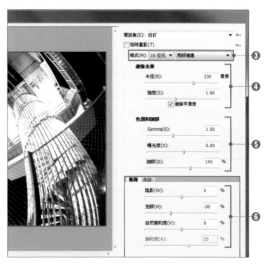

◎〔合併為HDR Pro〕對話框的設定項目

項目	內容
邊緣光暈	組合有濃淡的影像時會發生濃度縫隙，此項目就是指定該如何處理縫隙。
色調和細部	指定影像的濃度和完成清晰的程度。〔Gamma〕和〔曝光度〕是亮度相關的設定。另外，〔細部〕是指定影像的銳利度。如果要製作出像這次般的幻想式影像，就要做出較強的設定。
進階	調整〔陰影〕和〔亮部〕的亮度，以及飽和度。

Tips

CS4以下版本所搭載的〔合併至HDR〕功能，只能設定〔強度〕、〔臨界值〕、〔色調曲線與色階分佈圖〕。因此，無法製作出與CS5以後版本完全相同的影像。但是，可以選擇〔方法：局部適應〕**⑦**，在〔色調曲線與色階分佈圖〕中做出如右圖般的設定，製作出類似的影像**⑧**。

另外，拷貝建立的HDR影像圖層，把圖層的混合模式設定為〔實光〕或〔覆蓋〕等之後，再從選單選擇〔濾鏡〕→〔模糊〕→〔高斯模糊〕，就可以製作出更類似的影像。

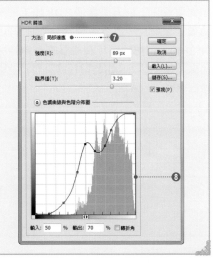

step 3

透過前面的作業後，基本的HDR影像已經完成了，最後要進行完稿。在此要提高關鍵色彩的飽和度，並且調降多餘色彩的飽和度。

開啟影像之後，從選單選擇〔圖層〕→〔新增調整圖層〕→〔色相/飽和度〕，建立〔色相/飽和度〕調整圖層。

在〔內容〕面板（CS5則是〔調整〕面板）中選擇〔藍色〕**⑨**，設定為〔飽和度：＋50〕**⑩**；選擇〔紅色〕**⑪**，設定為〔飽和度：－100〕**⑫**。

step 4

藉此，便完成了。從結果中可發現，超出必要以上的紅色部分已經被消除，而藍色也變得更加地鮮豔。

相關　製作HDR風格影像：P.284　色相、飽和度：P.188　混合模式：P.148

174 連接多張影像來製作全景照片

在此要使用〔Photomerge〕功能，把個別拍攝的多張照片連接在一起，製作成一張全景照片。

 概要

在此要使用下列五張做過HDR加工的照片。
拍攝五張照片，將各張照片製作成HDR影像
（P.286），再把該照片合成為全景照片。自行
拍攝製作全景照片用的照片時，請注意右邊的
四個要點！

- 讓各影像的25～40%重疊
- 曝光量、焦距等拍攝條件一致
- 讓相機維持在相同的水平位置
- 避免使用具有扭曲的鏡頭

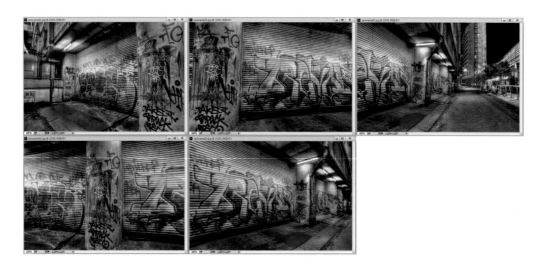

 step 1

開啟所有使用在全景照片上的影像，從選單選
擇〔檔案〕→〔自動〕→〔Photomerge〕❶，顯示
〔Photomerge〕對話框。
另外，雖然在此使用的是HDR影像，然而就
算不是HDR影像，也沒有關係。嘗試各種不
同的照片吧！

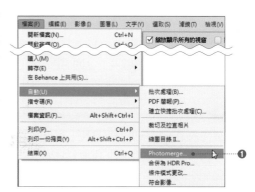

step 2

點擊〔增加開啟的檔案〕按鈕
❷，增加影像❸。另外，此時
會顯示警告視窗，請不要理
會，直接點擊〔確定〕按鈕。

接著，選擇〔自動〕❹，勾選
〔將影像混合在一起〕和〔暈映
移除〕選項❺。

完成設定之後，點擊〔確定〕
按鈕。

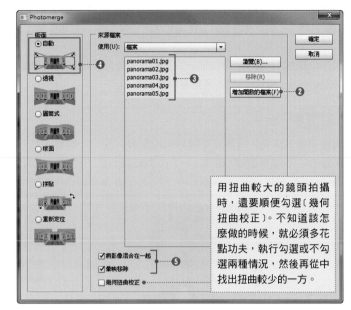

> 用扭曲較大的鏡頭拍攝
> 時，還要順便勾選〔幾何
> 扭曲校正〕。不知道該怎
> 麼做的時候，就必須多花
> 點功夫，執行勾選或不勾
> 選兩種情況，然後再從中
> 找出扭曲較少的一方。

step 3 ....

完成全景合成之後，就會呈現出如下般的影像。

step 4 ....

最後，從工具面板選擇〔裁切〕工具 ❻，只要裁切掉多餘的空白，作業即完成了。

第6章　藝術插畫

{175} 把照片做成挖剪圖案風格的插畫

藉由改變〔挖剪圖案〕濾鏡的設定項目，可以簡單地製作出保留原始形象的挖剪圖案風格之影像，或是彷彿從一開始就認為是插畫那樣的影像。

● step 1 ●

這次要使用濾鏡，所以要先拷貝原始影像。開啟影像，從選單選擇〔圖層〕→〔複製圖層〕，顯示〔複製圖層〕對話框。

〔圖層名稱〕輸入任意名稱❶，點擊〔確定〕按鈕。新的圖層建立後，圖層結構就會如圖❷所示。

原始影像

● step 2 ●

從選單選擇〔濾鏡〕→〔濾鏡收藏館〕，開啟〔濾鏡收藏館〕。

接著，選擇〔藝術風〕類別中的〔挖剪圖案〕濾鏡❸，在濾鏡選項中設定為〔層級數：6〕、〔邊緣簡化度：5〕、〔邊緣精確度：1〕❹。

點擊〔確定〕按鈕，套用濾鏡效果在影像上，就會變成如同下圖般的模樣。一旦在濾鏡選項中減少〔邊緣簡化度〕滑桿的數值，就會形成較真實的印象。

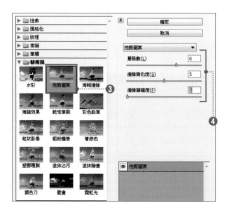

濾鏡套用後

　相關　加入電視畫面般的掃描線：P.60　把影像加工成彩繪玻璃風格：P.291

{176} 利用〔Camera Raw 濾鏡〕改變色溫

只要使用CC版本所新增的〔Camera Raw濾鏡〕功能，即便不是以Raw拍攝的影像，仍舊可以在拍攝後透過簡單的操作，任意變更照片的色溫。

 step 1

開啟影像，從選單中選擇〔濾鏡〕→〔Camera Raw濾鏡〕**①**。

> **Tips**
> 〔Camera Raw濾鏡〕能夠以模擬方式調整色溫。但是，不能像Raw影像那樣，利用克爾文（Kelvin）單位來指定色溫，或是在不劣化資訊的情況下進行調整。這一點請多加注意！

step 2

顯示與〔Camera Raw〕功能類似的畫面。
操作〔色溫〕滑桿和〔色調〕滑桿，調整出個人滿意的狀態**②**。
希望重現色溫較低的狀態（夕陽般的狀態）時，就要讓〔色溫〕滑桿和〔色調〕滑桿往右邊的正值方向移動。
相反地，希望重新色溫較高的狀態時，就要讓〔色溫〕滑桿和〔色調〕滑桿往左邊的負值方向移動。

第6章　藝術插畫

step 3

設定為〔色溫：＋50〕、〔色調：＋65〕後**③**，就變成如右圖般的成果。
〔Camera Raw濾鏡〕可以像這樣任意地變更色溫。請嘗試各種不同的操作。

> **Tips**
> 只要在畫面左上選擇〔白平衡〕工具**④**，點擊任意的點，就能夠以該點為基準，調整白平衡。

一旦設定為〔白平衡：自動〕，就會自動判斷影像整體的色彩平衡，自動調整色溫和色調。

> **Tips**
> CS6以前版本並沒有這種濾鏡，不過可藉由直接使用〔Camera Raw〕功能（P.204）來執行相同的作業。

相關　添加模糊在影像上：P.52　濾鏡收藏館：P.58

〔177〕將照片製作成水彩畫風

在此，將解說使用CC版本中功能被強化的〔最大〕和〔最小〕把一般照片製作成水彩畫風的方法。
這些功能可以藉由不同的應用來營造出各種不同的效果。

step 1

開啟影像，從選單選擇〔圖層〕→〔複製圖層〕，把原始影像複製四次，並且將五個影像重疊，選取〔最大〕圖層 ❶。

此次，把各圖層的名稱設定為套用濾鏡的名稱。從上方依序命名為〔找尋邊緣2〕、〔找尋邊緣1〕、〔最小〕、〔最大〕。只要預先做好這樣的設定，就可以防範濾鏡套用錯誤於未然。

> **Short Cut** 拷貝的圖層
> Mac ⌘＋J　Win Ctrl＋J

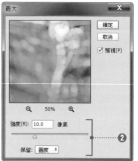

step 2

在確認了選取〔最大〕圖層後，從選單選擇〔濾鏡〕→〔其他〕→〔最大〕，顯示〔最大〕對話框。

設定〔強度〕，直至輪廓不曖昧的程度。在此要設定為〔強度：10.0〕、〔保留：圓度〕❷。只要選擇〔圓度〕，影像的明亮部分就會以圓形方式擴張。

step 3

隱藏〔找尋邊緣2〕和〔找尋邊緣1〕圖層 ❸，選取〔最小〕圖層，設定為〔混合模式：實光〕❹。接著，從選單選擇〔濾鏡〕→〔其他〕→〔最小〕，顯示〔最小〕對話框，並選擇〔強度：10.0〕、〔保留：圓度〕❺。

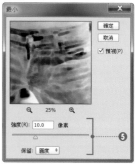

> **Tips**
> 在〔最大〕和〔最小〕等自古就有的濾鏡中，各對話框的預視視窗不是太小，就是無法擴大。所以，請讓原始影像放大顯示，確認完稿後的狀態。

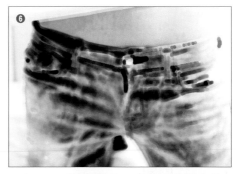

step 4

經過前面的作業之後，影像已經頗有水彩畫風的味道了❻，不過輪廓變得太過曖昧，所以要使用圖層的混合模式和其他的濾鏡來製作輪廓。

> **Tips**
> 希望進一步強調水彩畫具的滲透感時，或是希望增強濃厚部分時，請把〔最小〕設定為較大數值。

step 5

顯示〔找尋邊緣1〕和〔找尋邊緣2〕圖層❼，選取〔找尋邊緣2〕，並設定為〔混合模式：分割〕❽。

接著，從選單選擇〔濾鏡〕→〔模糊〕→〔放射狀模糊〕，並且設定為〔總量：30〕、〔模糊方式：迴轉〕、〔品質：最佳〕❾。

一旦把〔混合模式：分割〕的圖層模糊之後，只會顯示影像的濃淡差異部分。

step 6

從選單選擇〔圖層〕→〔合併圖層〕，合併〔找尋邊緣1〕和〔找尋邊緣2〕❿，並且把全新的〔找尋邊緣1〕圖層設定為〔混合模式：變暗〕⓫。

藉此，便完成了。增加了影像的細緻邊緣部分，製作出更纖細的質感⓬。

再者，像此次這樣利用數個濾鏡進行加工時，請務必在中途確認影像，確定影像沒有和目標的完成情況相差太多。

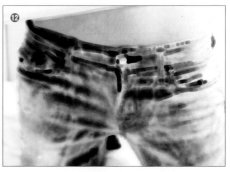

> **Tips**
> 希望更加強調水彩畫的感覺時，就先合併所有的圖層，再從選單選擇〔濾鏡〕→〔濾鏡收藏館〕，選擇〔紋理〕類別的〔紋理化〕。
> 只要在這個濾鏡中設定為〔紋理：砂岩〕、〔縮放：200%〕、〔浮雕：1〕、〔光源：上〕，紋理就會套用在影像上，製作出更像水彩畫的感覺。
> 只要使用〔濾鏡收藏館〕，就可以組合各種不同的濾鏡。例如，若是合併使用〔乾性筆刷〕，就可以表現出飛白般的感覺。請一邊檢視影像一邊嘗試各種挑戰，以便符合目標的成果。

第6章 藝術插畫

相關 添加模糊在影像上：P.52　濾鏡收藏館：P.58　〔擴散光暈〕濾鏡：P.225

{178} 重現光圈的散景，製作出幻想式影像

只要使用〔鏡頭模糊〕濾鏡，就可以簡單地模擬出各種鏡頭的狀態(光圈的亮點等)。

概要

欲重現光圈的亮點時，就要使用宛如光線從後方照射般的逆光照片。如此一來，不僅可以更加強調亮點，還可以更輕易加工原始影像，讓影像更加自然。

---

step 1

首先，複製包含影像在內的圖層。把〔背景〕圖層拖曳至〔圖層〕面板的〔建立新圖層〕按鈕❶。藉此，新圖層就會被複製❷。

---

step 2

只要使用〔鏡頭模糊〕，就可以讓影像內的明亮小像素發亮。在此，為了強調那些亮點，透過〔筆刷〕工具 🖊 來描繪出明亮的像素。

從工具面板選擇〔筆刷〕工具 🖊 ❸，將〔前景色〕設定為〔R：255、G：255、B：230〕❹。筆刷使用〔硬度：100〕的圓形筆刷❺(參考 P.300 的 step7)。另外，在設定為〔筆刷尺寸：3 ～ 15px〕之後，接著設定為〔不透明度：100%〕❻。

設定完成後，在影像內點擊希望使發亮的場所或是亮度不足的地方，增加明亮的點❼。一旦把黑色的圖層配置在下層，僅顯示點擊的點，即可得知明亮的點增加了許多❽。

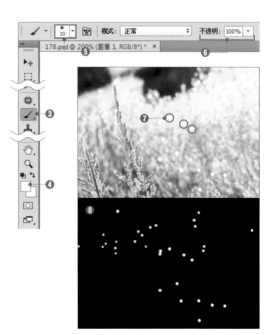

從選單選擇〔濾鏡〕→〔模糊〕→〔鏡頭模糊〕，
顯示〔鏡頭模糊〕對話框。

在此設定為〔強度：25〕、〔亮度：100〕後❾，
一邊確認影像一邊把〔臨界值〕從最大數值開

始逐漸調降。在此設定為〔臨界值：243〕❿。
除了這些設定以外，其他的設定皆維持「0」或
預設值。

設定完成後，點擊〔確定〕按鈕，套用濾鏡。

在現況下，會形成影像整體全都套上模糊的狀
態，所以要在選取最上層圖層的狀態下，點擊
〔圖層〕面板的〔增加圖層遮色片〕⓫，增加圖
層遮色片⓬。

接著，選擇〔筆刷〕工具▨，設定為〔前景色：
黑色〕。筆刷的形狀選擇〔柔邊圓形〕系列的
筆刷，設定為〔尺寸：400px〕、〔不透明度：
80～100%〕。

完成筆刷的設定後，以人物為中心，拖曳不需
要模糊的部分⓭。拖曳之後，該位置就會被遮
罩，局部地顯示出位在下方的影像。藉此，便
完成了。

相關　圖層遮色片：P.154

{179} 利用圖層樣式來製作雪或雨

欲利用圖層樣式來製作雪或雨時，則從〔樣式〕面板的選單選擇〔影像效果〕，追加效果。

❀ 概 要 ❀

預設狀態的〔樣式〕面板中，並沒有表現雪或雨等的圖層效果。因此，必須從面板選單選擇〔影像效果〕來進行樣式的加入或取代，從顯示的樣式中選擇目標的樣式。

在此，對右邊的影像使用圖層樣式來增加雪或雨。

再者，圖層樣式無法使用於〔背景〕圖層，所以請先確認目標的圖層是否為一般的圖層❶。若圖層是〔背景〕圖層，請先把圖層轉換成一般圖層（P.133）。

另外，也不能套用多個圖層樣式在單一圖層上，所以也請一併確認，目標圖層中沒有套用其他的圖層樣式。

step 1

點擊〔樣式〕面板右上的面板選單，從選單中選擇〔影像效果〕❷。

step 2

顯示「是否使用 影像效果 中的樣式來取代目前的樣式」的對話框後，點擊〔確定〕按鈕❸。另外，希望加入樣式時，請點擊〔加入〕按鈕。

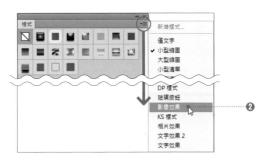

step 3

〔樣式〕面板中所顯示的樣式一覽表已經取代。從其中選擇〔下雪〕❹。藉此，雪的圖層樣式就會被建立。

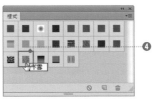

step 4

接著，要讓雪更加鮮明，擴大雪的尺寸。雙擊
〔圖層〕面板的〔圖樣覆蓋〕❺，顯示〔圖樣覆
蓋〕對話框。

step 5

在〔圖樣覆蓋〕對話框中進行下列的設定❻。
變更雪的不透明度和尺寸。
藉此，便完成了。

- 〔混合模式：濾色〕
- 〔不透明：100%〕
- 〔縮放：857%〕
- 勾選〔連結圖層〕

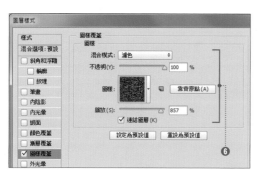

❖ Variation ❖

與〔下雪〕的預設集相同，只要從〔影像效果〕樣式中選擇〔下雨〕並進行套用，左邊的原始
影像就會變成右邊的影像。

相關 套用彩色濾鏡效果：P.264　轉換成單色：P.194

180 製作花押字的圖樣

所謂的「花押字」是指組合數個文字而做成單一圖案的設計。欲製作花押字的圖樣時，則要從選單選擇〔濾鏡〕→〔其他〕→〔畫面錯位〕。

概要

在此要製作出如右圖高級品牌般的花押字設計。❶的800×800像素部分是構成設計的最小單位。

如果以構造圖來說明花押字，其結果就如圖❷。從構造圖就可以清楚看出，圖樣會沿著寬200×長200像素的格子整齊排列。基本上就是針對主要的花押字「A」，藉由逐一排列圖形「B1」和「B2」來構成花押字。

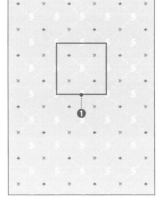

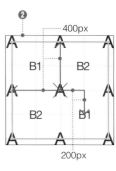

step 1

新建立等同於圖樣的最小構成尺寸800×800像素的影像，建立〔色彩填色〕圖層，並以任意顏色進行填滿❸（P.234）。另外，建立欲做成花押字的文字❹。

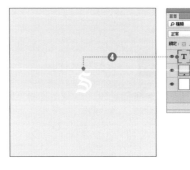

step 2

把配置的文字轉換成影像。在〔圖層〕面板中以滑鼠右鍵點擊文字圖層，從選單選擇〔點陣化文字〕❺。

另外，因為必須把作為花押字的圖層配置在影像的正中央，所以要從選單選擇〔選取〕→〔全部〕，再選擇〔圖層〕→〔使圖層對齊選取範圍〕以下的〔垂直居中〕和〔水平居中〕，使用花押字的圖層，配置在影像的正中央。

step 3

從選單選擇〔圖層〕→〔新增〕→〔拷貝的圖層〕，複製配置了文字的圖層**⑥**。

step 4

選取拷貝的圖層，從選單選擇〔濾鏡〕→〔其他〕→〔畫面錯位〕，顯示〔畫面錯位〕對話框。設定為〔水平：400〕、〔垂直：400〕**⑦**，勾選〔折回重複〕**⑧**，點擊〔確定〕按鈕。

藉此，在畫面的四角製作出花押字。

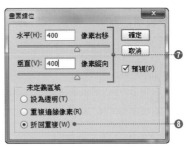

step 5

複製剛才製作的圖層，利用〔畫面錯位〕濾鏡變更花押字的位置。

位在中央左右的花押字設定為〔水平：400〕、〔垂直：0〕。另外，以相同方式，拷貝step4所製作的圖層，中央上下的花押字設定為〔水平：0〕、〔垂直：−400〕**⑨**。藉此，花押字就會均等配置，製作出可以反覆排列的圖樣。

接著，再透過與花押字相同的步驟，利用〔畫面錯位〕濾鏡也把兩種形狀圖樣配置在四個不同的位置**⑩**。在此透過下列的數值進行配置。

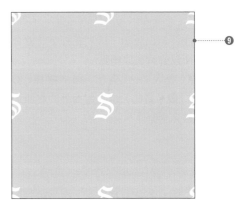

- 左上〔水平：−200〕、〔垂直：−200〕
- 右下〔水平：＋200〕、〔垂直：＋200〕
- 右上〔水平：＋200〕、〔垂直：−200〕
- 左下〔水平：−200〕、〔垂直：＋200〕

step 6

製作出連接花押字和圖形的虛線。

從工具面板選擇〔鋼筆〕工具，分別點擊畫面的左上和右下，建立路徑**⑪**。

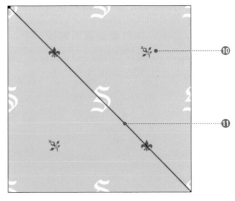

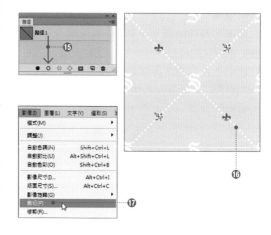

step 7

接著，從工具面板選擇〔筆刷〕工具 ✎ ⑫，設定為〔前景色：白色〕⑬。另外，在〔筆刷〕面板中設定為〔硬度：100%〕、〔尺寸：10px〕、〔間距：246%〕⑭，做好描繪等距虛線的準備。

step 8

建立新圖層，在〔路徑〕面板中把剛才建立的〔路徑1〕拖曳到〔使用筆刷繪製路徑〕按鈕⑮。藉此，就會沿著對角線製作出單邊的虛線。

接著，拷貝剛才建立的虛線圖層，從選單選擇〔編輯〕→〔變形〕→〔水平翻轉〕，使拷貝的圖層翻轉。藉此，也會在另一邊的對角線上描繪出虛線，呈現出如右圖般的結果⑯。

step 9

如果影像或物件超出版面，排列花押字時就會出現問題，所以必須加以刪除。

從選單選擇〔選取〕→〔全部〕後，選擇〔影像〕→〔裁切〕⑰。藉此，位在版面外的影像或物件，就會被完全刪除。

step 10

就現況來說，因為虛線和花押字、圖形相互重疊，所以要利用圖層遮色片來隱藏重疊的部分⑱（P.154）。

一旦規律地配置圖樣，花押字便完成了。

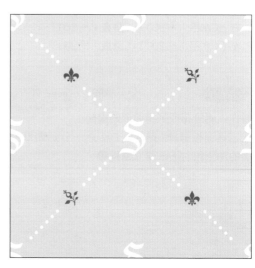

相關 圖層的填滿：P.234　圖層的對齊：P.140　圖層遮色片：P.154

{181} 為照片加上白邊並做成拍立得照片

打算為照片加上白邊並做成拍立得照片時，就得先利用〔裁切〕工具 進行剪裁，然後再利用〔版面尺寸〕製作留白。

step 1

在工具面板中選擇〔裁切〕工具 ❶，把影像裁切成正方形❷（P.35）。

> **Tips**
> 在CS6以後版本中，要一邊按住 Alt （ Option ）鍵一邊拖曳左右任一邊的控點。只要往左右任一邊拖曳，另一邊的控點也會產生相同的移動。在CS5版本中，則要一邊按住 Shift 鍵一邊拖曳畫面，把影像剪裁成正方形。

step 2

在〔圖層〕面板中確認影像為〔背景〕圖層❸。如果圖層不是〔背景〕圖層，而是一般圖層的時候，就要從選單選擇〔圖層〕→〔新增〕→〔背景圖層〕，把圖層轉換成〔背景〕圖層。

step 3

從選單選擇〔影像〕→〔版面尺寸〕，顯示〔版面尺寸〕對話框。分別在〔寬度〕和〔高度〕設定〔108%〕，並且指定為〔版面延伸色彩：白色〕❹，點擊〔確定〕按鈕。

再次選擇〔影像〕→〔版面尺寸〕，這次僅把〔高度〕設定為〔112%〕❺，把〔錨點〕設定在上方中央❻。

點擊〔確定〕按鈕後，就會如下圖般建立拍立得照片風格的留白。完成之後，再以手繪風格的字形打上文字，就可以營造出更棒的氛圍。

相關　版面尺寸的變更：P.34　剪裁影像：P.35　文字的輸入：P.74

{182} 陽光射入、閃閃發光般的效果

在此要組合〔動態模糊〕濾鏡和〔變亮〕混合模式，製作出宛如陽光射入、閃閃發光般的效果。

---

step 1

開啟影像，確認加工目標的圖層是單一圖層❶。如果加工目標是以多個圖層所構成的話，就從選單選擇〔圖層〕→〔合併圖層〕，把圖層合併成一個圖層。

---

step 2

選取要加工的圖層，從選單選擇〔圖層〕→〔複製圖層〕，進行圖層的複製❷。在此把複製的圖層命名為「亮光」。

接著，選取複製的圖層，變更為〔混合模式：變亮〕❸。

Short Cut 拷貝的圖層
Mac ⌘＋J　Win Ctrl＋J

> 〔變亮〕是比較上面的圖層和下面的圖層後，顯示明亮部分的混合模式。因此，相同影像重疊的時候，在外觀上不會有變化。

---

step 3

製作出朝同一方向照射的光線。

從選單選擇〔濾鏡〕→〔模糊〕→〔動態模糊〕。

在顯示的〔動態模糊〕對話框中，一邊確認影像一邊在〔角度〕和〔間距〕輸入數值❹。在此設定為〔角度：－57〕、〔間距：136〕。

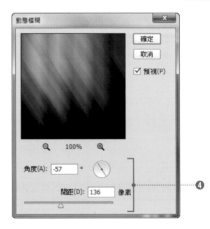

> **Tips**
> 就算是把各位本身感到最適當的數值輸入到〔角度〕也無所謂。這次採用了讓從窗戶射入的光和地板的光呈現一直線的角度。

302

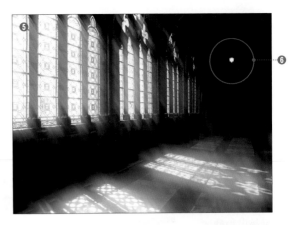

step 4

一旦套用〔動態模糊〕濾鏡，就會像右圖那樣變成光線往同一方向照射的影像❺。不過，現實中光線也會朝上面的方向折射，所以要加以修正❻。

step 5

在工具面板中選擇〔移動〕工具❼，把影像朝右下拖曳❽，只讓光線朝下方射入❾。再者，藉由這個步驟，影像的邊緣會有些許不自然，然而該處之後還會修正，所以目前先不用在意，直接把圖層拖曳到自己希望完成的位置。

step 6

局部隱藏〔亮光〕圖層，藉此修正影像內的不自然邊緣。
選取〔亮光〕圖層，點擊〔圖層〕面板下方的〔增加圖層遮色片〕圖示❿，增加圖層遮色片⓫。於是，圖層遮色片就會呈現選取狀態。

step 7

使用圖層遮色片，隱藏不需要的位置。在工具面板中設定為〔前景色：黑色〕⓬，選擇〔筆刷〕工具⓭，並選擇〔柔邊圓形〕⓮。這次設定為〔尺寸：150 px〕⓯、〔不透明度：100%〕、〔流量：100%〕⓰。
筆刷設定完成後，拖曳影像內的明亮部分和非明亮部分的不自然邊緣位置或本來看不見光的位置。於是，拖曳的部分就會完美消除⓱。

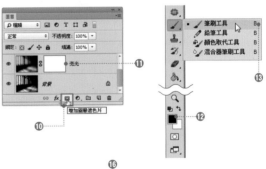

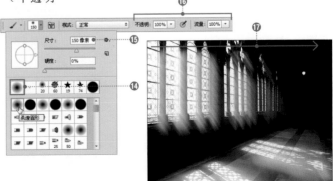

第6章　藝術插畫

{183} 製作自然火焰

欲製作自然火焰時，就要利用〔筆刷〕工具描繪成為火焰基礎的圖像，並且在套用〔漸層對應〕之後，使用〔指尖〕工具。

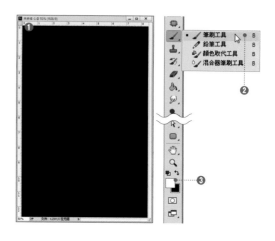

step 1

從選單選擇〔檔案〕→〔開新檔案〕，建立尺寸為1000×1500 pixel（300dpi）的黑色背景影像❶（P.23）。

從工具面板選擇〔筆刷〕工具❷，把前景色設定為白色❸。

step 2

從〔預設集〕面板的面板選單中選擇〔特殊效果筆刷〕❹。於是，就會顯示出下列的對話框，點擊〔加入〕❺。

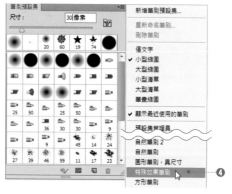

step 3

從筆刷中選擇〔散佈的野花〕❻，設定為〔尺寸：45px〕❼。之後，在文件上點擊，逐步在影像中深入描繪成為火焰基礎的圖像❽。

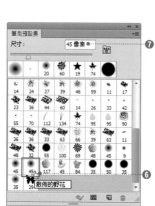

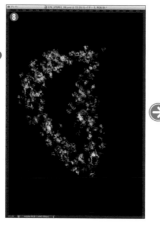

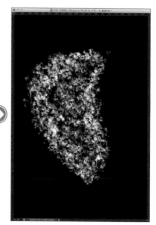

· **step 4** ·································

描繪火焰的整體樣貌後，點擊〔圖層〕面板下方的〔建立新填色或調整圖層〕按鈕，從選單中選擇〔漸層對應〕**⑨**。

· **step 5** ·································

點擊〔內容〕面板（CS5則是〔調整〕面板）中的漸層揀選器**⑩**，顯示〔漸層編輯器〕。

· **step 6** ·································

在〔漸層編輯器〕對話框中，進行下列的設定。

- 左邊的色標**⑪**
  〔位置：0%、黑色〕
- 左起的第二個色標**⑫**
  〔位置：35%、R：240、G：20、B：0〕
- 左起第三個色標**⑬**
  〔位置：90%、R：255、G：250、B：40〕
- 右邊的色標**⑭**
  〔位置：100%、白色〕

· **step 7** ·································

一旦點擊〔確定〕按鈕，剛才描繪的圖樣色彩就會變成如右圖那樣**⑮**。之後，為了讓火焰看起來更加自然，還要在〔背景〕圖層上加入幾筆。

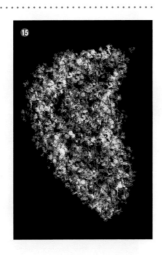

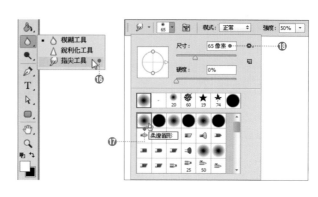

step 8

在〔圖層〕面板中，選取剛才用筆刷描繪成為火焰基礎的圖像圖層，從工具面板選擇〔指尖〕工具 16。

把筆刷變更成〔柔邊圓形〕17，尺寸暫時設定為65px左右18。

step 9

只要一邊往左右大幅度晃動一邊進行拖曳，拖曳的部分就會變成火焰19。一邊改變筆刷尺寸一邊重點式拖曳周邊部分。

在周邊部分形成火焰的樣貌之後，把中央部分塗上白色20。藉由依照最早填塗在背景上的白色筆刷圖樣、〔指尖〕工具 和完稿的白色筆刷之組合，便可形成各種的火焰，因此請多方的嘗試。

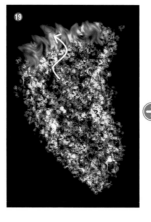 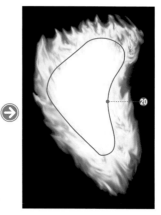

step 10

在〔圖層〕面板中選取兩個圖層，從面板選單中選擇〔影像平面化〕21，將影像合併。

把圖層拖曳到其他影像，調整位置，並且從〔圖層〕面板把圖層的混合模式從〔正常〕變更為〔濾色〕，便完成了（P.148）。

{184} 製作照片馬賽克影像

欲製作照片馬賽克影像時，就要把馬賽克素材重疊在影像上，變更圖層的混合模式，並且使用〔馬賽克〕濾鏡。

step 1

所謂的照片馬賽克是指由許多小張的照片鋪成一張較大影像的表現方法。通常，這類影像都必須花費相當多的時間，以手工作業的方式來配置影像，不過在此要介紹簡單且高精準度的影像製作方法。

首先，開啟希望做成照片馬賽克的影像（基礎影像）和馬賽克素材的影像。

> **Tips**
> 希望製作成照片馬賽克的影像中含有圖層的時候，就從〔圖層〕面板的面板選單選擇〔影像平面化〕（P.143）。這是為了防止影像在之後的作業中出現非意料的情況。

基礎影像

馬賽克素材影像

step 2

把顯示在馬賽克素材影像的〔圖層〕面板上的圖層直接拖曳到基礎影像上，把兩個影像彙整成一個影像。

移動馬賽克素材的影像圖層後，移動位置的影像圖層結構就如❶所示。

> **Tips**
> 使用〔移動〕工具 ▶ 拖曳影像，也可以把兩個影像彙整成一個。

step 3

從工具面板選擇〔移動〕工具 ▶ ❷，拖曳馬賽克素材的圖層，讓馬賽克的邊界對齊視窗的左上❸。

第6章 藝術插畫

從工具面板選擇〔矩形選取畫面〕工具❹，在畫面上拖曳，建立一個馬賽克單元格的選取範圍❺。

step 5

建立選取範圍後，利用〔資訊〕面板確認尺寸❻。此時，顯示單位請設定為 pixel（P.327）。藉此可以確認馬賽克的單元格為一邊 25pixel 的正方形。

> **Tips**
> 本書所隨附的檔案就是 25pixel，並不需要進一步確認。

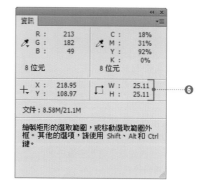

step 6

在〔圖層〕面板中選取馬賽克素材的圖層❼，把混合模式變更為〔柔光〕❽（P.148）。

藉此，馬賽克素材的圖層就會和下方的圖層合成，變成類似照片馬賽克❾。

可是，這樣只是讓馬賽克素材穿透，顯示下方的影像而已，所以並不是所謂的「照片馬賽克」。為了更接近真正的照片馬賽克，所以要套用濾鏡效果在〔背景〕圖層上。

> **Tips**
> 維持這樣的狀態，會有比較高的影像辨識性，所以就算依個人喜好，跳過下一個步驟，也沒有關係。

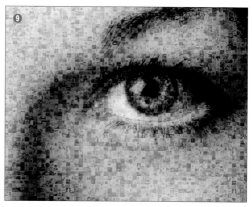

· step 7 · · · · · · · · · · · · · · · ·

選取〔圖層〕面板的〔背景〕圖層❿，從選單選擇〔濾鏡〕→〔像素〕→〔馬賽克〕⓫。

· step 8 · · · · · · · · · · · · · · · ·

顯示〔馬賽克〕對話框，在〔單元格大小〕中輸入step5所調查到的數值⓬。

這次輸入〔25〕，點擊〔確定〕按鈕。藉此，套用於背景的馬賽克效果和馬賽克素材的單元格大小就會一致，如右圖般的照片馬賽克就會完成了。

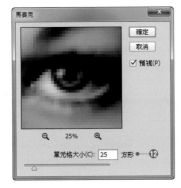

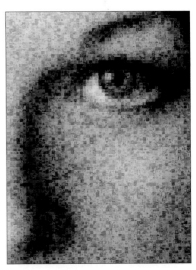

第6章 藝術插畫

‹ Variation ›

在本單元中，因為變更了馬賽克素材的混合模式，所以要改變原始影像的完稿色彩。如果希望調整影像的濃度或對比，就請在背景影像和馬賽克素材影像之間建立調整圖層（P.175），進行色調的調整⓭。

希望更簡單地調整濃度或對比時，複製〔背景〕圖層後，把圖層的混合模式變更為〔實光〕等，仍舊可以調整完稿。

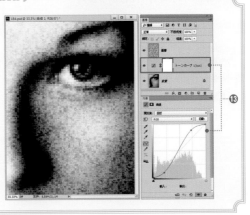

185 柔焦的重現

在此要以數位的方式重現〔柔焦〕。使用圖層的混合模式和〔高斯模糊〕濾鏡。

概 要

所謂的柔焦是指影像整體變得明亮，同時
展現出明亮部分滲透陰暗部分的現象。
在此將對右邊的影像使用Photoshop的功
能，進行柔焦風格的加工。一旦使用此處
解說的方法，就能夠僅靠圖層的組合和不
透明度的變更來增強或是減弱柔焦的效果。

step 1

開啟影像，確認加工目標的圖層只有一個
❶。如果加工目標是以多個圖層所構成的
話，就從選單選擇〔圖層〕→〔合併圖層〕
等，把圖層合併成一個圖層。

step 2

選取加工的圖層，從選單選擇〔圖層〕→
〔複製圖層〕，進行圖層的複製❷。在此以
「柔焦圖層」的圖層名稱進行複製。

step 3

選取複製的圖層❸，變更為〔混合模式：濾
色〕❹。

· **step 4** ·····································

在現狀中只是影像變得明亮而已，所以使
用濾鏡來添加模糊。

從選單選擇〔濾鏡〕→〔模糊〕→〔高斯模
糊〕，顯示〔高斯模糊〕對話框。

一邊確認影像一邊在〔強度〕輸入模糊尺寸
❺。在此設定為〔強度：8〕，不過此數值
還是請依照影像來調整。

· **step 5** ·····································

藉此，便完成了❻。當整體太過明亮的時
候，就要變更套用濾鏡的圖層之〔不透明
度〕來調整❼。

❈ **Variation** ❈

希望進一步增強柔焦的效果時，就先把套
用濾鏡的圖層之不透明度恢復成〔100％〕，
之後再與本項同樣地複製圖層❽。於是，
套用濾鏡的圖層變成兩層，因此濾鏡的效
果增強為200％❾。

只要進一步複製圖層並重疊，或是變更各
圖層的不透明度，就可以微調柔焦的效果。
在右圖中，將第二個圖層的不透明度設定為
〔50％〕，所以效果的強度就會變成150％。

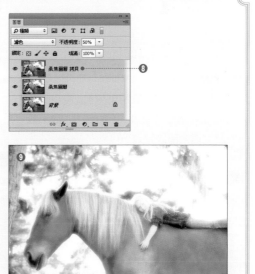

第6章 藝術插畫

相關 濾鏡的使用方法：P.51 圖層的複製：P.134 混合模式：P.148 柔焦鏡頭：P.226 **311**

{186} 描繪柔和亮光的線條

解說使用路徑、筆刷或圖層樣式等功能來描繪柔和亮光的線條方法。只要理解基本，就可以描繪出各種不同的線條。

概要

使用〔筆型〕工具 ，繪製出希望建立的線條形狀。在此，使用如右圖般的螺旋狀路徑。在這條路徑上套用柔和的亮光。

step 1

點擊〔圖層〕面板下方的〔建立新圖層〕按鈕 ❶，建立繪製路徑用的圖層。

step 2

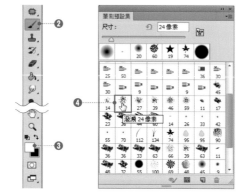

在工具面板中選擇〔筆刷〕工具 ❷，設定為〔前景色：白色〕❸。
之後，在〔筆刷預設集〕面板中選擇〔潑濺24像素〕❹。

step 3

選擇〔筆刷〕面板的〔筆刷動態〕區段 ❺，在〔控制〕下拉選單中選擇〔筆的壓力〕❻，其他的設定則全部設定為〔0〕。

step 4

選取使用的路徑圖層，從面板選單選擇〔筆畫路徑〕❼，顯示〔筆畫路徑〕對話框。

step 5

在〔工具〕下拉選單中選擇〔筆刷〕❽，勾選〔模擬壓力〕❾。點擊〔確定〕按鈕後，選取的路徑便會以筆刷進行描繪。

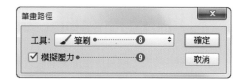

step 6

為描繪的線條添加亮光。

點擊〔圖層〕面板下方的〔增加圖層樣式〕按鈕，選擇〔外光暈〕❿，顯示〔圖層樣式〕對話框。設定為〔不透明度：100〕、〔尺寸：25〕⓫，從〔設定光暈顏色〕透過檢色器來設定顏色⓬。在此設定為〔R：50、G：100、B：255〕⓭。

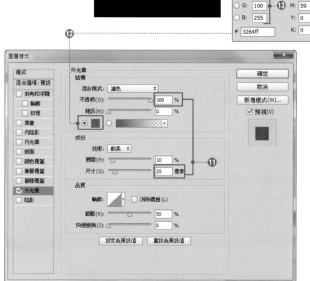

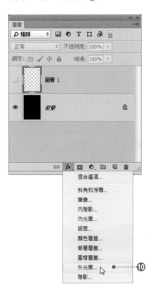

step 7

點擊〔確定〕按鈕後，就會沿著路徑描繪出亮光般的線條。右圖就是應用上述技巧所製作出來的範例。

只要先把人物和在此所製作的圖層重疊在一起，再利用圖層遮色片隱藏環繞至人物後方的部分，就可以製作出右邊的影像。

相關 圖層的基本操作：P.132 圖層樣式：P.159

〔187〕利用〔操控彎曲〕變形物件

一旦利用〔操控彎曲〕功能，就可以變形圖層的外觀本身。這是能夠在攝影後變更人物姿勢或動物形狀的便利功能。

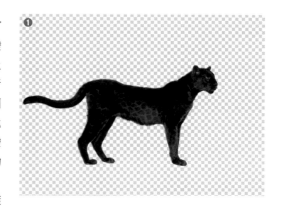

概要

〔任意變形〕功能和〔液化〕濾鏡等都是變形圖層內的影像，而〔操控彎曲〕基本上是把利用透明部分所包圍的圖層外觀進行變形。變形時可自動讀取圖層內的影像圖樣，能在沒有不協調感下使其變形，因此也可做出〔液化〕濾鏡無法實現的大幅變形。可以在拍攝後改變人物的姿勢或是動物的形體。

另外，使用操控彎曲的時候，必須利用透明部分包圍住希望變形的圖層。因此，在多數的情況下，都必須事先單獨裁切希望變形的部分並將其建立成其他圖層❶。

step 1

欲使用操控彎曲時，就要在〔圖層〕面板中選取變形的圖層，從選單選擇〔編輯〕→〔操控彎曲〕❷。於是，選取的圖層就會覆蓋上網紋。

點擊變形的基點❸，配置名為〔圖釘〕的點。

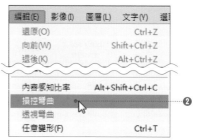

step 2

在此如右圖般配置〔圖釘〕，以避免移動到非預期的位置。

只要在這個狀態中拖曳〔圖釘〕，影像就會配合著拖曳而變形❹。當要同時移動兩個位置時，就得一邊按住 Shift 鍵一邊依序點擊〔圖釘〕。

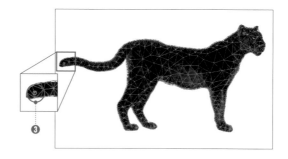

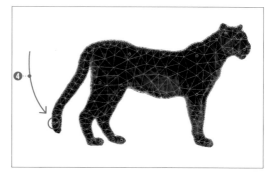

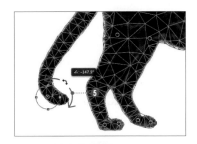

 step 3

另外，藉由按下 Alt（ Option ）鍵，則可以讓選取的〔圖釘〕旋轉**5**。

必須使局部旋轉時，這個方法相當便利（〔圖釘〕的旋轉除了滑鼠之外，還可以從選項列執行）。

step 4

影像因為變形而出現如右圖般的重疊時**6**，可利用選項列的〔圖釘深度〕按鈕**7**，讓圖釘的所在位置前後對調**8**。

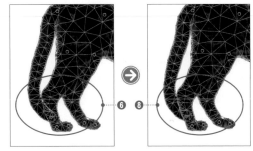

step 5

在此，藉由重複上述的操作，讓一般站立的豹變形成跳躍般的姿態。

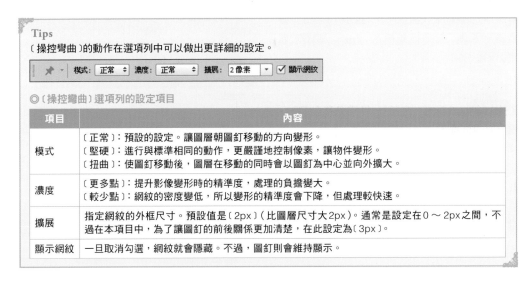

（位於右側章節標示）

第6章　藝術插畫

Tips

〔操控彎曲〕的動作在選項列中可以做出更詳細的設定。

◎〔操控彎曲〕選項列的設定項目

項目	內容
模式	〔正常〕：預設的設定。讓圖層朝圖釘移動的方向變形。 〔堅硬〕：進行與標準相同的動作，更嚴謹地控制像素，讓物件變形。 〔扭曲〕：使圖釘移動後，圖層在移動的同時會以圖釘為中心並向外擴大。
濃度	〔更多點〕：提升影像變形時的精準度，處理的負擔變大。 〔較少點〕：網紋的密度變低，所以變形的精準度會下降，但處理較快速。
擴展	指定網紋的外框尺寸。預設值是〔2px〕（比圖層尺寸大2px）。通常是設定在0～2px之間，不過在本項目中，為了讓圖釘的前後關係更加清楚，在此設定為〔3px〕。
顯示網紋	一旦取消勾選，網紋就會隱藏。不過，圖釘則會維持顯示。

相關　〔任意變形〕：P.62　〔液化〕濾鏡：P.214

{188} 從影像中清除特定物件

在此，將解說使用〔內容感知填滿〕功能來消除在影像中占有大面積的多餘物件之方法。

概要

在此要使用〔內容感知填滿〕功能來刪除右邊影像中的小女孩。另外，就刪除影像中較大面積的多餘物件的方法來說，還有〔仿製印章〕工具 🖌 及〔修補〕工具 🩹、〔修復筆刷〕工具 🖊 等方法。不過，這些方法都是以手動方式操作各種作業，所以影像結果和作業時間都會因操作者的技巧而呈現極大的差異。

另一方面，只要使用在此所介紹的〔內容感知〕功能，就可以輕易地製作出符合目標的影像。

step 1

把欲刪除的部分製作成選取範圍❶。在此要先利用〔快速選取〕工具 🖌 選取人物（P.108），再一邊按住 Shift 鍵一邊利用〔多邊形套索〕工具 🔺 來增加陰影部分的選取範圍（P.102）。

另外，大小剛好的選取範圍會造成加工的問題，所以要把選取範圍擴展〔2px〕左右。從選單選擇〔選取〕→〔修改〕→〔擴張〕，顯示〔擴張選取範圍〕對話框並指定〔2px〕，點擊〔確定〕按鈕。

step 2

建立好選取範圍後，從選單選擇〔編輯〕→〔填滿〕❷，顯示〔填滿〕對話框。

選擇〔內容感知〕❸，點擊〔確定〕按鈕。

此時，〔內容感知〕之外的項目不需要變更，維持預設的〔模式：正常〕、〔不透明度：100%〕❹。設定完成後，點擊〔確定〕按鈕。

藉此，就可以消除不需要的人物。

另外，並非所有的影像都可以像右圖般讓不需
要的物件消失。

如果無法透過這個方法來完美清除的話，就要
使用〔仿製印章〕工具🔲等進行修正。另外，
選取範圍的尺寸太小或太大時，也會造成失
敗，所以請試著調整選取範圍。

━━✦ Variation ✦━━

〔汙點修復筆刷〕工具✏️的選項列裡備有
〔內容感知〕項目。使用這項功能，同樣也
能夠執行與本文相同的作業。

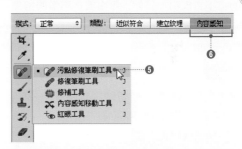

在工具面板中選擇〔汙點修復筆刷〕工具✏️
❺，選擇選項列的〔內容感知〕❻。

拖曳希望清除的部分，用黑色填滿欲刪除
的物件❼。

填滿目標物件後，停止拖曳。在停止拖曳
時，填滿的部位就會被清除❽。

像這樣即便是使用這個功能，也可以執行
與〔內容感知填滿〕相同的作業。不過，隨
著影像的不同，這兩個功能的結果也會有
相異的情形發生，所以必須要注意！

因此，建議先嘗試使用〔汙點修復筆刷〕工
具✏️的方法，當完稿無法符合滿意時，再
進行〔內容感知填滿〕。

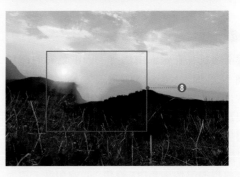

第6章　藝術插畫

相關　〔快速選取〕工具：P.108　〔多邊形套索〕工具：P.102　清除不要的物件：P.204

〔189〕把風景照片加工成模型影像

要把從斜上方拍攝的風景照片製作成模型影像，就要使用〔色相/飽和度〕調整圖層、〔表面模糊〕濾鏡和〔鏡頭模糊〕濾鏡。

概要

在此，把右圖的一般風景影像加工成模型風格。

呈現出模型影像的訣竅，就是提高影像的鮮豔度、飽和度，製作出玩具般的感覺，並且使影像的上下方模糊。另外，藉由淡化影像的細部來強調類似玩具感覺。

step 1

從選單選擇〔圖層〕→〔新增調整圖層〕→〔色相/飽和度〕，顯示〔新增圖層〕對話框。

在此不做任何變更，直接點擊〔確定〕按鈕❶。

step 2

在〔內容〕面板（CS5則是〔調整〕面板）中移動〔飽和度〕滑桿，或是直接輸入數值，提高〔主檔案〕的飽和度❷。

另外，請一邊觀看影像一邊提升飽和度，以避免影像過分明亮或怪異。在此設定為〔飽和度：＋50〕。

step 3

接著，提高在畫面中佔有大面積色彩的飽和度。

就這個影像來說，因為明亮的植物較多，所以要選擇〔黃色〕❸，提高〔飽和度：＋30〕❹。

另外，飽和度如果太高，影像會變得混雜，所以請一邊觀看影像一邊進行作業。另外，有時也要根據影像來套用〔綠色〕的飽和度。請因應影像做出靈活的運用。

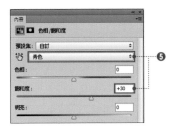

step 4

選擇畫面中面積雖少卻仍舊引人注目的顏色，提升飽和度。

在此，選擇〔青色〕，設定為〔飽和度：＋30〕❺。跟前面一樣，請一邊透過影像確認色調一邊進行作業。

一旦提高飽和度，就可以呈現出一些模型氛圍。

step 5

截至目前的作業，所呈現出的完稿就如同右圖所示。和原始影像相比，綠色、紅色、旗子等的青色都變得更鮮豔，普普風的感覺變強烈，更具有玩具感。

step 6

接著，套用濾鏡在影像上。

在〔圖層〕面板中選取〔背景〕圖層❻，從選單選擇〔濾鏡〕→〔模糊〕→〔表面模糊〕，顯示〔表面模糊〕對話框。

一邊調整設定值一邊消除柏油路那樣的細微圖樣，在此設定為〔強度：1〕、〔臨界值：20〕❼。

> **Tips**
> 除了〔表面模糊〕濾鏡之外，使用〔污點和刮痕〕和〔減少雜訊〕濾鏡，也可以得到相同的效果。

step 7

製作將使用的濾鏡遮色片。

從工具面板選擇〔漸層〕工具■❽，點擊漸層預設集的方塊❾，顯示〔漸層編輯器〕。

第 6 章 藝術插畫

第 6 章 藝術插畫

step 8

在〔漸層編輯器〕中進行下列的設定。

- 左邊的色標
  〔R：255、G：255、B：255〕**⑩**
- 中央的色標
  〔位置：25%、R：0、G：0、B：0〕**⑪**
- 右邊的色標
  〔R：255、G：255、B：255〕**⑫**

設定完成後，點擊〔確定〕按鈕，返回繼續作業。

step 9

點擊〔色版〕面板右下的〔建立新色版〕**⑬**，建立新的 Alpha 色版。

step 10

選取新建立的 Alpha 色版，利用〔漸層〕工具**■**由下往上拖曳**⑭**，製作出如右圖般的漸層。

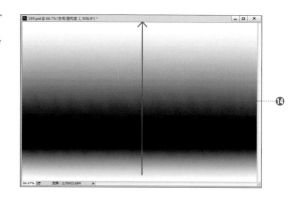

step 11

漸層完成之後，為了返回到原始的狀態，點擊選取〔色版〕面板的〔RGB〕**⑮**。

從選單選擇〔濾鏡〕→〔模糊〕→〔鏡頭模糊〕，顯示〔鏡頭模糊〕對話框。

從〔景深對應〕區段的〔來源〕下拉選單選擇先前描繪漸層的〔Alpha 1〕⓰，在〔光圈〕區段中設定為〔強度：20〕⓱。另外，在〔反射的亮部〕區段中設定為〔臨界值：255〕⓲。

因為〔來源〕選擇了Alpha色版，所以只有畫面的上下會顯示模糊。預視畫面中的影像是飽和度提升前的影像，不過，調整圖層的內容則會反映在影像上。

◎〔鏡頭模糊〕對話框的設定項目

項目	內容
預視	預視的精準度可以選擇〔快速〕和〔精確〕。
〔景深對應〕區段	組合〔來源〕中所指定的色版和〔模糊焦距〕，設定不套用模糊的範圍。以〔模糊焦距〕中所指定的Alpha色版的「明亮部分」為中心，不會套用模糊。
〔光圈〕區段	設定影像的模糊程度。利用〔形狀〕下拉選單和〔葉片凹度〕、〔旋轉〕來設定光圈形狀所造成的不同模糊。不清楚怎麼設定時，就只要設定〔強度〕就好。
〔反射的亮部〕區段	設定讓模糊部分發亮的效果。〔亮度〕設定模糊部分的亮度；〔臨界值〕指定發亮範圍。〔臨界值〕的數值越小，發亮範圍就會越廣。
雜訊	影像模糊破壞了立體感的時候，可使用雜訊來做出更自然的完稿。

設定完成後，點擊〔確定〕按鈕，使濾鏡效果套用在影像上。藉此，便完成了。

Tips

這次模糊影像的前方和後方的時候，是把焦距設定在前方35%的位置。雖然這個設定必須依照影像的位置來做決定，不過，以相機的情況來說，沒有對焦的範圍大多是後方大於前方，所以像這次拍攝體位在前方的時候，就要拉長後方的模糊距離，就可以強調出模型的感覺。

相關 建立自訂的漸層：P.71　提升影像的飽和度：P.188

第6章 藝術插畫

〔190〕 在風景照片上添加泡泡

使用圖層的混合模式「濾色」，把泡泡合成在風景照片上。希望合成半透明的物件時，這是相當有效的手段之一。

概要

把泡泡影像合成在右邊的影像上。

step 1

首先，為了讓影像的氛圍與泡泡飛舞的情景相融合，淡化影像整體，變更出柔和的感覺。
從選單選擇〔圖層〕→〔新增填滿圖層〕→〔純色〕，顯示〔新增圖層〕對話框。
選擇〔模式：線性加亮（增加）〕，點擊〔確定〕按鈕❶。

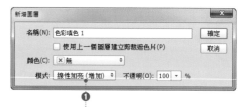

選擇〔線性加亮（增加）〕後，影像整體會依照〔色彩填色〕圖層的色彩而變得明亮。

step 2

利用〔檢色器〕所指定的色彩來填滿〔色彩填色〕圖層。在此指定為〔R：30、B：40、G：90〕❷。

Tips

希望單獨調整色調（色相）時，就變更HBS的〔H〕；希望單獨調整鮮豔度（飽和度）時，就變更〔S〕。另外，只想要單獨調整亮度（明度）時，就變更〔B〕。

step 3

點擊〔檢色器〕對話框的〔確定〕按鈕後，影像整體就會覆蓋上一層淡膜，呈現出柔和的感覺 ❸。

> **Tips**
> 在此把〔色彩填色〕圖層和〔混合模式：線性加亮（增加）〕加以組合，變更影像的色彩，如果希望進一步做出更細微的調整，就使用〔曲線〕（P.276）。

step 4

把背景為黑色的泡泡影像拖曳到合成的圖層（風景照片）❹。此時，一邊按住 Shift 鍵一邊拖曳，泡泡的圖層就會配置在影像的中央。

step 5

目前看不見背景的影像，所以要選取泡泡圖層 ❺，變更為〔混合模式：濾色〕❻。
於是，泡泡的黑色背景就會變成透明，只能夠看得到泡泡的部分。

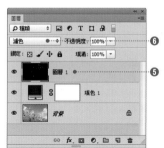

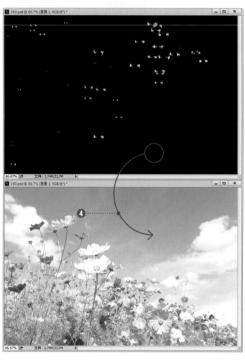

> **Tips**
> 希望把泡泡那種半透明的影像和其他的影像合成時，就要像上述那樣，使用黑色的影像。這次指定的〔濾色〕是把影像內的黑色部分視為透明的混合模式。泡泡本身只有明亮的部分，所以藉由〔混合模式：濾色〕的選擇，影像內的黑色部分就會變成透明，而比黑色更為明亮的泡泡就會被顯示出來。

藉此，風景照片和泡泡的合成就完成了❼。最
後，調整泡泡的位置和尺寸。

選取泡泡的圖層，從選單選擇〔編輯〕→〔任
意變形〕。於是，就會出現框住影像的邊界方
框，拖曳四角的控點，改變位置或尺寸❽。只
要在按住 Shift 鍵的情況下，操作控點，就可
以在維持圖層長寬比例的情況下，改變尺寸。
調整出適當大小後，確定變形。藉此，便完成
了❾。

Tips

影像的色彩資訊可以透過〔資訊〕面板進行確認（P.42）。當
泡泡的背景不是完全黑色（R：0、G：0、B：0）時❿，偶爾
會有可隱約看見背景部分的情況。

遇到那種情形時，就開啟〔曲線〕，並把曲線左下的點往右
邊移動，讓不是黑色的部分變更成完全的黑色〔R：0、G：
0、B：0〕⓫。

另外，如果黑色部分無法進一步變更時，亦可以變更泡泡的
亮度。在那種情形下，請操作曲線來調整亮度。

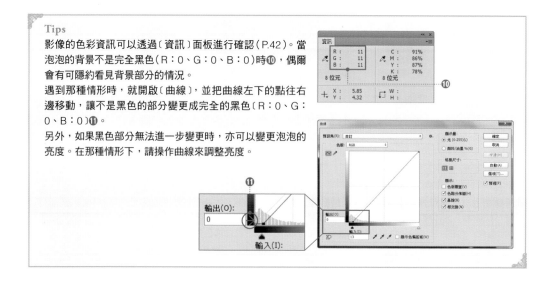

第 7 章

環境設定&
色彩管理

{191} 儲存工作區

依照作業內容靈活運用面板、快速鍵和選單，並且加以儲存，就可以實現更輕鬆的作業。

step 1

從選單選擇〔視窗〕→〔工作區〕→〔新增工作區〕❶，顯示〔新增工作區〕對話框。

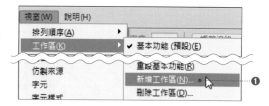

step 2

輸入任意名稱❷，勾選必要的選項❸。設定完成後，點擊〔儲存檔案〕，保存工作區。

◎〔新增工作區〕對話框的設定項目

項目	內容
鍵盤快速鍵	勾選之後，就會儲存鍵盤快速鍵的設定。
選單	勾選之後，就會儲存選單的設定。

step 3

欲切換工作區的時候，就從選單選擇〔視窗〕→〔工作區〕，選擇儲存的工作區❹。
另外，Photoshop當中還備有〔動態〕、〔繪畫〕和〔攝影〕等，適合各種作業的工作區預設集❺。這些預設集都可以使用。

{192} 變更單位

選擇〔視窗〕→〔資訊〕，就可以從〔資訊〕面板變更單位。配合作業內容，靈活運用單位，就可以讓作業更有效率。

step 1

從選單選擇〔視窗〕→〔資訊〕❶，顯示〔資訊〕面板。

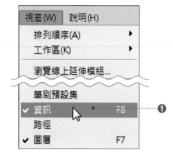

step 2

點擊〔資訊〕面板左下方〔X〕和〔Y〕之間的符號，選擇單位❷。在此選擇〔公分〕❸。藉此，單位就會變更成〔公分〕，不過，因為單位不會顯示在可見的部分，所以請多加注意！

> **Tips**
> 單位也可以從選單的〔編輯〕→〔偏好設定〕→〔單位和尺標〕進行變更，不過，從〔資訊〕面板進行變更會比較快速且簡單。

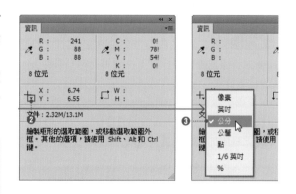

step 3

與單位同樣地，顯示在影像〔色彩資訊〕的色彩模式，也可以透過〔資訊〕面板進行變更。
點擊位於色彩資訊的滴管工具❹。在此配合影像，把原本顯示的〔RGB色彩〕變更成〔網頁色彩〕❺。

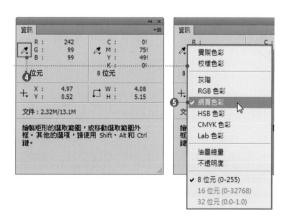

第7章　環境設定&色彩管理

相關 變更版面尺寸：P.34　變更影像的解析度：P.33

193　增加可重新操作的次數

預設的步驟記錄數是「20」。一旦超過該數，就會自動地從步驟記錄清單消失。細部作業較多的時候，就增加步驟記錄數，讓作業更加有效率吧！

概要

通常，步驟記錄都是先從〔開啟〕開始，不過右圖的步驟記錄數超過20筆，所以只能返回到作業的中途❶。

通常只要儲存快照，就可以避免發生這種問題（P.49），然而有時也會有失效的情況。例如，使用大量筆刷或細部作業時，增加步驟記錄數才是最有效的手段。

step 1

欲增加步驟記錄數時，就要從選單選擇〔編輯〕→〔偏好設定〕→〔效能〕，開啟〔偏好設定〕對話框的〔效能〕。

在〔步驟記錄與快取〕區段的〔步驟記錄狀態〕輸入1～1000的任意數值❷。在此設定為〔步驟記錄狀態：80〕，但也請依情況的需要，改變Photoshop所使用的記憶體設定❸。

步驟記錄增加之後，就算步驟超過20次以上，仍舊可以記錄下設定的步驟記錄數❹。

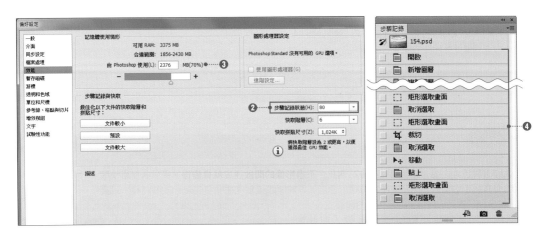

Tips

一旦增加步驟記錄數，就可以返回到更老舊的步驟，不過相對地，記憶體也會消耗許多。另外，因為步驟記錄數變多的關係，所以希望快速找出作業分歧處或特定步驟記錄時，就會有不方便的情況。這種時候，請一併使用根據快照建立新檔案的方法（P.49）。

{194} 設定記憶體容量和畫面顯示速度

從〔偏好設定〕→〔效能〕設定記憶體的分配和影像快取。只要變更這些設定，就可以提升 Photoshop 的效能。

 step 1

從選單選擇〔編輯（Mac：Photoshop）〕→〔偏好設定〕→〔效能〕❶，顯示〔偏好設定〕對話框。

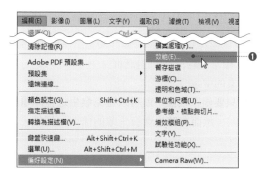

step 2

直接在〔記憶體使用情形〕區段的〔由 Photoshop 使用〕輸入數值，或是移動滑桿❷。另外，有效分配量會因作業系統或其他應用程式、處理的影像容量等而有所不同。

另外，如果把〔步驟記錄與快取〕區域的〔快取階層〕設定為 4 ～ 8 以上，螢幕的重新描繪就會高速化❸。預設值是「6」。處理 Web 用的小圖像時，只要設定為「1」或「2」，就可以抑制多餘的消耗。點擊〔確定〕❹，重新啟動 Photoshop，就可以讓設定生效。

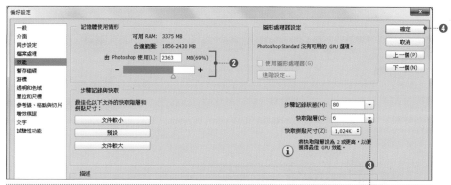

> 快取階層提昇之後，重新描繪就會高速化，不過影像的開啟速度就會變慢。另外，使用快取的螢幕顯示會以挪移 1pixel 左右的程度顯示，會和實際資料產生些許落差。這個時候，只要 100% 顯示畫面，就可以顯示正確的影像。

Tips

一般的記憶體分配量，可利用下列公式算出。

（〔全記憶體〕−〔作業系統所需要的記憶體〕−〔其他應用程式記憶體〕）× 0.8

只要使用大量的記憶體，就可以輕鬆作業，不過如果分配的記憶體太多，作業系統可使用的記憶體就會變少，使系統變得不穩定。

相關 增加可重新操作的次數：P.328　清除不要的記憶：P.331

第 7 章　環境設定 & 色彩管理

〔195〕變更游標形狀

游標的形狀可以從〔編輯〕→〔偏好設定〕→〔游標〕進行變更。試著做出符合個人作業的設定吧！

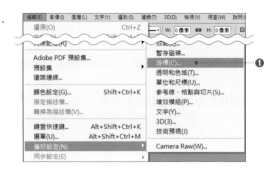

step 1

從選單選擇〔編輯〕→〔偏好設定〕→〔游標〕❶，顯示〔偏好設定〕對話框。

step 2

游標的設定分成〔繪圖游標〕區段和〔其他游標〕區段。

如果在〔繪圖游標〕區段中選擇〔正常筆尖〕或〔全尺寸筆尖〕❷，在進行筆刷作業時，就可以憑直覺進行操作。只要勾選〔在筆尖顯示十字游標〕❸，就可以更容易看到筆刷的中央部分。使用上下左右非對稱的筆刷時，也具有更容易理解中心的效果。不知道該採用哪種設定時，就使用〔正常筆尖〕。

如果在〔其他游標〕區段中選擇〔精確〕❹，就可以進行更精確的作業。沒有特別理由時，請選擇〔精確〕。

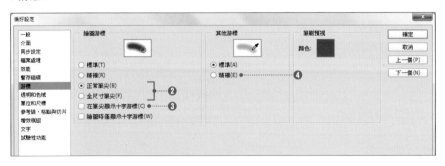

step 3

❺是在〔繪圖游標〕區段中選擇〔正常筆尖〕後，實際使用筆刷的範例。可以更容易了解筆刷的尺寸，憑直覺進行作業。

❻是在〔其他游標〕區段中選擇〔精確〕後，建立選取範圍的範例。可以更容易了解選取範圍的邊緣，更容易進行作業。

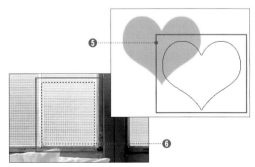

{196} 清除不要的記憶

當應用程式需要更多的記憶體時，應用程式就會使用暫存磁碟來取代記憶體，因此，Photoshop 的處理速度就會大幅下降。

step 1

確認現在作業中的檔案是否使用暫存磁碟。從開啟檔案的文件視窗下方的〔狀態顯示〕選擇〔效率〕❶。此時，當〔效率〕在90%以下時，就必須採取增加記憶體分配等動作❷。

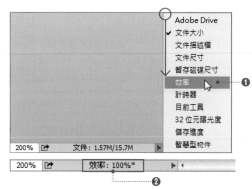

step 2

要增加記憶體分配時，就從選單選擇〔編輯〕→〔偏好設定〕→〔效能〕，顯示〔偏好設定〕，並變更記憶體的分配❸。

另外，記憶體的分配量增加後，就可以提高 Photoshop 的操作性能，不過卻會對作業系統或其他應用程式造成影響。一般來說，記憶體最多可分配80%給 Photoshop。

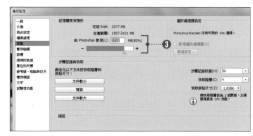

step 3

記憶體使用過多而導致效能降低時，必須清除不需要的記憶。從選單選擇〔編輯〕→〔清除記憶〕以下的任意項目❹。可是，清除之後，〔步驟記錄〕或〔剪貼簿〕的內容就會被清除，所以必須多加注意！

◎〔清除記憶〕以下的選擇項目

項目	內容
還原	清除記憶體中的還原操作。清除後，無法使用〔編輯〕→〔還原○○○〕。 可是，能夠從〔步驟記錄〕面板返回到前一作業。
剪貼簿	清除剪貼簿的內容。如果不使用 Photoshop 內的〔複製＆貼上〕，使用〔移動圖層〕或〔複製圖層〕，就不需要利用這個項目。
步驟記錄	清除步驟記錄的內容。可是，快照不會被刪除。
全部	從記憶體中清除上述三個項目的內容。
視訊快取	清除視訊的步驟記錄。

相關　設定記憶體容量和畫面顯示速度：P.329　增加可重新操作的次數：P.328　　**331**

變更鍵盤的快速鍵

選擇選單的〔編輯〕→〔鍵盤快速鍵〕，就可以變更鍵盤的快速鍵。也可以增加或變更各面板的快速鍵。

step 1

從選單選擇〔編輯〕→〔鍵盤快速鍵〕❶，顯示〔鍵盤快速鍵和選單〕對話框。

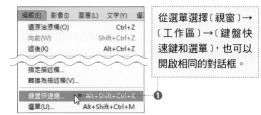

> 從選單選擇〔視窗〕→〔工作區〕→〔鍵盤快速鍵和選單〕，也可以開啟相同的對話框。

step 2

選擇〔鍵盤快速鍵〕標籤❷，利用〔快速鍵類別〕下拉選單選擇設定目標❸。在此選擇〔應用程式選單〕。

中央會顯示對應的清單，所以要選擇必要的群組，顯示詳細內容❹。

接著，點擊希望增加或變更快速鍵的指令清單❺，輸入任意的快速鍵。如果輸入的快速鍵和其他的快速鍵重覆，就會出現警告❻。如果直接進行作業，原本的快速鍵就會被自動清除。

> 雖然沒有變更色版相關快速鍵相關項目的方法，但是，只要勾選〔使用舊版色版快速鍵〕，色版相關快速鍵就會變成 CS3 以前的設定。

◎〔快速鍵類別〕下拉選單的設定項目

項目	內容
應用程式選單	選擇應用程式選單後，就可以設定顯示在選單列的項目快速鍵。
面板選單	可以設定面板選項的快速鍵。
工具	可以設定工具面板的快速鍵。

step 3

欲儲存設定的快速鍵時，就點擊〔根據目前的
快速鍵組建立新組合〕按鈕❼。就算不進行儲
存，快速鍵仍會自動變更，不過一旦儲存了，
就能夠簡單地使其反映在其他的電腦上。

另外，如果點擊〔儲存對目前的快速鍵組合所
做的全部更改〕按鈕❽，就可以建立原創的快
速鍵組合。

step 4

只要點擊〔摘要〕按鈕❾，就可以把快速鍵的
清單輸出成HTML❿。輸出成HTML之後，
就算正在使用Photoshop，仍舊可以輕易確認
變更的內容。

Tips
一旦點擊〔選單〕標籤⓫，就可以設定隱藏/顯示應
用程式選單或是色彩。
只要利用這個功能，就可以組合快速鍵和選單的顯
示，限制不需要的功能。例如，經常在畫面上進行
輸出時的色彩模擬之〔校準色彩〕時，就要固定在
〔開〕或〔關〕任一方來進行作業。如果事先除去快
速鍵，就可以排除掉不小心改變了設定的錯誤。

{198} 變更色版的顯示色

Alpha色版在預設中是以半透明的紅色來顯示。欲變更Alpha色版的顯示色，就要設定〔色版選項〕。

概要

在預設中，Alpha色版是以半透明的紅色進行顯示，所以當處理紅色影像（左圖）時，一旦設定為Alpha色版顯示（右圖），就很難區別影像和色版，因此會變得非常難以使用。
在這種的情況下，就配合影像來變更Alpha版的顯示色吧！

原始影像

Alpha色版顯示時

step 1

欲變更Alpha色版的顯示色時，就要在〔色版〕面板中選取欲變更顯示色的色版❶，從色版面板選單選擇〔色版選項〕❷，顯示〔色版選項〕對話框。

step 2

選擇〔顏色〕區段的揀色器❸，變更顯示色。
設定顯示色後，只要點擊〔色版選項〕的〔確定〕按鈕，即可變更Alpha色版的顯示色。

step 3

在此選擇了水藍色，所以Alpha色版就會以水藍色顯示。

⟨199⟩ 讓環境恢復成 Photoshop CS5 以前版本

Mac OS X 中的 Photoshop CS6 以後版本，會預設顯示〔應用程式框架〕（Application Frame）。習慣以前版本環境的人，就依情況需要進行切換吧！

• **step 1** • • • • • • • • • • • • • • • • • •

Mac OS X 版的 Photoshop CS6 以後版本的視窗構成，在預設中是採用〔應用程式框架〕，所以和 CS5 以前版本大不相同❶，對已經習慣舊版本的人來說，有時會覺得操作起來不太順手。這個時候，就要開啟〔應用程式框架〕，恢復成以前的環境。

從選單選擇〔視窗〕→〔應用程式框架〕❷，取消勾選。

於是，應用程式框架就會變成關閉，呈現出與過去相同的顯示❸。

第7章 環境設定&色彩管理

Tips

在 CS6 以後版本中，只要使用〔遷移預設集〕，就可以直接轉移至 CS5 以前的環境。如果要轉移至舊版本，就要從選單選擇〔編輯〕→〔預設集〕→〔遷移預設集〕❹。

於是，就會出現是否從哪個版本轉移預設集的確認對話框，這時就直接選擇〔是〕。遷移完成後會出現通知對話框。

遷移完成後，Photoshop 會重新啟動。重新啟動之後，〔視窗〕→〔工作區〕裡面就會顯示出遷移的工作區❺。

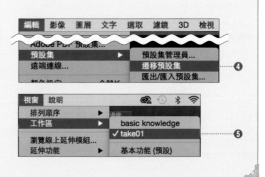

相關 工作區的儲存：P.326　快速鍵的變更：P.332　單位的變更：P.327

{200} 色彩管理的整體樣貌

欲正確地處理影像時，就必須具備「色彩管理」的知識。一旦沒有適當地進行色彩管理，在與第三者共用檔案的時候，就沒辦法實現目標品質。

概要

各裝置（顯示器或印表機等）都有各自獨有的顏色，因此在沒有做任何設定的狀況下，顏色的表現就會因裝置而不同。例如，用顯示器A和顯示器B顯示最鮮艷的綠色。此時，顯示器所顯示的綠色，就是各顯示器的綠色基色。顯示器本身的純色會因各製造商、機種而不同，所以顯示器A和顯示器B的顏色也會有所不同。當然，印表機列印和商業印刷也同樣各有不同。

所謂的色彩管理，就是用來解決這些問題的手段。

所謂的色彩空間

在色彩管理中為了以定量方式測量各機器可輸出的色彩，使用了得以網羅所有人類肉眼可見的色彩稱之為「CIE XYZ」的色彩空間。所謂的色彩空間是指以視覺方式來表現色彩的空間。色彩的顯示，至少要將〔色相、明度、飽和度〕或〔紅、綠、藍〕等三種數值加以組合，用圖表來顯示這些之後，就會形成三次元的空間，這個空間就稱為「色彩空間（Color Space）」。

Photoshop主要使用的色彩空間有「sRGB」和「Adobe RGB」。sRGB是假定在一般顯示器上可重現範圍的色彩空間；Adobe RGB則是假定印刷或色彩校準的色彩空間。也能夠把印表機等的各機器可顯示的範圍記錄成色彩空間。另外，記錄顯示器或列表機的色彩空間的資料，稱為「ICC描述檔」；而記述〔Adobe RGB〕等在Photoshop中作業用的色彩空間之資料，則稱為「色彩空間描述檔」。

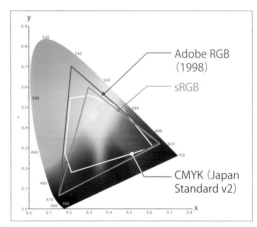

輸出物的色彩取決於各裝置的墨水或濾色片，同時也會受到照明等外部閱覽環境的影響。

CIExy色度圖。色彩空間原本是三次元的圖表，在此藉由忽略了〔明度〕這個要素，以二次元來表現色彩。

Tips
多數人往往都認為色彩管理不容易理解，但只要能夠了解基本的結構和步驟，就可以適當對應各種情況。藉由本書確實掌握色彩管理的基本吧！

顏色設定

欲在Photoshop中進行色彩管理時，就必須設定影像處理用的「作業用色彩空間」，或是預先決定在哪種情況變更或轉換ICC描述檔。這些設定就是〔顏色設定〕（P.338）。

在顏色設定中進行的基本色彩空間稱為「使用中色域」，而設定色彩空間不同時要如何處理色彩的作業，就稱為「色彩管理策略（Color Management Policies）」（P.340）。

ICC描述檔的變換、變更

ICC描述檔是記述列表機或顯示器等可以重現哪種色彩的資料。ICC描述檔中含有色彩空間的資訊。

把色彩空間轉換成其他色彩空間的作業稱為「描述檔轉換」（P.341）。在描述檔的轉換中，為了維持影像的外觀，影像的RGB值會轉換。

色彩校準

測量或記錄特定顯示器可輸出的色彩空間，建立顯示器的ICC描述檔的作業，稱為「色彩校準」。

進行校準的方法有下列兩種。

- 使用專用機器的方法（P.347）
- 使用作業系統標準功能的方法（參考右邊的Tips）

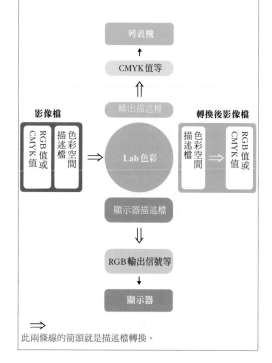

色彩管理會經由被稱為「Lab色彩」的色彩空間，在不同的色彩空間之間，進行色彩的轉換處理。
Lab色彩是可以處理與前頁的「CIE xy色度圖」同等色彩的色彩空間（可以處理所有色彩）。Photoshop會把影像所設定的色彩空間套在影像的RGB值上，計算出Lab色彩的值。

此兩條線的箭頭就是描述檔轉換。

Tips
使用作業系統的標準功能進行校準時，校準的方法會有作業系統的差異。Windows：選擇〔控制台〕→〔顯示〕→〔螢幕解析度〕→〔色彩管理〕。Mac：選擇〔系統環境設定〕→〔顯示器〕→〔色彩〕。

◎色彩管理的作業項目

項目	內容
①色彩管理的理解	掌握影像所設定的色彩空間。另外，在進行作業的同時，避免色彩空間被轉換。
②顏色設定	在Photoshop的〔顏色設定〕對話框指定「ICC描述檔」，藉此設定影像使用的色彩空間。或是，決定如何處理外來稿件的影像色彩資訊（P.338、P.339）。
③ICC描述檔的轉換、變換	進行作業用色彩空間的轉換或變更，或是使用校準後製成的描述檔（P.341、P.342、P.343）。
④色彩校準	調整顯示器或印表機等裝置，使裝置依照描述檔顯示色彩，並記錄該裝置持有獨自的色彩空間的作業。欲正確地進行作業時，就必須有專用的機材（P.347）。

相關 〔嵌入描述檔不符〕對話框：P.344 〔找不到描述檔〕對話框：P.346

第7章 環境設定&色彩管理

{201} RGB使用中色域的設定方法

通常，為了確保色彩的正確性，就必須進行影像的色彩管理。為了進行該色彩管理，就必須設定RGB使用中色域。

 step **1**

欲設定RGB使用中色域時，就要從選單選擇〔編輯〕→〔顏色設定〕，顯示〔顏色設定〕對話框。只要在〔設定〕下拉選單選擇事先準備的環境，使用中色域就會全部被設定。如同下圖般一旦選擇〔日本網頁/網際網路〕❶，〔RGB〕就會套用上標準的色彩空間〔sRGB IEC61966-2.1〕❷（希望盡可能抑制色彩劣化時，請在〔RGB〕中選擇〔Adobe RGB(1998)〕）。

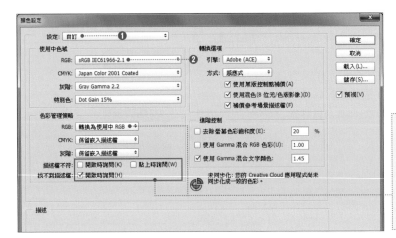

只要在〔色彩管理策略〕區段的〔RGB〕中選擇〔轉換為使用中RGB〕，取消勾選〔找不到描述檔〕以外的項目，具有描述檔的RGB影像就會轉換成〔Adobe RGB〕。

Tips
誠如上圖，CC版本的預設狀態會顯示〔轉換選項〕或〔進階控制〕，在CS6以前版本中，如果要顯示這些項目，就要點擊位於對話框右側的〔更多選項〕按鈕❸。

◎〔使用中色域〕區段的〔RGB〕設定項目

項目	內容
Adobe RGB(1998)	高品質的色彩空間。可以重現色彩的範圍廣泛，同時，如果是高階的市售印表機或顯示器，就可以重現〔Adobe RGB〕。
sRGB IEC61966-2.1	使用最普遍的色彩空間，不論在哪種環境都能夠100%重現色彩。可是，由於鮮豔的綠色或紅色的重現性不佳，因此不適合高品質的印表機。
Pro Photo RGB	高品質的色彩空間，不過可以顯示這種色彩空間的環境較少，所以如果需要更廣泛的色彩空間，就要選擇〔Adobe RGB(1998)〕。
其他	若沒有特殊理由，通常不會指定上述以外的色彩空間。

202 CMYK 使用中色域的設定方法

CMYK 使用中色域是平版印刷等商業印刷用的設定。輸出結果與 RGB 使用中色域不同，會因輸出端的印刷廠環境而大幅改變。

 概要

在平版印刷的環境中，CMYK 使用中色域的呈現主要取決於輸出端。

只要比較下面兩張圖，就可以清楚發現，一般的 CMYK 輸出描述檔和印刷廠個別發布的 CMYK 輸出描述檔有很大的差異。因此，製作印刷用資料時，必須事先確認使用的色彩空間。

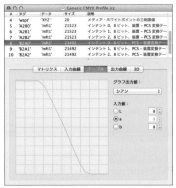

一般的 CMYK 輸出描述檔

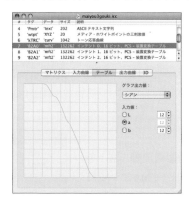

印刷廠發布的輸出描述檔

> CMYK 的描述檔有時可以從印刷廠取得，不過日本大多數都是使用〔Japan Color 2001 Coated〕。

第 7 章 環境設定 & 色彩管理

 step 1

從選單選擇〔編輯〕→〔顏色設定〕，顯示〔顏色設定〕對話框。

只要從〔設定〕下拉選單選擇預先準備好的環境，使用中色域就會自動地設定❶。

下表刊載了日本所使用的某個描述檔。

◎〔使用中色域〕區段的〔RGB〕設定項目

描述檔名稱	用紙	油墨	印刷機	備註
Japan Color 2001 Coated	塗料紙	日本標準油墨	平張平版印刷機	依 Japan Color 色彩重現印刷 2001 為基準
Japan Color 2001 Uncoated	道林紙	日本標準油墨	平張平版印刷機	依 Japan Color 色彩重現印刷 2001 為基準
Japan Color 2001 Newspaper	標準新聞紙	日本標準油墨	新聞輪轉機	依 Japan Color2002 新聞用為基準
Japan Color 2003 Web Coated	輕塗紙	日本標準油墨	輪轉平版印刷機	依 Japan Color 色彩重現印刷 2001 為基準
Japan Web Coated (Ad)	塗料紙		輪轉平版印刷機	參考（社）日本雜誌協會、雜誌廣告標準色彩製成

相關　色彩管理的整體樣貌：P.336　RGB 使用中色域的設定方法：P.338

〔203〕色彩管理策略的設定

色彩管理策略要在〔顏色設定〕對話框的〔色彩管理策略〕區段中進行設定。作業前務必加以確認。

---

step 1

當使用中色域和影像色域不同時，就要利用所謂的色彩管理策略來決定如何處理色彩。只要預先設定好色彩管理策略，當開啟色彩空間和使用中色域不同的影像時，就會自動地轉換，不需要每次設定。

欲設定色彩管理策略時，就從選單選擇〔編輯〕→〔顏色設定〕❶，顯示〔顏色設定〕對話框。

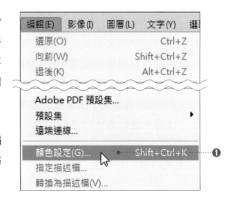

step 2

取消勾選〔描述檔不符〕的兩個選項❷，在〔色彩管理策略〕區段的〔RGB〕、〔CMYK〕、〔灰階〕的各色彩模式之下拉選單中，選擇處理方法❸。

另外，勾選〔找不到描述檔：開啟時詢問〕❹。如果不預先勾選此處，影像就會直接開啟，所以請務必勾選。

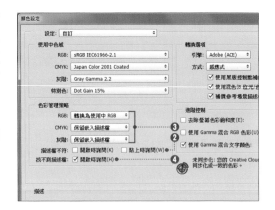

◎〔色彩管理策略〕的設定項目

項目	內容
關	不設定色彩管理策略時，就選擇此項目。
保留嵌入描述檔	描述檔不符時，使用嵌入原始影像的色彩空間。
轉換為使用中RGB	描述檔不符時，自動把色彩空間轉換成使用中色域。CMYK就選擇〔轉換為使用中CMYK〕；灰階就選擇〔轉換為灰階〕。操作色調時，就使用這個項目。
描述檔不符	勾選此項目後，開啟影像或是從其他影像複製圖層時，如果描述檔不符，就會顯示如何處理描述檔的確認對話框。
找不到描述檔	勾選此項目後，當開啟影像沒有描述檔時，就會顯示如何處理描述檔的確認對話框。

　相關 色彩管理的的整體樣貌：P.336　RGB使用中色域：P.338　CMYK使用中色域：P.339

{204} 轉換描述檔

欲進行描述檔的轉換時，就要從選單執行〔編輯〕→〔轉換為描述檔〕。這個操作是依照描述檔變更影像的RGB值，所以影像的顯示色多半不會改變。

step 1

欲轉換描述檔時，就要從選單選擇〔編輯〕→〔轉換為描述檔〕，顯示〔轉換為描述檔〕對話框。

首先，從〔目的地空間〕區段的〔描述檔〕選擇希望變更的描述檔❶，進行各種設定。

另外，只要進行〔轉換為描述檔〕，描述檔轉換引擎就會變更影像的RGB值，所以顯示色並不會改變，不過，即便是相同的顯示色，RGB值仍會因色彩空間而有極大的不同。

◎〔轉換為描述檔〕的設定項目

項目	內容
目的地空間	指定轉換的描述檔。不知道該選什麼時，請使用〔Adobe RGB〕。
引擎	選擇轉換方式。不論選擇哪種方式，都不會有差異，不過原則上都是選擇不受作業系統等影響的〔Adobe(ACE)〕。
方式(渲染色彩比對)	指定轉換色彩空間時的計算方法。 〔感應式〕：把重點放置在各色彩間的色差，使顏色在轉換後，在人類的視覺上仍看起來自然。適合照片等含有各種色彩的影像，是標準的轉換方式。不知道該選擇什麼時，就選擇這種方式。 〔飽和度〕：在轉換後的色彩空間中重視高飽和度的轉換方式。使用於圖表般書籍所隨附的影像。 〔相對公制色度〕：比較轉換前最明亮部分和轉換後最明亮部分的差異，僅轉換有差異的部分。結果和〔感應式〕相近，但比〔感應式〕更容易維持原創色彩。 〔絕對公制色度〕：極力維持絕對色彩，並把色域外的色彩設定為接近色。企業標誌等必須固定色彩的時候使用。
使用黑版控制點補償	色彩轉換後最陰暗部分無法成為更陰暗部分時，自動維持最陰暗且最高濃度的功能。如果沒有特殊理由，就預先勾選此項。
使用混色	使用混色，重現色彩空間轉換後，無法重現的色彩。不知道該不該勾選時，就選擇勾選。
平面化影像以保留外觀	合併圖層，轉換色彩空間，進行更正確的色彩轉換。轉換後，圖層會自動合併。 就算選擇這個選項，色彩仍不會大幅改變，所以如果沒有必要，就不要勾選。

第7章　環境設定&色彩管理

{205} 變更描述檔

欲變更影像所設定的描述檔時，就從〔指定描述檔〕指定使用的描述檔。這種方法與描述檔的轉換（P.341）不同，在大多數的情況下顯示色會改變。

step 1

欲變更描述檔時，就從選單選擇〔編輯〕→〔指定描述檔〕，顯示〔指定描述檔〕對話框。

此時會出現警告對話框，不要理會，直接點擊〔確定〕按鈕❶。

從〔描述檔〕中選擇替換的描述檔❷。

step 2

點擊〔確定〕按鈕後，開啟檔案。在視窗下方的〔狀態〕，也可以確認到描述檔已經變成指定的描述檔了❸。

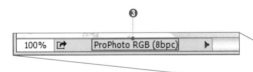

Tips

色彩管理的影像色彩會如右圖般，把影像檔和描述檔相乘。因此，描述檔更換之後，多數都會改變顯示的色彩。例如，右圖把可表現色域較狹小的「sRGB」轉換成色域較廣的「ProPhoto RGB」，所以可以明顯看出整體的色彩變得更加鮮豔。

可是，〔描述檔的指定〕並不會改變影像本身，所以實際的RGB值或CMYK值並不會改變。這一點和「描述檔的轉換」（P.341）沒有太大的差異。

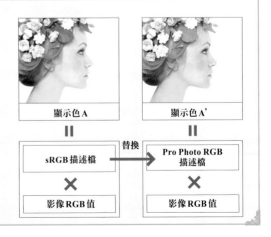

{206} 刪除描述檔

欲刪除描述檔時，就要利用〔指定描述檔〕對話框來選擇不進行色彩管理的設定。

step 1

在色彩管理的環境中，幾乎不會刪除描述檔。可是，在諸如非最新的環境中進行印刷的情況下，被要求刪除描述檔的資料時，就必須刪除描述檔。

欲刪除描述檔時，就要從選單選擇〔編輯〕→〔指定描述檔〕，顯示〔指定描述檔〕對話框。

此時會出現警告對話框，不需要理會，直接點擊〔確定〕即可❶。

在此選擇〔不要對此文件進行色彩管理〕❷。

step 2

點擊〔確定〕按鈕後，檔案就會開啟。請在視窗下方的〔狀態〕，確認描述檔已經刪除❸。

另外，一旦確認顯示的影像，就會發現其結果會和變更描述檔的情況（P.342）相同，色彩會有所改變，不過只有刪除描述檔，所以RGB值或CMYK值並不會改變。

❸

| 100% | 🔁 | **未標記** RGB (8bpc) | ▶ |

第7章　環境設定＆色彩管理

Tips

色彩管理是利用把影像的RGB值和描述檔相乘的方式來表現出正確的色彩，所以如果沒有描述檔，就沒有辦法重現正確的色彩。

不清楚描述檔的時候，或是刪除描述檔後進行影像加工的時候，請再次執行〔指定描述檔〕（P.342），選擇〔使用中色域RGB〕或〔使用中色域CMYK〕❹。〔使用中色域RGB〕或〔使用中色域CMYK〕，就跟在〔顏色設定〕的〔使用中色域〕區段所指定的描述檔相同。

相關　色彩管理的整體樣貌：P.336　描述檔的轉換：P.341　描述檔的變更：P.342

{207} 〔嵌入描述檔不符〕對話框的設定方法

顯示〔嵌入描述檔不符〕對話框且不清楚設定方法的時候，就選擇〔轉換文件顏色為使用中色域〕。

step 1

只要從選單選擇〔編輯〕→〔顏色設定〕，勾選〔顏色設定〕對話框的〔描述檔不符：開啟時詢問〕，就會顯示出〔嵌入描述檔不符〕對話框。

顯示〔嵌入描述檔不符〕的時候，就必須從〔使用嵌入描述檔〕、〔轉換文件顏色為使用中色域〕、〔放棄嵌入描述檔〕三個項目中選擇處理內容。

通常都是選擇可望忠實重現的〔轉換文件顏色為使用中色域〕❶。

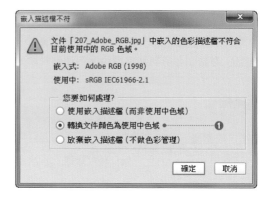

◎〔嵌入描述檔不符〕對話框的設定項目

項目	內容
使用嵌入描述檔	直接開啟嵌入描述檔的檔案。這種方法是盡可能不變更原始影像的方法。不想變更色彩的時候，請選擇這個項目。不過，可能會因為顯示器或設定，而無法顯示出正確的色彩，請多加注意！
轉換文件顏色為使用中色域	根據嵌入的描述檔，進行色彩轉換。這是最普遍的設定。不知道選擇哪一項時，就選擇這個。
放棄嵌入描述檔	不進行色彩管理，直接開啟影像。沒有特殊理由時，不要選擇這個項目。

step 2

點擊〔確定〕按鈕後，檔案就會開啟。在視窗下方的〔狀態〕中確認描述檔已被轉換❷。

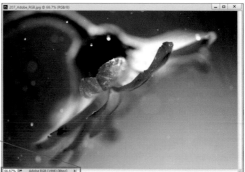

❷

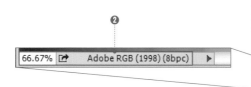

step 3

希望維持文件的描述檔時，就選擇〔使用嵌入描述檔〕❸。藉此，就可以把檔案開啟成嵌入描述檔的影像。

在此，就會以原本被嵌入在影像裡的〔sRGB〕的影像來開啟檔案，而非使用中色域的〔Adobe RGB〕❹。

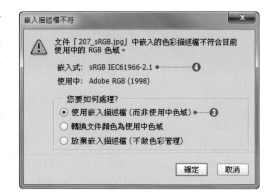

step 4

一旦確認視窗下方的〔狀態〕，就可發現使用了被嵌入影像裡的描述檔，而不是作業用的色彩空間❺。

✦ Variation ✦

如果不希望顯示〔嵌入描述檔不符〕的警告視窗，就選擇〔編輯〕→〔顏色設定〕❻，取消勾選〔色彩管理策略〕區段的〔描述檔不符：開啟時詢問〕❼。一旦取消勾選，就會依照〔色彩管理策略〕的設定。可是，當〔色彩管理策略〕的設定為〔關〕時，色彩就會轉換成〔使用中色域RGB〕。

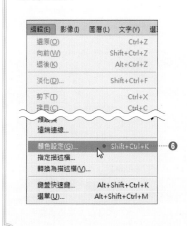 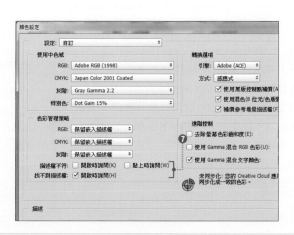

相關 色彩管理的整體樣貌：P.336 RGB使用中色域：P.338 〔找不到描述檔〕對話框的設定方法：P.346 **345**

{208} 〔找不到描述檔〕對話框的設定方法

出現〔找不到描述檔〕對話框時，如果不知道設定方法，就選擇〔指定使用中RGB〕。

---

step 1

只要從選單選擇〔編輯〕→〔顏色設定〕，勾選
開啟的〔顏色設定〕對話框中的〔無描述檔：開
啟時詢問〕，開啟沒有嵌入描述檔的影像時，
就會顯示如右圖般的〔找不到描述檔〕對話框。
顯示這個對話框時，就必須從〔保留原樣〕、
〔指定使用中RGB〕、〔指定描述檔〕三個選項
中選擇其中一個，通常都是選擇〔指定使用中
RGB〕❶。
再者，右圖中顯示的選項是〔指定使用中
RGB：Adobe RGB（1998）〕，冒號後面的名
稱會依現在的使用中色域而改變。

step 2

點擊〔確定〕按鈕後，檔案就會開啟。一旦確
認視窗下方的〔狀態〕，就可以知道檔案已經以
指定的描述檔開啟❷。

✦ Variation ✦

〔找不到描述檔〕和〔描述檔不符〕並不相
同，如果沒有預先勾選，就會在不轉換描
述檔的情況下開啟檔案，請多加注意！
確認〔顏色設定〕對話框的〔無描述檔：開啟
時詢問〕❸，如果沒有勾選的話，建議先把
這個選項勾選起來。

　相關　色彩管理的整體樣貌：P.336　〔嵌入描述檔不符〕對話框的設定方法：P.344

{209} 顯示器的校準方法

欲進行顯示器的校準時，就要使用專用的顯示器校準工具。

step 1

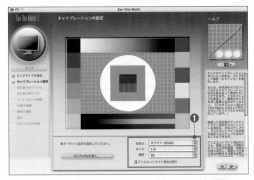

校準器依機種的不同，有「濾色片方式」或「光譜方式（分光光度計）」等各種不同的方法。如果預算許可，建議採用光譜方式（分光光度計）的產品。在此使用的是名為「i1Design LT」的產品來進行校準。設定畫面和用語會因產品而有不同，所以請參閱各自的手冊。

首先，按照校準軟體的指示，設定〔白色點（色溫）〕、〔伽瑪〕、〔亮度〕❶。

編註：該軟體並無繁體中文版，故此單元使用原文圖檔

◎校準軟體的設定項目

項目	內容
白色點（色溫） （日文：白色点）	所謂的白色點是指最明亮部分的色彩平衡，通常是稱為「色溫」。希望對應 Web 用或 sRGB 時，設定 6500；希望對應印刷品時，就設定 5000 ～ 6500。
伽瑪 （日文：ガンマ）	所謂的伽瑪是指顯示器以多少亮度顯示的值。伽瑪值會被色彩管理吸收，所以請設定按作業系統所決定的值。如果不清楚時，請設定「2.2」。
亮度 （日文：輝度）	設定以多少亮度來顯示顯示器。就算改變此處的值，外觀濃度仍舊會自動調整，所以要依房間亮度和個人喜好設定。在陰暗房間使用時，設定 80 以下；在明亮房間使用時，建議至少使用 120 以上。

step 2

按照校準軟體的指示，把校準器安裝在顯示器上。

作業結束後，就會顯示出測量顯示器的結果。同時也可以儲存那個描述檔。

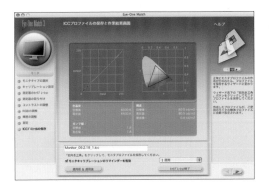

第7章　環境設定&色彩管理

相關　色彩管理的整體樣貌：P.336　顏色設定：P.338

自動修正鏡頭的扭曲

一旦利用廣角鏡頭或變焦鏡頭拍攝照片，往往都會出現扭曲。另外，就算是看起來扭曲較少的鏡頭，畫面的四角仍會出現被稱為「色差（Chromatic Aberration）」的色彩偏移。以前的技術並沒有辦法修正這種扭曲或色差，不過只要使用CS5以後版本所準備的〔鏡頭校正〕濾鏡，就可以自動修正扭曲或色差（CC版本中的〔Camera Raw〕濾鏡亦可執行相同的操作）。

修正前

修正後

❖〔鏡頭校正〕濾鏡的使用方法

〔鏡頭校正〕濾鏡裡登錄了許多被稱為〔鏡頭描述檔〕的市售鏡頭的鏡頭扭曲資訊，Photoshop會根據這些資訊來進行自動修正。

從選單選擇〔濾鏡〕→〔鏡頭校正〕，顯示〔鏡頭校正〕對話框。勾選〔校正〕區段裡的所有選項 ❶，在〔邊緣〕下拉選單裡選擇〔邊緣延伸〕❷。在大部分的情況下，〔鏡頭描述檔〕區段中都會出現使用的鏡頭 ❸。使用的鏡頭未登錄在Photoshop的時候，就選擇選單的〔說明〕→〔更新〕，請試著把Photoshop更新成最新版。另外，欲利用這個功能時，影像當中就必須含有鏡頭資訊，所以剪裁過的影像或全新製作的影像，則無法使用。

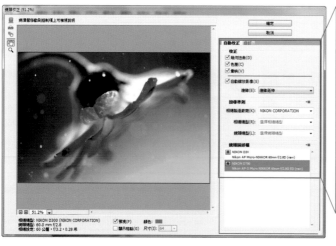

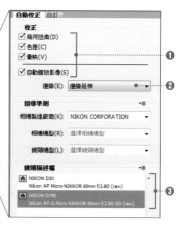

第 **8** 章

印刷、Web

〔210〕列印影像

欲列印影像時，就從選單選擇〔檔案〕→〔列印〕，在顯示的〔列印設定〕對話框進行各種設定。

---

step 1

從選單選擇〔檔案〕→〔列印〕❶，顯示〔列印設定〕對話框。
在〔列印設定〕對話框中進行各種設定，點擊〔列印〕按鈕。

〔列印設定〕對話框的項目名稱或記載位置，會因Photoshop的版本而有差異，但是基本上，可以設定的內容都是相同的。請參考下表的解說，適當套用於版本的項目名稱。

◎〔列印設定〕對話框的設定項目

編號	項目	內容
❷	印表機	選擇用來輸出的印表機。
❸	紙張方向和大小	設定紙張方向和大小。如果只設定紙張方向，亦可利用〔版面〕按鈕來設定。但是，設定紙張大小等的時候，則要點擊〔列印設定〕按鈕。
❹	色彩管理	設定列印時的色彩管理（P.336）。關於渲染色彩比對方式，請參考P.341。
❺	位置和尺寸	設定輸出影像的大小和位置。亦可利用在左側的預視區域直接操作影像。希望進行滿版列印時，就勾選〔縮放以符合媒體大小〕。可是，設定之後，紙張方向就會重新設定，所以請多加注意！
❻	〔列印〕按鈕 〔完成〕按鈕	點擊〔列印〕按鈕後，就會從印表機裝置的操作開始執行輸出（設定未完成或是部分裝置，會出現〔列印設定〕對話框）。希望不要輸出，僅單獨儲存設定時，就點擊〔完成〕按鈕。

 相關 以外觀為優先進行列印：P.351　列印出忠實呈現的色彩：P.352

{211} 以外觀為優先進行列印

比起正確輸出，更希望以美觀為優先進行列印時，就要在印表機裝置上利用廠商準備的自動設定或是使用者設定。

step 1

希望以美觀為優先進行列印時，就要從選單選擇〔檔案〕→〔列印〕，顯示〔列印設定〕對話框，並選擇〔印表機管理色彩〕❶。這個對話框是Photoshop的對話框，所以有時在選擇〔印表機管理色彩〕時，也會有無法選擇色彩管理（P.336）相關項目的情況發生，不過通常都是不做任何設定，直接進行作業。

欲進行後續的設定項目時，就點擊〔列印設定〕或是〔列印〕❷。

step 2

接下來出現的是印表機的對話框，這個部分的設定會因環境而有所不同，請多加注意！

顯示主選單標籤的內容，從品質選項中選擇〔最高品質影像〕❸。

step 3

接著，點擊進階標籤，可以發現在〔色彩管理〕區段中選擇了〔色彩校正〕，以及色彩模式套用了〔EPSON鮮豔色彩〕。另外，希望更詳細設定亮度或色調等時，請點擊〔設定〕❹。

> **Tips**
> 列印數位相機所拍攝的影像時，如果有保留下拍攝時的Exif資料，除了影像的濃度或色調之外，也可以參考Exif資料，在印表機裝置進行自動的色調修整。

第8章　印刷、Web

相關　列印影像：P.350　列印出忠實呈現的色彩：P.352　製作印樣：P.355

{212} 列印出忠實呈現的色彩

希望以忠實重現的色彩輸出色彩管理的影像時，就要在列印時選擇適當的描述檔。這是處理印刷品時所必須具備的基本常識。

step 1

要在印表機上忠實呈現色彩，就必須具備色彩管理的影像和顯示器，以及印表機的描述檔。請從印表機廠或紙張廠商取得印表機的描述檔。

開啟色彩管理的影像，從選單選擇〔檔案〕→〔列印〕，開啟〔列印設定〕對話框，並選擇〔Photoshop管理色彩〕❶。

另外，在〔印表機描述檔〕選擇印表機描述檔❷，然後選擇渲染色彩比對方式（P.341）。這裡選擇〔感應式〕，並且勾選〔黑版控制點補償〕❸。

在大多數的情況下，描述檔都是根據印表機和紙張所組合建立而成。

設定完成後，點擊〔列印設定〕❹ 或〔列印〕❺，進行列印相關的設定。

step 2

接下來出現的是印表機的對話框，這個部分的設定會因環境而有所不同，所以請多加注意！顯示主選單標籤的內容，從品質選項中選擇〔最高品質影像〕❻。

step 3

點擊進階標籤。首先，在〔紙張&品質選項〕區段中選擇與先前設定的描述檔相同的紙張❼，然後在〔色彩管理〕區段中選擇了〔ICM〕，勾選〔關閉（不做色彩校正）〕❽。

{213} 在顯示器上進行印刷時的模擬

欲在顯示器上模擬列印色彩時，要使用〔校樣色彩〕功能和〔校樣設定〕功能。只要預先使用這些功能，就可以預防列印時的問題於未然。

step 1

從選單選擇〔檢視〕→〔校樣色彩〕❶，勾選該功能。

〔校樣色彩〕開啟之後，顯示器的顯示會被變更，不過還必須從〔檢視〕→〔校樣設定〕，直接指定各種作業系統的顯示器與作業用的色彩空間，或者是描述檔。

step 2

在此要模擬印表機的列印，所以要選擇〔檢視〕→〔校樣設定〕→〔自訂〕❷，顯示〔自訂校樣條件〕對話框。

step 3

在〔校樣條件〕區段進行下列設定❸。

- 在〔模擬的裝置〕選擇使用的列表機
- 取消勾選〔保留 編號〕
- 在〔渲染色彩比對方式〕選擇〔感應式〕
- 勾選〔黑版控制點補償〕

點擊〔確定〕按鈕後，就會以接近列印色彩的狀態來顯示影像。

◎〔自訂校樣條件〕對話框的設定項目

項目	內容
模擬的裝置	指定使用的印表機。在大多數的情況下，〔模擬的裝置〕所顯示的印表機名稱後面都會加上紙張名稱。如果沒有特殊理由，就取消勾選（**保留 編號**）。
渲染色彩比對方式	通常，都是採用與印表機或CMYK轉換時相同的方式（P.341），不知道該採用何種設定時，就設定（**感應式**）。如果勾選（**黑版控制點補償**），最陰暗部分就會在轉換處變得更陰暗。通常都是維持勾選。
顯示選項（螢幕上）	欲做出與實際相近的外觀時，就勾選（**模擬紙張顏色**）。如果是有紙張設定的描述檔，就如上圖般選擇紙張；如果是平版印刷用描述擋，只要勾選〔模擬黑色油墨〕就沒問題了。

相關 色彩管理的整體樣貌：P.336　列印出忠實呈現的色彩：P.352

{214} 列印附解說詞的影像

只要把文章輸入到透過〔檔案〕→〔檔案資訊〕所顯示的對話框之〔描述〕裡，就可以簡單地為影像加入註解並列印出來。

step 1

開啟列印的影像，從選單選擇〔檔案〕→〔檔案資訊〕，顯示檔案的資訊對話框。
在〔描述〕裡輸入希望做成註解的文章❶。
最多可輸入150個文字。
輸入完成後，點擊〔確定〕按鈕。

step 2

從選單選擇〔檔案〕→〔列印〕，顯示〔列印設定〕對話框。
勾選〔列印標記〕區段的〔描述〕❷（CS6以後版本。關於CS5版本，請參考下列的Tips）。

Tips

在CS5版本中，從右上的下拉選單選擇〔輸出〕❸，勾選〔描述〕❹。

step 3

點擊〔列印〕按鈕後，影像下方中央就會一併列印出輸入在〔描述〕裡的文章❺。

男孩的加油姿勢 file：214-01.psd ❺

　相關　列印影像：P.350　列印出忠實呈現的色彩：P.352

215 把影像設成一覽表來印刷

欲把多張影像設成一覽表來印刷時，就要使用〔Adobe Bridge〕的PDF輸出功能。一旦使用這個功能，就能夠簡單地製作印樣。

step 1

Photoshop隨附的應用程式〔Adobe Bridge〕，具有可以透過自動處理把多張影像設成一覽表並輸出成PDF的功能。

欲把影像設成一覽表來印刷時，就先啟動Bridge，開啟放置影像的資料夾，一邊按住Ctrl（⌘）鍵，一邊點擊希望加入一覽表的影像❶。在此選擇了8張影像。之後，點擊右上的「▼」，選擇〔輸出〕❷。

step 2

從〔輸出〕區段選擇〔PDF〕❸。

另外，從〔文件〕中選擇希望輸出的尺寸❹。在此設定了〔頁面預設：國際標準紙張〕、〔尺寸：A4〕、〔品質：300ppi〕。另外，因為這次選擇了8張影像，所以要設定〔影像位置：先橫向（依列）〕、〔欄數：4〕、〔列數：2〕❺。設定完成後，點擊〔重新整理預視〕按鈕❻。於是，〔預視〕區域就會顯示出排列後的預視。

step 3

預視結果確認完畢後，點擊〔儲存〕按鈕，印樣就會儲存為PDF。在此，輸出之前先變更高度和寬度的尺寸，以A4橫向的方式進行輸出❼。

> **Tips**
> 有些Bridge CC版本無法選擇輸出。請參考下列網址，更新應用程式。
> {URL} https://helpx.adobe.com/bridge/kb/cq8202150.htmll

右側直書：第 8 章　印刷、Web

相關　列印影像：P.350　列印附解說詞的影像：P.354

216 使影像尺寸與列印用尺寸一致

欲把影像剪裁成特定尺寸時，就要使用〔裁切〕工具 ⛏。藉由在選項列中指定尺寸，就可以使影像與任意尺寸一致。

概要

在此將說明，把右圖影像裁切成L版印刷品（服務版）的標準尺寸，也就是89mm×127mm的方法。Photoshop已經把這種尺寸登錄為標準尺寸，噴墨紙或DPE商店也都將這種尺寸列為標準尺寸，是屬於通用性極高的尺寸。

step 1

CC 版本者在工具面板中選擇〔裁切〕工具 ⛏ ❶，在選項列的下拉選單中選擇〔寬×高×解析度〕❷，設定為〔寬：89mm〕、〔高：127mm〕、〔解析度：300 px/in〕❸（關於CS6以前版本的方法，請參考下列的Tips）。

Tips

CS6版本者要在下拉選單中選擇〔大小與解析度〕❹，在開啟的〔裁切影像大小與解析度〕對話框中指定尺寸。另外，CS5版本則和CC版本相同，同樣都在選項列面板裡直接輸入尺寸和解析度❺。

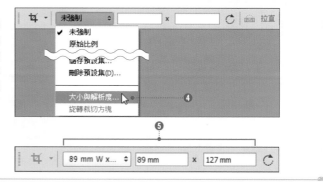

❧ Variation ❧

只要勾選設定其他裁切選項的〔啟動裁切保護〕（CS5以前版本則是〔啟動透視裁切〕）❻，裁切下的周邊部分會變暗，變得更容易確認裁切範圍。如果沒有勾選，就勾選吧！

step 2

操作顯示的8個控點，指定裁切範圍❼（在
CS5當中，一開始要先拖曳影像，然後再操作
8個控點）。亦可拖曳影像，移動裁切的範圍。
尺寸決定好之後，點擊〔確認目前的裁切操
作〕按鈕❽，確定進行裁切（在裁切的範圍內
雙擊，亦可確定裁切）。

> **Tips**
> 〔寬〕和〔高〕可指定任意單位。可指定的單位有
> 「px」（像素）、「cm」（公分）、「in」（英寸）、
> 「pt」（點）、「pica」（皮卡）。不可以指定「%」。
> 另外，px以外的單位會被調整為近似值，所以請
> 多加注意！

step 3

確定裁切後，就會依設定的尺寸重新調整❾。
就像這樣，一旦使用〔裁切〕工具 ，就可以
同時進行影像的裁切和尺寸調整。另外，如果
對多張影像進行作業，就會使全部影像的尺寸
一致，這對排版或印刷前的準備來說，相當有
效。

第 8 章　印刷、Web

❖ Variation ❖

使用〔裁切〕工具 的話，也可以把傾斜的影像調整成任意角度。
首先，先概略對齊尺寸後，在微調整時，拖曳邊角控點的外側❿，執行裁切。於是，傾斜
就會被修正⓫。在CS6以後版本中，影像會旋轉，但在CS5以前版本中，則是裁切範圍旋
轉。希望讓CS6以後版本恢復成CS5以前版本的操作方法時，就要勾選設定其他裁切選項
的〔使用傳統模式〕。

相關　裁切影像：P.35　連續進行裁切：P.80

{217} 把照片儲存為網頁用

欲把照片儲存為網頁用時，就要從選單的〔檔案〕→〔儲存為網頁用〕，以JPEG格式儲存影像。在〔儲存為網頁用〕對話框中，可以透過預視來確認儲存狀況。

step 1

欲把影像重新儲存為網頁用時，得要配合影像來設定尺寸或儲存方式。

從選單選擇〔檔案〕→〔儲存為網頁用〕（CS5則是〔儲存為網頁與裝置用〕）❶，顯示〔儲存為網頁用〕對話框（CS5則是〔儲存為網頁與裝置用〕）。

step 2

為了比較原始影像和壓縮後的影像，點擊〔2欄式〕標籤❷，在〔預設集〕區段選擇〔JPEG〕❸，勾選〔最佳化〕和〔嵌入色彩描述檔〕❹。

〔品質〕和〔模糊〕要透過預視畫面，一邊比較原始影像一邊設定最佳的值❺。〔品質〕設定在0～100之間。

儲存後的檔案大小可以透過對話框左下的區域進行確認❻。另外，在此勾選了〔轉換為sRGB〕❼。

另外，藉由〔影像尺寸〕，也可以改變影像尺寸，然後進行儲存❽。設定完成後，點擊〔儲存〕按鈕❾。

點擊〔儲存〕按鈕後，就會出現〔另存最佳化檔案〕對話框。設定檔案名稱和儲存位置，然後在〔格式〕下拉選單選擇〔僅影像〕，並點擊〔存檔〕按鈕，即完成了。

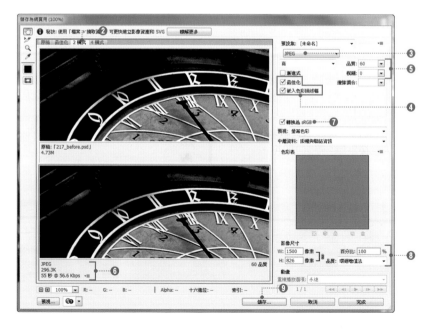

　相關　把透明影像轉存成網頁用：P.360　以GIF格式儲存透明影像：P.359

{218} 以GIF格式儲存透明影像

在此將說明，以其容量比PNG格式更小的GIF格式來儲存透明影像的方法。以GIF格式進行儲存時，要指定〔色彩〕和〔混色〕。

step 1

從選單選擇〔檔案〕→〔儲存為網頁用〕（CS5則是〔儲存為網頁與裝置用〕），顯示〔儲存為網頁用〕對話框（CS5則是〔儲存為網頁與裝置用〕）。

為了比較原始影像和變更格式後的影像，點擊〔2欄式〕標籤❶，從〔預設集〕區段選擇〔GIF〕❷，同時勾選〔透明〕❸。

其他的下拉選單則請一邊確認預視一邊進行設定❹。確認設定完成後，點擊〔儲存〕按鈕❺。

> **Tips**
> GIF格式也可以利用〔檔案〕→〔另存新檔〕的方式進行指定，不過選擇〔儲存為網頁用〕，則可以進行各種不同的設定。

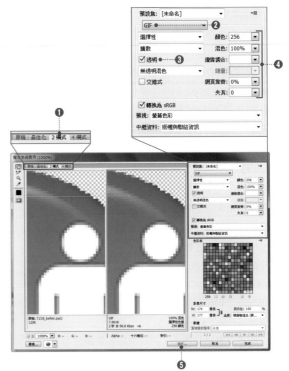

step 2

點擊〔儲存〕按鈕後，就會出現〔另存最佳化檔案〕對話框。設定檔案名稱和儲存位置，然後選擇〔格式：僅影像〕❻。

點擊〔存檔〕按鈕後，會出現警告對話框，不需要理會，直接點擊〔確定〕即可。

相關 把照片儲存成網頁用：P.358　把透明影像轉存成網頁用：P.360

{219} 把透明影像轉存成網頁用

處理透明的網頁用檔案格式有 PNG 格式和 GIF 格式。在此將說明以 PNG 格式儲存影像的方法。

step 1

從選單選擇〔檔案〕→〔儲存為網頁用〕
（CS5 則是〔儲存為網頁與裝置用〕），顯示
〔儲存為網頁用〕對話框（CS5 則是〔儲存為
網頁與裝置用〕）。

為了比較原始影像和變更格式後的影像，
點擊〔2 欄式〕標籤❶，從〔預設集〕下拉選
單中選擇〔PNG-24〕❷。另外，勾選〔透
明〕❸。

希望設定邊緣調合的色彩時，就請點擊〔邊
緣調合〕來設定色彩❹。

另外，在此勾選了〔轉換為 sRGB〕❺，這
是因為標準的電腦色彩管理就是 sRGB。
確認設定完成後，點擊〔儲存〕按鈕❻。

> **Tips**
> 如果沒有特殊理由，網頁用的影像要使用
> 〔sRGB〕。

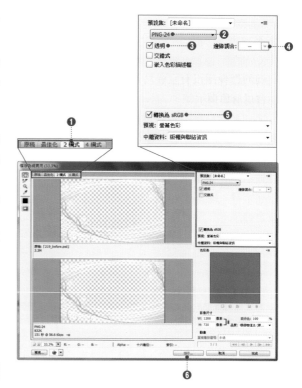

step 2

點擊〔儲存〕按鈕後，就會顯示〔另存最佳
化檔案〕對話框。設定檔案名稱和儲存位
置，然後選擇〔格式：僅影像〕❼。

點擊〔存檔〕按鈕後，會出現警告對話框，
那是因為欲儲存的檔案名稱或路徑含有非
拉丁文字。不需要理會，直接點擊〔確定〕
即可。

 相關 把照片儲存成網頁用：P.358　以 GIF 格式儲存透明影像：P.359

{220} 從影像製作切片

使用〔切片〕工具，利用與建立選取範圍的相同要領，在影像上的任意場所進行拖曳，就可以根據影像製作切片。

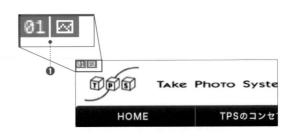

step 1

從選單選擇〔檢視〕→〔顯示〕→〔切片〕，開啟切片顯示的設定。

右圖的影像還沒有定義切片，所以切片圖示會以灰色顯示❶。

step 2

從工具面板選擇〔切片〕工具 ❷，利用與建立選取範圍時的相同要領，在影像上的任意場所拖曳❸。拖曳的範圍就會變成使用者切片。

step 3

編輯切片的時候，要選擇〔切片選取〕工具 ❹，點擊已經建立的切片，選取切片。利用與任意變形相同的操作，拖曳8個控點，把切片變形成任意形狀❺。

在此，重覆上述的步驟，在影像上製作出4個切片。

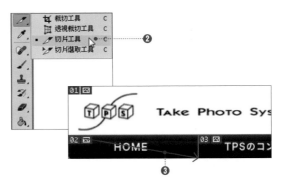

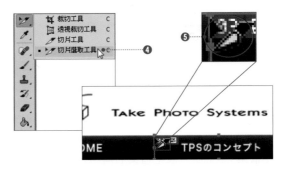

第8章 印刷、Web

Tips

欲把未定義的〔切片01〕變更成使用者切片時，就要在畫面視窗左上的切片圖示按下右鍵，選擇〔提升為使用者切片〕❻。

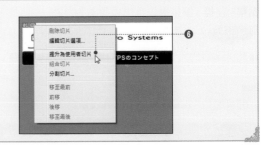

相關 從圖層建立切片：P.362 儲存切片：P.363

{221} 從圖層製作切片

影像分成圖層時，只要選擇〔新增基於圖層的切片〕，就可以簡單地製作切片。

---

step 1

欲從圖層製作切片時，要先一邊按住 Ctrl（⌘）
鍵，一邊在〔圖層〕面板中點擊希望製成切片
的圖層，選取所有的圖層❶。

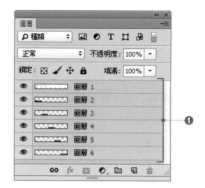

step 2

從選單選擇〔圖層〕→〔新增基於圖層的切片〕
❷。

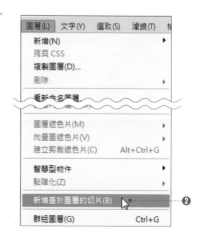

step 3

藉此，選取的所有圖層就會自動地建立出切片❸。

相關 從影像製作切片：P.361　儲存切片：P.363

222　儲存切片

欲儲存影像上所建立的切片時，就從選單選擇〔檔案〕→〔儲存為網頁用〕（CS5則是〔儲存為網頁與裝置用〕）。

step 1

欲儲存影像上所建立的切片時，就從選單選擇〔檔案〕→〔儲存為網頁用〕（CS5則是〔儲存為網頁與裝置用〕），顯示對話框。

依照影像的用途，在〔預設集〕區段設定切片的影像格式和品質❶。

只要選擇對話框左上的〔切片選取〕工具❷，從顯示在預視的影像中選取任意切片，就可以針對各切片設定格式和品質。

設定完成後，點擊〔儲存〕按鈕❸。

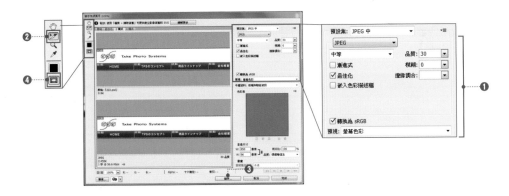

第8章　印刷、web

Tips

只要在〔儲存為網頁用〕對話框的工具面板中點擊〔切換切片可見度〕圖示❹，就可以切換切片的顯示或隱藏。

顯示切片　　　　　　　隱藏切片

---

step 2

點擊〔儲存〕按鈕後，就會出現〔另存最佳化檔案〕對話框。設定檔案名稱和儲存位置，然後選擇〔格式：僅影像〕❺。

點擊〔存檔〕按鈕後，會出現警告對話框，不需要理會，直接點擊〔確定〕即可。

相關　從影像製作切片：P.361　從圖層製作切片：P.362　　　　　　　**363**

Photoshop

Note